뷰티 서비스 경영

BEAUTY SERVICE MANAGEMENT

구민사

곽진만(소속 : 사단법인 뷰티창업경영전문가협회, 대전대학교 경영학과)
권오혁(소속 : 한성대학교)
김혜균(소속 : 우송대학교)
박은준(소속 : 서경대학교)
임순녀(소속 : 동신대학교)

뷰티 서비스 경영

초판 인쇄 2023년 2월 10일
초판 발행 2023년 2월 28일

지은이 곽진만 · 권오혁 · 김혜균 · 박은준 · 임순녀
발행인 조규백

발행처 도서출판 구민사
주소 (07293) 서울특별시 영등포구 문래북로 116, 604호(문래동3가 46, 트리플렉스)
전화 (02)701-7421
팩스 (02)3273-9642
홈페이지 www.kuhminsa.co.kr

신고번호 제 2012-000055호(1980년 2월 4일)
ISBN 979-11-6875-215-3 (93590)

정가 29,000원

PREFACE 머리말

서비스산업은 경제발전에 있어 중요한 역할을 하고 있다. 이는 서비스산업이 경제성장과 고용효과에 크게 공헌하고 있기 때문이다. 우리나라 서비스 부문이 차지하는 국내총생산과 종사자의 비중 역시 증가했으며, 서비스산업은 양적·질적인 측면에서도 큰 성장을 이루고 있기 때문이다.

서비스산업의 종류가 다양해지고 서비스 기업의 평균적인 규모도 크게 향상되고 있다. 이러한 현상은 경제성장과 더불어 기술발전으로 인해 소비자 요구가 다양화되어 새로운 서비스에 대한 수요가 창출되고 있다. 이는 서비스산업이 성숙하고 글로벌 경쟁 양상으로 기업 간의 경쟁이 심화하여 규모의 경제를 활용한 경쟁력 향상이 요구되기 때문이라고 할 수 있다. 이러한 경제의 서비스화는 앞으로도 더 빠른 속도로 진행될 것으로 예상되기 때문에 우리나라가 선진국 대열에 합류하기 위해서는 서비스산업의 경쟁력을 향상해야 한다.

미용 서비스산업은 과도한 경쟁으로 인하여 생산성이 감소하고 있으며, 규모와 매출의 양극화 현상이 나타나고 있다. 이러한 양극화 현상은 영세한 미용 서비스업체의 인적자원관리 및 개발을 통한 서비스 품질의 향상과 고객 관계관리 등 경쟁력을 강화하지 못하여 양극화 현상이 더욱 심화되고 있다. 따라서 이를 극복하기 위해서는 서비스 기업의 혁신이 필요하다.

혁신은 서비스 기업, 서비스 제공자, 고객 등에 의해 서비스 혁신이 시작된다. 고객은 서비스 혁신의 중요한 동기를 제공하며, 이는 고객의 요구를 만족시키기 위해서 혁신이 시작된다고 볼 수 있다. 또한 서비스 제공자 또한 혁신에 큰 역할을 담당한다. 예컨대, 고객과의 상호작용을 통해 서비스를 제공함으로써 고객에게 최선의 서비스를 제공하기 위해 서비스 기업에 필요한 아이디어를 제공하게 되므로 상당 부분 혁신에 참여하기 때문이다.

뷰티 서비스산업의 종업원은 고객의 요구를 직접 받아들여 자신이 업무를 수행하는 과정을 통해 필요한 정보를 수집·전달함으로써 혁신에 참여할 수 있다. 혁신 과정에서 이들의 아이디어나 의견은 모든 과정에서 중요한 참고가 된다. 또한 종업원의 능력에 맞는 적절한 임무를 부여하는 것은 종업원들의 능력을 최대화할 수 있으므로 서비스 혁신에 있어 중요한 역할을 한다. 이러한 혁신의 주체는 뷰티 서비스업체의 경영자이며, 경영자는 혁신을 위한 역량을 함양해야 할 것이다.

PREFACE 머리말

본 교재는 이·미용학습 모듈을 기반으로 Part 1. 서비스 경영, Part 2. 서비스 수익연결 모형, Part 3. 고객만족 서비스, Part 4. 경영분석 실무, Part 5. 마케팅 실무, Part 6. 창업 및 운영관리 실무, Part 7. 서비스 공정성과 경험관리, Part 8. 학습문제 필기+실기 총 8개의 파트로 구성하였다.

파트별 교재의 구성은 학습개요, 학습내용, 학습정리로 구성하였다. 학습개요는 단원별 내용의 개요와 학습목표, 주요용어와 생각하기로 구성하여 학습에 편의를 제공하고, 학습자에게 효과적인 활용방법 및 학습방법을 안내하는 역할을 한다.

Part 1. 서비스 경영 부분은 서비스의 정의와 발전과정, 서비스산업의 유형별 분류, 뷰티 서비스산업의 현황과 특징 그리고 뷰티 서비스 경영 및 관리의 이해로 구성하였다.

Part 2. 서비스 수익연결 모형 부분은 서비스 수익연결 모형의 개념과 모형을 통한 변수별 인적자원관리, 인적자원개발, 자원기반이론, 역량관리 전략, 성과의 구분을 개인 수준의 성과와 기업 수준의 성과로 구성하였다.

Part 3. 고객만족 서비스 부분은 고객 관계관리의 개념과 고객 유형별 관계관리 전략, 우량화 유지 전략, 고객만족의 개념과 고객만족 서비스, 서비스 충성도, 서비스 품질, 고객 불만관리, 불만고객의 유형으로 구성하였다.

Part 4. 경영분석 실무 부분은 손익계산서의 이해, 경영분석의 이해, 경영분석 실무, 생산성 관리, EXCEL을 활용한 경영분석으로 구성하였다.

Part 5. 마케팅 실무 부분은 마케팅 활동, 4P 전략, 홍보·판촉 전략, STP 전략, 설득 커뮤니케이션, 온라인 마케팅 전략, 마케팅조사, 시장수요예측으로 구성하였다.

Part 6. 창업 및 운영관리 실무 부분은 서비스 비즈니스 모델, 사업계획서, 시장조사, 설문조사기법, 창업자의 기업가정신, 진로선택이론, 뷰티 서비스 창업, 점포 운영관리, 전략과 품질경영으로 구성하였다.

Part 7. 서비스 공정성과 고객 경험관리 부분은 서비스 공정성의 개념과 중요성, 서비스 공정성의 구성요소, 고객 경험관리, 고객 경험관리 프로세스, 고객 경험관리의 사례로 구성하였다.

Part 8. 학습문제 필기+실기 부분은 전체 학습을 마친 후 학습자의 성취수준을 평가하도록 필기와 실기로 나누어 구성하였다.

단원별 학습을 통해 뷰티 서비스 경영에 대한 개념과 수익연결 모형을 통한 성과향상 방안에 관해 전략적 모색을 한다. 이는 성과를 향상하는 선행요인인 고객 관계관리를 통한 우량화 유지 전략, 고객만족과 충성도, 서비스 품질, 고객 불만관리 등에 관해 학습한다.

경영관리에 있어 경영분석, 마케팅, 창업 및 운영관리, 서비스 공정성과 고객 경험관리 실무에 관한 학습을 통해 현장에서 발생하는 문제해결에 필요한 다양한 접근 방법에 대해 이해한다.

서비스 기업의 치열한 경쟁환경 속에 경쟁우위를 점하기 위한 여러 의사결정에 필요한 자료를 수집하고, 이를 정보로 가공하여 전략적 방안을 도출 및 합리적 의사결정을 통해 기업의 문제를 개선함으로써 성과를 향상할 수 있다.

마지막으로 이 책의 출판을 위해 적극적으로 도움주신 도서출판 구민사 조규백 대표님과 직원 여러분께 깊은 감사를 드린다.

CONTENTS 목차

PART 5 ◆ 마케팅 실무

PART 6 ◆ 창업 및 운영관리 실무

PART 7 ◆ 서비스 공정성과 고객 경험관리

PART 8 ◆ 학습문제 필기 + 실기

뷰티 서비스 경영

PART

1

서비스 경영

학습개요

서비스의 개념과 특성, 서비스산업의 발전과 유형별 분류에 관하여 이해한다. 이와 함께 뷰티 서비스산업의 발전과 특징에 관하여 파악함으로써 뷰티 서비스 경영 및 관리의 중요성에 대해 이해한다. 뷰티 서비스 경영과 관리에서 서비스 경영의 개념과 관리, 관리자의 역량에 관하여 학습한다.

BEAUTY SERVICE MANAGEMENT

CONTENTS

PART 1. 서비스 경영

학습목표

· 서비스의 기본 개념을 이해하고 정리할 수 있다.
· 국가별 서비스산업의 발전에 대해 이해하고 정리할 수 있다.
· 서비스산업의 유형별 분류에 대해 이해하고 정리할 수 있다.
· 뷰티 서비스산업의 현황과 특징에 대해 이해하고 정리할 수 있다.
· 뷰티 서비스 경영과 관리의 개념을 이해하고 실무에 관리의 역량을 적용할 수 있다.

주요용어

서비스(Service), 무형성, 소멸성, 비분리성, 이질성, 한국표준산업분류(KSIC), 서비스 공장(Service factory), 서비스 숍(Service shop), 대중 서비스(Mass Service), 전문가 서비스(Professional Service), 서비스 콤플렉스(Service complex), 서비스 스토어(Service store), 서비스 경영(Service management), 경영자(Manager), 관리(Management), 관리자(Administrator)

생각하기

· 여러분이 생각하는 서비스란 무엇이고, 그 특성에 대해 토의한다.
· 여러분이 생각하는 뷰티 서비스산업의 문제점은 무엇이고, 문제를 개선할 방안에 대해 토의한다.
· 여러분이 생각하는 뷰티 서비스업체의 경영 및 관리에 필요한 요소는 무엇이고, 관리자에게 필요한 업무역량은 어떤 것이 있는지를 토의한다.

1. 서비스의 정의

서비스는 재화(財貨)를 생산하지는 않으나, 그것을 운반·배급, 생산·소비에 필요한 노무를 제공하는 것이다. 서비스(Service)의 어원은 노예(Servu)라는 단어에서 유래되어 사용되기 시작하였다. 이는 개인적으로 타인을 위해 봉사하는 것으로, 서비스 제공자가 고객에게 편의를 제공하는 것으로 사전적 의미를 정의하고 있다.

미국마케팅협회(AMA)는 서비스를 판매를 위하여 제공되거나, 상품판매와의 관계에서 준비되는 재활동, 편익, 만족이라고 정의하고 있다. 서비스는 시장에서 판매되는 무형의 제품으로 유형과 무형을 구분하는 방법은 손으로 만질 수 있는가이다.[1] Kotler(1991)는 서비스를 어느 한쪽에서 다른 한쪽으로 제공할 수 있는 행위 또는 편익으로, 무형적이고 소유가 수반되지 않는다고 하였다. 이는 서비스는 물리적인 제품과 관련되기도 하고 무관하기도 하다. 따라서 서비스는 명시적이기보다 포괄적인 의미로 보아야 한다.[2]

서비스를 유형의 제품과 비교해보면, 서비스는 형체가 없는 무형성이며, 생산, 구매, 소비가 동시에 이루어지므로 동시성 또는 비분리성이라고 한다. 서비스를 표준화와 규격화하기 어려우므로 이질성이라고 하며, 저장과 보관을 할 수 없으므로 소멸성이라는 특성이 있다.[3]

• [표 1-1] 서비스와 제품의 차이 •

서비스(Service)		제품(Product)
무(無)	형체	형체가 판매에 많은 영향을 준다.
무(無)	재고	재고관리가 중요한 관리 항목 중 하나이다.
무(無)	이동	유통 및 판매를 위한 이동이 필요하다.
불가능 (不可 能)	소유	소유 자산(재고 자산)으로 분류한다.

(1) 서비스의 특성

서비스의 특성은 크게 4가지로 분류한다. 뷰티 서비스가 일반적인 서비스 제공과 다른 한 가지는 미용기술을 바탕으로 고객에게 제공하는 하나의 상품으로, 서비스품질 만족을 위해 지속적으로 가치를 창출하는 모든 활동이라 말할 수 있다. 뷰티 서비스의 일반적인 특성은 다음과 같다.[4]

1) 무형성

서비스는 눈에 보이는 가시적인 제품이 아니기에 직접 경험을 통해 서비스품질을 알 수 있다. 즉, 처음 방문하는 업체에서 제공되는 서비스의 수준이 어느 정도인지 예측하기 어려운 상황이다. 따라서 고객은 시설과 접객, 종업원의 복장 및 행동과 태도 등 눈에 보이는 부분을 통하여 판단하고 추측할 수밖에 없다.[5]

2) 소멸성

서비스는 생산과 동시에 소비되기에 재고를 만들 수 없다. 따라서 서비스는 수요와 공급의 균형을 이루기 어려우므로 수요와 공급 간의 조화를 이루는 전략이 필요하다. 구체적으로는 수요에 따라 생산을 계획하고 종업원의 채용을 통해 유연성을 확보해야 한다. 또한 종업원에게 여러 직무에 대한 교육을 시행해 유사시에 서로 도울 수 있는 기반을 만들어야 한다.[6]

3) 비분리성

서비스는 생산과 소비가 동시적임을 의미한다. 즉, 서비스 제공이 반드시 수행된 후 소비가 이루어진다. 따라서 서비스의 질은 서비스 제공자의 능력과 서비스 제공자와 고객 간 상호작용의 질에 크게 의존한다. 이러한 고객과의 상호작용을 관리하는 기능이 상호작용 마케팅 기능이며, 전통적 마케팅 기능과 본질에서 다른 접근이 필요하다.[7]

4) 이질성

서비스가 제공되는 품질이 항상 고르지 않아 누가, 언제, 어디서 서비스를 제공하느냐에 따라 차이가 나타난다는 것을 의미한다. 서비스는 생산과정에서 가변 요소가 많다. 이는 고객이 동일한 주문이라 하여도 종업원에 따라 또는 상황에 따라 다르게 수행될 수 있어 서비스품질의 균일화가 어렵다. 따라서 서비스를 일정 수준으로 유지하려는 노력과 서비스의 표준화가 문제이다.[8]

고객이 만족하는 서비스품질을 제공하기 위해서는 미용의 기술적 품질을 기반으로, 전문적인 지식과 고객 접객시스템의 체계적인 관리와 유지를 위한 교육 및 훈련, 서비스 메뉴개발, 고객관리 등이 필요하다.[9]

• [표 1-2] 서비스의 특성 •

구분	특성
무형성 (Intangibility)	눈에 보이는 형태로 제시하기 힘들다.
소멸성 (Perishability)	서비스를 사용하는 동시에 사라진다.
비분리성 (Inseparability)	생산과 소비가 동시에 일어난다.
이질성 (Heterogeneity)	고객이 경험하는 서비스는 언제나 다르다.

2. 서비스산업의 발전

서비스산업은 많은 나라의 경제발전에 있어 중요한 역할을 하고 있다. 이는 서비스산업이 경제성장과 고용효과에 크게 공헌하고 있기 때문이다. OECD 국가의 경우 경제활동 중 서비스산업이 차지하는 비중은 60% 이상이며, 특히 미국, 영국, 프랑스 등의 국가는 70%를 차지하고 있다.[10] 또한 우리나라에서 서비스 부문이 차지하는 국내총생산(GDP)과 종사자의 비중 또한 증가했다. 서비스산업은 양적인 증가와 더불어 질적인 측면에서도 큰 성장을 이루고 있다.[11]

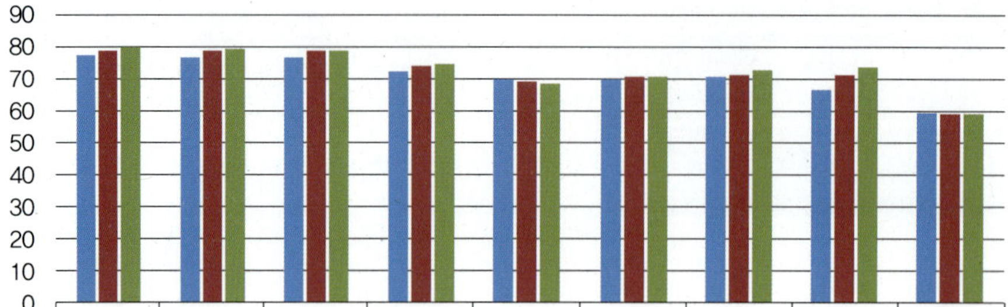

	미국	영국	프랑스	이탈리아	독일	호주	일본	스페인	대한민국
2005	76.9	76.3	76.6	71.9	70	70.1	70.6	66.5	59.4
2010	78.4	78.7	78.6	73.7	69.3	70.6	71.3	71.4	59.3
2013	80.1	79.2	78.5	74.4	68.4	70.7	72.6	73.9	59.3

■ 2005 ■ 2010 ■ 2013

• [그림 1-1] 서비스산업의 GDP 비중 추이(자료 출처: OECD, World Bank, 한국은행) •

서비스산업의 종류가 다양해지고, 서비스 기업의 평균적인 규모도 크게 향상되고 있다. 이러한 현상은 경제성장과 기술발전으로 인해 소비자 요구가 다양화되어, 새로운 서비스에 대한 수요가 창출되었으며, 서비스산업이 성숙하고 글로벌 경쟁 양상으로 기업 간의 경쟁이 심화하여 규모의 경제를 활용한 경쟁력 향상이 요구되기 때문이라고 할 수 있다. 이러한 경제의 서비스화는 앞으로도 더 빠른 속도로 진행될 것으로 예상하기 때문에 우리나라가 선진국 대열에 합류하기 위해서는 서비스산업의 경쟁력을 향상해야 한다.[12]

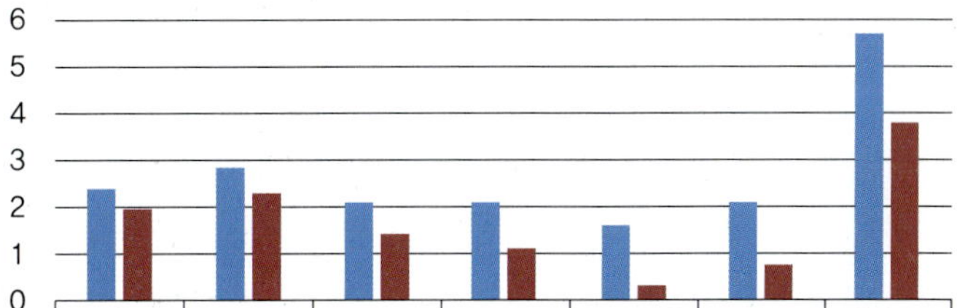

	미국	영국	프랑스	독일	이탈리아	일본	대한민국
1990~1999	2.4	2.9	2.1	2.1	1.6	2.1	5.7
2000~2013	1.9	2.3	1.4	1.1	0.3	0.8	3.8

• [그림 1-2] 서비스산업의 부가가치 규모별 연평균 성장률 •

뷰티 서비스산업은 노동집약적인 특성으로 인해 고용유발 효과가 고용유발계수 10억 원당 12.9명으로 제조업 4.9명, IT 8.2명에 비해 높은 수준이다. 시장 규모가 1조 원 증가 시 신규창업 13,759업체, 신규고용 인원 41,385명이 증가하여, 다른 산업보다 생산 활동으로 인한 부가가치 유발효과가 높아 국가 경제에 크게 이바지한다.[13)]

3. 서비스산업의 유형별 분류

서비스산업의 유형별 분류는 서비스개념 정의문제와 밀접하게 관련되며, 서비스의 특성을 반영하여야 한다. 서비스산업의 유형별 분류는 서비스의 행위와 성격, 제공형태, 수요의 특성, 고객과의 관계성, 개별화 정도, 노동 집약 정도 등의 기준에 따르고 있다.

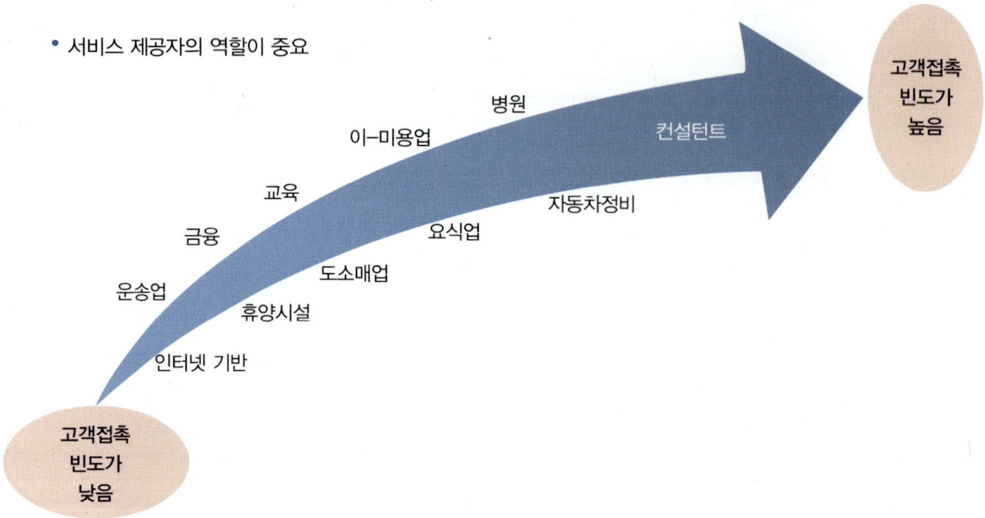

• [그림 1-3] 업종별 서비스 제공자의 중요도 •

(1) 한국표준산업에 의한 분류

한국표준산업분류(KSIC) 기준으로 농림수산업, 광공업 그리고 건설업을 제외한 모든 산업에서 서비스산업을 3차 산업으로 분류한다. 또한 미용 서비스업은 대분류 S로 협회 및 단체, 수리 및 기타 개인 서비스업, 중분류 96으로 기타 서비스업, 소분류 961로 미용, 욕탕 및 유사 서비스업, 세분류는 9611로 이용 및 미용업에 속한다. 표준직업 분류표에 따르면 미용사(42220), 피부관리사(42232), 메이크업 아티스트(42241) 등으로 분류된다.

(2) 서비스 기능에 의한 분류

서비스 기능에 의한 분류는 지식기반의 높고 낮은 정도와 기업의 활동이 생산 활동 또는 소비 활동에 기반하는가에 따라 구분한다.

① **생산자 서비스**는 생산 활동으로 지식기반 및 시설, 장비, 자본 등이 높은 법률, 회계, 디자인, 금융업, 임대업 등으로 구분할 수 있다.

② **유통 서비스**는 생산 활동으로 지식기반 및 시설, 장비, 자본 등이 낮은 도매업, 소매업, 물류업, 창고업 등으로 구분할 수 있다.

③ **사회 서비스**는 소비 활동으로 지식기반 및 시설, 장비, 자본 등이 높은 의료, 사회복지, 교육, 공공행정 등으로 구분할 수 있다.

④ **개인 서비스**는 소비 활동으로 지식기반 및 시설, 장비, 자본 등이 낮은 음식업, 숙박업, 이·미용업, 세탁업 등으로 구분할 수 있다.

구분		생산 활동	소비 활동
지식기반	높음	생산자 서비스	사회 서비스
	낮음	유통 서비스	개인 서비스

• [그림 1-4] 서비스 기능에 의한 분류 •

(3) 서비스 특성에 의한 분류

1) Schmenner(1986)에 의한 분류

서비스를 노동 집약도와 고객과의 상호작용 및 고객화 정도의 두 가지 차원에 의해서 서비스 공장(Service factory), 서비스 숍(Service shop), 대중 서비스(Mass Service), 전문가 서비스(Professional Service)로 구분한다.[14]

① **서비스 공장**은 노동 집약도가 낮고, 고객과의 접촉 빈도와 고객화 정도가 낮은 유형으로 운송업, 휴양시설 등이 해당한다.

② **서비스 숍**은 노동 집약도가 낮으며, 고객과의 접촉 정도와 고객화 정도가 높은 유형으로 병원이나 정비소 등이 해당한다.

③ **대중 서비스**는 노동의 집약도 정도, 고객과의 접촉 빈도와 고객화 정도가 낮은 유형으로 도·소매업, 교육, 금융 서비스가 이에 해당한다.

④ **전문가 서비스**는 노동 집약도가 높고, 고객과의 접촉 정도와 고객화 정도가 높은 의사, 회계사, 변호사 등의 서비스가 이에 해당한다.

구분		고객과의 상호작용/고객화	
		낮음	높음
노동 집약도	낮음	서비스 공장	서비스 숍
	높음	대중 서비스	전문가 서비스

• [그림 1-5] Schmenner(1986)에 의한 서비스 유형 분류 •

2) Davis(1999)에 의한 분류

서비스산업을 서비스 내용과 특성으로 구분하여 서비스 공장(Service factory), 서비스 스토어(Service store), 서비스 숍(Service shop), 서비스 콤플렉스(Service complex)로 구분한다.[15]

① **서비스 공장**은 제조업의 대량생산 시스템과 유사한 것으로 패스트푸드점, 통신, 전력회사, 자동차 대여점 등이 해당한다.

② **서비스 스토어**는 전문성은 떨어지나 다양화 정도가 높은 백화점, 항공사, 보험, 은행 서비스가 이에 해당한다.

③ **서비스 숍**은 소수 전문가에 의한 서비스로 자동차 또는 부품 수리점, 미용실, 개인병원 등이 이에 해당한다.

④ **서비스 콤플렉스**는 다양한 사람들에 의한 지식기반 대인 서비스로 종합병원이나 대규모 컨설팅 기업 등이 이에 해당한다.

서비스의 유형별 분류는 서비스의 제공형태, 수요의 특성, 고객과의 관계성, 개별화 정도, 노동 집약 정도 등의 기준에 따르고 있다. 이는 서비스 특성을 고려한 서비스 분류는 유형별 특징에 따른 전략적 시사점을 제공해 준다.

구분		전문성: 낮음	전문성: 높음
다양성	낮음	서비스 공장	서비스 숍
다양성	높음	서비스 스토어	서비스 콤플렉스

• [그림 1-6] Davis(1999)에 의한 서비스 유형 분류 •

4. 뷰티 서비스산업의 현황과 특징

(1) 뷰티 서비스산업의 현황

우리나라 전체 GDP 규모 증가는 1,043조 원에서 1,429조 원으로 연평균 5.4%씩 증가하였으나(통계청, 2015), 2007~ 2013년 이·미용 서비스업의 연평균 매출증가액은 2007년 41,853억 원에서 2013년 54,572억 원으로 연평균 4.5%씩 증가하였다. 이·미용 서비스업은 지속적으로 성장하고 있으나 국내총생산(GDP) 성장률 대비 낮은 성장을 보이고 있다.[16)]

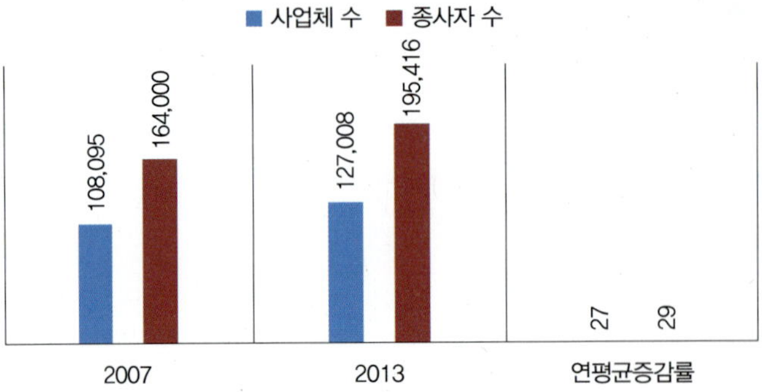

• [그림 1-7] 이·미용업 사업체 수 및 종사자 수(자료 출처: 통계청, 2007, 2013) •

이·미용 서비스업 사업체 수는 2007~ 2013년간 연평균 2.7% 증가하여 약 1,270여 개의 사업체로 증가하였고, 종사자 수는 연평균 2.9% 약 195,400여 명으로 증가하였다.[17)]

각국의 이·미용업 및 한국 전체 산업 노동생산성 비교로 국내 전체 산업의 생산성과 이·미용 서비스업의 생산성에 비하면 낮은 상황임을 알 수 있으며, 국가별 이·미용 서비스업의 생산성을 비교하여 보면 중국 다음으로 낮은 상황이다.[18)]

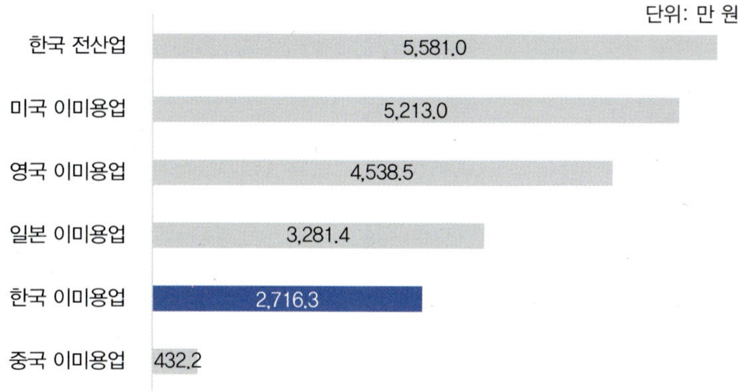

• [그림 1-8] 각국 이·미용업 및 한국 전체 산업 노동생산성 비교(자료 출처: 통계청, 2012) •

이·미용 서비스업의 노동생산성은 2007년 2,791억 원에서 2013년 2,698억 원으로 연평균 0.6%씩 감소하였으며, 소비자가 평균적으로 지출하는 금액은 실질적으로는 감소하고 있다. 이·미용 서비스 지출액은 가구당 연평균 증가율 1.1%로, 소비자물가지수의 연평균증가율인 3.0%에 미치지 못하고 있다.[19)]

• [표 1-3] 이·미용 서비스 지출 및 소비자물가지수(통계청, 2007, 2013) •

(단위 : 원, %)

구분	2007	2013	연평균증감률
이·미용 서비스 지출	27,418	29,282	1.1
소비자물가지수	90.3	107.7	3.0

이·미용 서비스업계는 대부분 인력 규모 4인 이하의 사업체로 구성되어 있으며, 인력 규모 10인 이상의 대형 사업체가 증가하고 있다.

이·미용 서비스업체의 종사자 수의 97%가 1~4인 업체, 2%가 5~9인 업체, 1%가 10인 이상 업체로 2007~2013년간 1~4인 규모의 사업체 증가율이 가장 낮고, 10인 이상 규모의 사업체가 연평균 10.2%씩 빠르게 증가하고 있다.[20)]

• [표 1-4] 인력 규모별 이·미용업 사업체 수(통계청, 2007, 2013) •

구분	2007	2013	연평균증감률
1~4명	105,238	123,011	2.6
5~9명	2,288	2,976	4.5
10명 이상	569	1,021	10.2
합계	108,095	127,008	2.7

이·미용 서비스업계의 매출 규모는 5천만 원 이하 사업체와 매출 규모 1억 원 이상의 사업체로 양극화되고 있는 것으로 파악되며, 2007~2013년간 연매출 5천~1억 원 미만의 사업체를 제외하면, 모든 구간의 사업체가 평균 이상의 속도로 증가하였고, 연매출 5억 원 이상의 사업체는 다른 구간에 비해 사업체 수는 많지 않으나 연평균 28.1%씩 빠르게 증가하였다.[21]

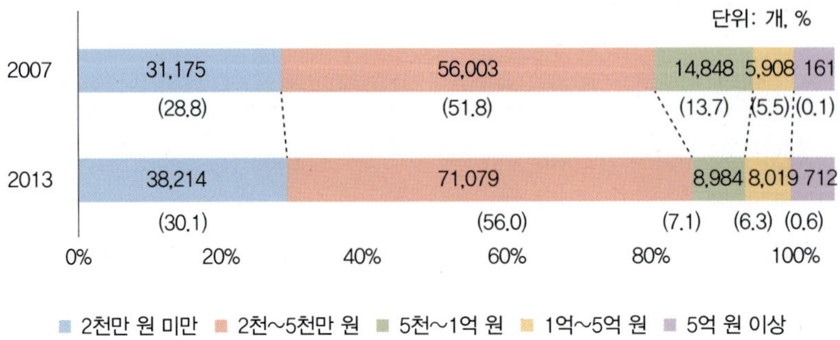

• [그림 1-9] 매출액 규모별 이·미용업 사업체 수 및 비중(자료 출처: 통계청, 2007, 2013) •

뷰티 서비스업의 프랜차이즈 업체는 사업장 수보다 발생하는 매출 규모가 크고, 가맹점은 2,176개로 뷰티 서비스업 전체 사업장 수인 87,126개의 2.5%에 불과하나, 매출은 약 5조 원으로 13.3%를 차지하고 있다. 뷰티 서비스업 프랜차이즈 가맹점의 사업체 1개당 매출액은 2억 4,600만 원으로 뷰티 서비스 사업체 1개당 매출액인 4,625만 원의 5배 이상에 달한다.[22]

• [표 1-5] 미용업 사업체 수 및 매출액(중소기업 연차보고서. 2016) •

구분	두발 미용업 전체	두발 미용업 가맹점	비중
사업체 수	87,126업체	2,176업체	2.5%
매출액	40,299억 원	5,353억 원	13.3%
사업체 1개당 매출	4,625만 원	2억 4,600만 원	5배

이·미용 서비스업 사업체 수 및 매출액에 관료 자료를 통해 뷰티 서비스업 프랜차이즈 업체는 1990년대에 프랜차이즈 업체는 2곳인데 반해, 2000년에서 2010년도에 9곳으로 증가하였다. 또한 눈여겨 볼만한 것으로는 2015년 프랜차이즈 업체로 등록된 소자본 점포 창업인 염색방 창업으로 150여 개의 업체가 창업하고 있다. 이·미용 서비스업 프랜차이즈 가맹점 수는 2012년 2,768개에서 2014년 3,620개로 증가하였다.[23]

뷰티 서비스업체의 특성은 종사하는 종업원의 기술과 서비스가 제공되어야 하는데 영세한 업체의 경우 종업원 채용과 관리가 어려운 상황이며, 일인 창업에서 운영하는 업주의 경우 생산성과 서비스 제공의 한계로 인하여 서비스품질 문제가 발생하고 있다. 대형 프랜차이즈는 창업 초기 많은 자본금으로 인테리어, 접객 시설의 우위를 통해 경쟁을 하며, 영세한 업체는 창업 초기 자본 조달의 어려움으로 인해 열악한 경쟁을 하고 있다.

• [표 1-6] 이·미용업 관련 업체의 매출 규모, 설립 시기, 가맹점 수(공정거래위원회, 정보공개서, 2015) •

분야	브랜드명	회사명	설립 시기	매출 규모	가맹점 수	
					2012	2014
헤어미용	리안	미창조㈜	2001	31.4	200	294
	박승철헤어스투디오	㈜피에스씨네트웍스	2001	137.9	220	243
	이철헤어커커	㈜커커	2000	107.0	157	188
	오땡큐	㈜오땡큐	2015	-	0	150
	이가자헤어비스	㈜뷰티끄레아	1995	29.4	114	130
	준오헤어	㈜준오뷰티	2002	159.2	83	100
	박준뷰티랩	㈜피엔제이	1995	11.8	146	90
	에이치스타일	로얄파트너스㈜	2011	27.0	14	69
	구피샵	(구)에스엘에스탑	2009	11.4	24	59
	제오헤어	㈜뷰쎄	2002	19.6	40	56
	미랑컬헤어	아름네트웍스㈜	-	-	69	55

(2) 뷰티 서비스산업의 특징

뷰티 서비스산업의 특성은 소규모의 영세 소상공인으로 매출이 매우 불안정하며, 유통산업과 달리 업체를 운영하는 데 큰 어려움을 겪고 있다. 이는 노동력을 제공하는 종업원의 잦은 이직과 인건비의 상승, 운영자금 조달에 관한 문제로 어려움이 가중되고 있기 때문이다. 특히 소비자의 욕구 증대로 인한 업체의 인테리어 및 부대시설 확충은 운영상의 문제로 떠오르고 있다. 서비스산업이 성장·발전함에 따라 뷰티 서비스업에 대한 고객의 인식도 바뀌고 있다.

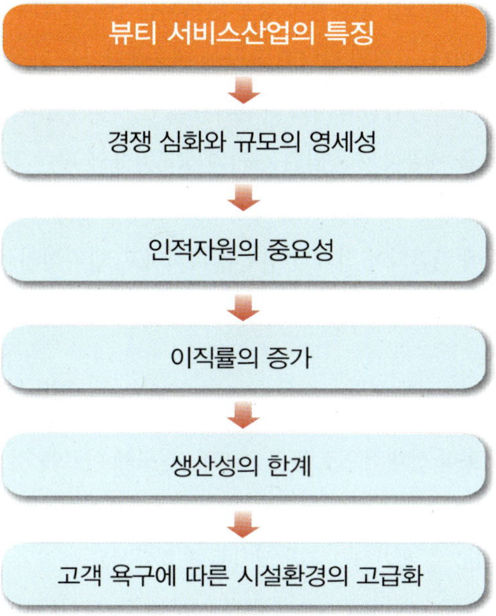

• [그림 1-10] 뷰티 서비스산업의 특징 •

1) 경쟁 심화와 규모의 영세성

고객서비스와 미용기술은 점점 향상되었지만, 과열 경쟁으로 서비스 요금은 점점 낮아지고 있다. 따라서 비슷한 품질에 따른 소비자의 선택 폭이 넓어져 과거와 같은 기술 위주의 경영으로는 경쟁에서 생존할 수 없으며, 미용실 간의 경쟁은 피할 수 없는 현실이 되었다. 우리나라에는 약 20만 명 정도가 뷰티 서비스업에 종사하며, 이·미용 서비스업체는 약 127,000여 개로 추산되고 있다.[24]

뷰티 서비스업은 규모와 조직의 대형 사업체와 영세 사업체로 양극화 현상이 나타나고 있다. 뷰티 서비스업체의 마케팅 능력과 고객관리, 서비스품질 등 경영관리능력에 따라 양극화 현상이 두드러지게 나타나며, 동종의 업체 간 양극화 현상이 더욱 심화하고 있다.[25]

2) 인적자원의 중요성

뷰티 서비스는 새로운 기술과 감각을 요구하며, 고객은 차별화된 개성을 추구하고, 기술적 발전에 높은 가치를 부여하고 있다. 그러나 뷰티 서비스업 종업원의 경우 반복되는 단순한 업무와 과중한 업무로 인해 새로운 기술개발의 기회가 어려운 실정이다. 고객의 다양한 요구에 대응해나가는 과정에서 자신의 능력 부족과 한계를 느끼게 된다. 따라서 뷰티 서비스 종업원의 자기 계발과 다양한 기술개발의 필요성이 대두되고 있다.[26)]

뷰티 서비스는 고객과 서비스를 제공하는 종업원 사이의 상호작용에 따라 고객만족에 영향을 주기 때문에 최상의 서비스가 제공되어야 고객의 재방문과 매출의 증가로 연계가 된다. 그러므로 종업원의 인적자원관리와 개발, 활용, 평가, 보상, 유지에 관련되어 전략적이며, 계획적이고, 합리적인 관리 활동이 필요하다.[27)]

3) 이직률의 증가

창업신문(2002)년 조사에 따르면 뷰티 서비스 종사자의 직업에 대한 만족도는 높은 것으로 나타났다. 그러나 뷰티 서비스 인력의 이직률 또한 상대적으로 높아 약 80% 정도에 이르는 것으로 나타났다.[28)] 이직에 더 효과적으로 대처하기 위해서는 이직 요인에 대한 철저한 규명으로 근본적인 대책을 마련해야 한다.

조직에 대한 종업원의 불만 요소를 제거함으로써 생산성과 효율성을 높일 수 있다. 일반적으로 이직관리에 있어서 중요한 과제로 자발적 이직과 관련된 것으로 조직 전체 요인, 작업환경 요인, 직무 내용, 개인 요인, 기타 요인으로 나누어 볼 수 있다.[29)]

4) 생산성의 한계

뷰티 서비스는 고객이 원하는 결과를 제공하기 위해서 전문 지식을 기반으로 고객과의 의사소통에 중점을 둬야 된다. 고객만족은 단순한 기술적 능력에 의해서 나타나는 것이 아니라 업무에 관한 충분한 지식과 고객의 마음을 잘 파악해 만족감을 높여주어야 한다.[30)]

뷰티 서비스는 고객이 입점하면 종업원이 고객에게 서비스를 제공한다. 그러나 고객은 일정한 간격을 두고 입점하지 않으므로 고객의 유입이 많을 때 원하는 서비스를 제공하기 위해 잘 훈련되고, 고객지향적 사고를 함양한 종업원이 필요하다. 이는 종업원의 고객지향적 사고가 서비스품질과 생산성 향상을 통해 고객만족에 많은 영향을 미친다. 그러나 종업원의 인건비 상승으로 인한 고용의 문제와 원자재 가격 상승으로 인해 생산성 제고에 어려움을 지니고 있다.

5) 고객 욕구에 따른 시설환경의 고급화

뷰티 서비스업체의 시설환경은 넓고 편안하며, 깔끔하고 고급화된 서비스업체를 고객들은 선호하고 있다.

특히 화학제품(펌제와 염모제 등)의 사용 증가에 따라 공기정화 및 환기에 대한 중요성이 두드러져 고가의 공기정화 시설을 도입하고 있다. 또한 전문성을 높이기 위하여 별도의 상담공간을 만들기도 하며, 고객 편의를 위하여 주차공간 등을 마련하여 고객들의 높은 호응을 얻고 있다.[31] 서비스 제공 중 발생할 수 있는 고객의 불편을 개선하기 위해 이동 동선을 짧게 하고, 종업원의 접객 수준을 높이는 등 다양한 활동을 하고 있다.

뷰티 서비스업체의 구조적 특성과 문제점으로 인해 영세업체 간의 과잉경쟁, 대형 프랜차이즈보다 낮은 서비스 경쟁력으로 인한 매출 저하, 고객의 다양한 욕구에 따른 서비스와 서비스 품목개발, 시설 확충의 한계, 종업원 구인과 기술, 서비스교육을 통한 비전 제시의 한계 등 여러 가지 현실적인 문제로 인하여 경영상의 어려움을 겪고 있다.[32]

5. 뷰티 서비스 경영 및 관리의 이해

(1) 서비스 경영

서비스 경영(Service management)은 서비스 본질과 경영이라는 기반에 충실해야 한다. 경영의 광의의 개념은 한정된 자원과 지식, 정보, 시간 등을 가장 효율적으로 사용하여 개인이나 조직의 목표를 효과적으로 달성하며, 존재의 가치를 지속적으로 유지하기 위하여 진행되는 계획, 실행, 통제의 경제적 활동을 의미한다.

협의의 개념으로 현대 자본주의 사회의 핵심 주체인 기업이 인간의 다양한 욕구를 충족시키기 위해 인적·물적자원 및 지식과 정보를 투입하여 생산한 제품과 서비스의 공급을 통해 새로운 가치를 창조하는 일련의 경제 활동을 의미한다. 따라서 경영은 인적·물적자원을 투입하여 제품 또는 서비스를 생산하고, 이를 판매하는 일련의 과정을 의미한다.

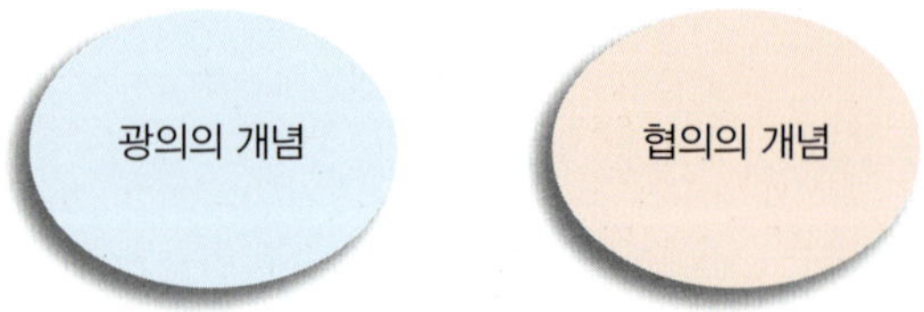

• [그림 1-11] 경영의 개념 •

경영학자 피터 드러커(Peter Ferdinand Drucker, 1909~2005)는 "모든 경영관리 문제의 60% 이상이 잘못된 커뮤니케이션에서 기인"한다며 현장에서 생각하고 학습하며, 사람들과 커뮤니케이션한다고 말하였다. 또한 그 안에서 전문능력을 익히고, 업무실적을 쌓으며, 신뢰받는 자신을 만든다고 하였다.[33]

① **경영**은 사람에 관한 것이다. 이는 사람들이 공동의 성과를 내도록 하는 데 있다. 강점을 더욱 효과적으로 만들고 약점을 보완하는 것이다.

② **경영**은 공통된 모험 하에 사람들을 통합하는 것을 다루기 때문에 그 나라의 문화에 깊이 뿌리내리고 있다.

③ **모든 기업**은 공통된 목표와 공유된 가치관에 몰입할 것을 요구한다.

④ **경영**은 기업과 그 구성원들이 욕구와 기회의 변화만큼이나 성장하고 개발하도록 만들어야 한다.

⑤ **모든 기업**은 다른 기능과 지식을 갖춘 사람들로 구성되며, 다른 많은 일을 한다. 이는 의사소통과 개인의 책임감 아래 이루어져야 한다.

⑥ 생산량으로 경영과 기업의 성과를 측정하는 것은 적절하지 않다. 시장에서의 위상, 혁신, 생산성, 인력개발, 품질, 재무결과 등 모든 것이 조직의 성과와 그 생존에 절대적으로 중요하다.

⑦ 기업이 기억해야 할 가장 중요한 것은 성과이다. 성과(Results)는 외부에 의해서 존재가치가 있다.

(2) 경영자

경영자(Manager, 經營者)의 기능을 두 가지로 구분하면 임시적 기능과 경상적 기능으로 구분할 수 있다.

① **임시적 기능**은 기업의 설립, 개편, 합병, 해산 등 기본적 존립에 관한 조성 기능과 이사와 감사 등 기타 중요 직위에 관한 최고 인사권자이다.

② **경상적 기능**은 자본, 제품, 노동력, 유통, 설비 등의 구성과 그러한 구조를 운용하는 기본방침이나 장기계획의 결정, 전체적인 경영 활동의 지휘, 감독, 경영 활동의 전체적 성과를 비판, 검토하는 감사로 이루어진다.

• [그림 1-12] 경영자의 기능 •

출자자인 동시에 경영자인 사람을 기업가(企業家)라고 한다. 그러나 대기업의 경우 다수의 출자자로 인하여 소유의 분산과 출자자의 투자가화(投資家化)가 나타나고, 다른 한편으로는 복잡, 거대화한 생산수단의 효율적인 운용을 위하여 특수한 전문적 능력이 필요하게 되었다. 그러므로 기존의 출자자가 그대로 경영자가 되는 기업가 시대에서 출자와 경영이 분리되어 출자자가 아닌 전문경영인이 기업을 경영하는 시대로 변화되고 있다.[34]

미국의 정치가이자 경제평론가인 J. Burnham은 산업사회 시대에서는 전문경영인이 사회의 중심인 산업경영을 지배함으로써 사회의 지도적 지위에 앉는다고 보고, 이를 전문경영인이라고 하였다. 전문경영인은 재능이 있는 사람을 선발하여 경영후계자로 육성하고 계속기업의 요구와 일치시키도록 해야 한다. 경영자 교육이나 경영자 세미나가 성행하는 것은 전문경영인 시대의 특색이기도 하다.[35]

(3) 관리

관리(Management)는 계획(Plan) - 실행(Do) - 조정(See)을 진행하는 것으로, 조직의 목표를 달성하기 위하여 조직이 상호작용하는 과정을 의미한다.

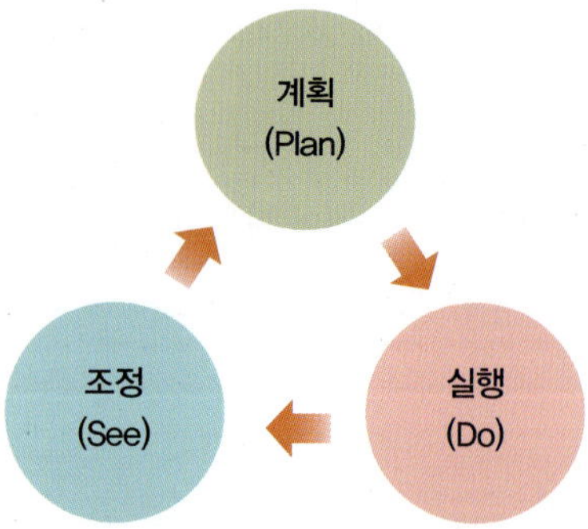

• [그림 1-13] 관리의 3요소 •

관리는 조직의 목표를 설정, 계획을 세우며, 인적자원과 물적자원을 조직화하고, 구성원의 활동을 지휘, 조정, 통제하는 기술적 업무를 말한다. 또한 조직의 구성과 운영, 구성원의 충원, 평가, 효율적인 운영과 통제 및 이를 피드백하는 구조적 활동이며, 기능의 반복적인 운영을 통해 조직을 관리한다.

(4) 관리자

관리자(Administrator, 管理者)는 조직의 관리를 담당하는 사람, 즉 자신이 속한 조직의 목표를 효율적으로 달성하기 위한 구성원으로 조직이나 개인 스스로 노력하게 하여 조직 목표의 달성을 위하여 실행하게 한다. 또한 멘토의 역할과 업무의 계획, 조정 역할을 수행하는 사람이다. 주어진 목표를 달성하려면 조직 구성원의 자발적인 노력이 필요하다. 그것을 이끌어낼 수 있는 담당자가 관리자인 것이다.

관리자는 항상 자기 혁신이 필요하다. 또한 자기계발은 조직 공동의 목표를 성취하는 데 있어 밑거름이 될 것이다. 우리는 운이라는 말을 많이 한다. 그러나 그 운이라는 것도 관리자가 준비되어 있지 않는다면 결코 좋은 결과를 만들지 못할 것이다.

관리자의 혁신은 기본적으로 생각이 바뀌어야 한다. 즉, 형식은 내용을 결정하고 내용은 성공을 결정한다는 사고는 생각의 변화를, 생각은 행동의 변화를, 행동은 인생의 변화를 만드는 것이라고 할 것이다.[36]

(5) 관리자의 업무역량 3요소

관리자는 사업계획의 목표를 수립, 실행함에 중요한 인적자원을 효율적으로 배치, 운영, 분석하는 것이 중요한 업무라 할 수 있다. 즉, 관리자는 기업에서 발생하는 현황에 대한 자료를 수집하고 분석하여 개선 방향을 설정하고, 구체적인 실행계획을 수립하는 것이다. 실행계획을 적용하여 다시 나타나는 문제점을 파악하여 개선하는 업무가 관리자의 중요한 역할이다.

관리자의 역할에 있어 중요한 것은 기업 전반의 업무파악이 중요하며, 그것을 토대로 분석하는 것이다. 그러므로 관리자는 새로운 사고로 업무를 바라보는 시각과 폭넓은 사고가 필요하다.

① **전문적 기술**(Technical skill) 맡겨진 업무를 수행하는 데 필요한 지식과 기술 등의 활용 능력을 의미하며, 기술은 주로 경험이나 교육·훈련 등에 의하여 습득하게 된다.

② **인간관계적 기술**(Human skill) 사람들을 잘 다룰 수 있는 능력을 리더십이라 하며, 조직 구성원의 동기부여와 비전의 제시 등이 포함된다.

③ **개념적 기술**(Concept skill) 조직 전체의 목표를 포괄적으로 파악하고, 관리자로서의 업무가 전체 조직 중 어느 부서와 관련성이 있는 것인지를 파악하는 능력을 의미한다.

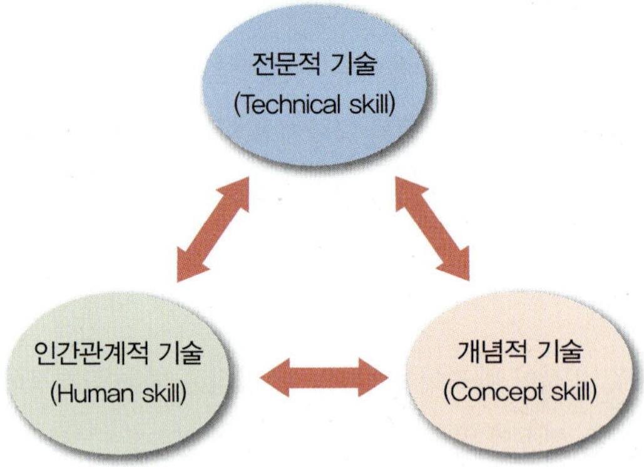

• [그림 1-14] **관리자의 업무역량** •

경영자는 관리자의 업무 영역을 명확히 나눠주어야 하며, 그것을 통해 효율성을 높여야 할 것이다. 뷰티 서비스업의 경영자가 관리자를 바라보는 시각(생각)에 문제가 있으면 관리자라는 의미를 퇴색시키는 상황이 발생한다. 중요한 사실은 관리자는 바쁜 자리를 메워주기 위한 일이나 현금출납과 접수대에서 고객접수를 하고 제품정리만 하는 업무가 관리자의 역할이 아니라는 것을 인식하여야 할 것이다. 물론 관리자로서 업무의 일부분이 속하여 있는 것은 사실이지만 본질적인 업무는 그것이 아니라는 것을 잊어서는 안 된다.

관리자가 주의해야 할 것은 매장의 직원을 무시하고 권위적인 태도를 보이거나 "내가 이런 일을 해야 해?", "난 관리자인데?"라는 생각으로 관리자로서 자질이 없는 의식을 보이는 경우도 있다. 물론 앞에서 언급한 것처럼 그런 잡다한 일이 주 업무는 아니겠지만 부가적인 업무를 해야 하기도 한다. 관리자의 솔선수범은 현대인의 리더십에서 매우 중요하며, "난 관리자니까 청소는 다른 직원이 해야 해"라는 생각은 관리자가 지녀야 할 자세는 아닐 것이다.

관리자 자신의 업무를 바라보는 자세에 있어서 그것을 성실히 처리할 의무와 책임이 있다는 것을 느끼고 실행할 때 비로소 관리자가 되는 것이고, 다른 직원들에게도 그러한 영향력을 끼쳐 하나의 조화로운 조직을 만들 것이며, 조직의 에너지를 최대한 끌어올려 공동의 목표로 나아갈 수 있어야 한다.

(6) 관리자의 조건

1) 관리자의 업무능력

① **판단의 능력:** 유행과 본질을 파악할 수 있어야 한다.

② **미래를 읽는 능력:** 고객의 기호, 기술의 발전 등 변화를 파악할 수 있어야 한다.

③ **미래를 준비하는 능력:** 시장 변화에 대한 흐름과 대처를 준비해야 한다.

④ **비전을 제시하는 능력:** 업무에 관련한 개인의 발전과 희망을 제시하여야 한다.

⑤ **조직화하는 능력:** 개인의 능력을 파악하여 적재적소에 배치하여야 한다.

⑥ **커뮤니케이션 능력:** 조직의 의사결정에 있어 의사전달은 매우 중요하다. 그러나 그 말을 전달하다 보면 말의 오해를 불러일으킨다. 의사전달은 간단명료하게, 항상 적극적인 마음과 긍정적인 마음, 이해하는 마음을 가져야 할 것이다.

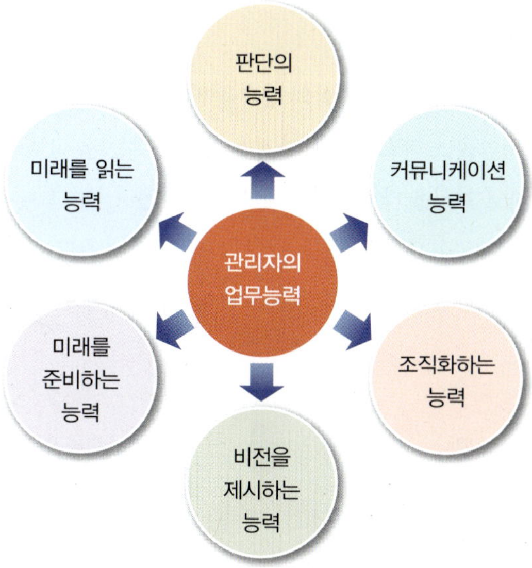

• [그림 1-15] 관리자의 업무능력 •

2) 관리자의 성품

사람의 성질이나 됨됨이, 사람의 타고난 바탕으로 품격과 성질을 아울러 이르는 말이다.

(가) 신뢰

① 신뢰는 보여주는 것이다.

② 신뢰는 적절한 위엄, 품위, 적절한 거리가 필요하다.

③ 신뢰는 배려하는 언행과 마음이 필요하다.

④ 신뢰는 군림보다 봉사의 마음가짐이 필요하다.

→ 즉, 조직의 리더는 솔선수범이 되는 모습을 보여줘야 한다.

(나) 태도

① 솔선수범하라. ② 공과 사를 구별하라.

③ 열정을 전파하라. ④ 주의 깊게 들어라.

⑤ 항상 감사하라. ⑥ 공정성을 유지하라.

(다) 마음가짐

① 긍정적인 생각을 한다.

② 고정적인 생각에서 성장 중심적으로 변화의 생각을 한다.

③ 책임의 회피가 아닌 책임을 느끼고 책임을 가지는 마음을 갖는다.

④ 목표를 위하여 노력하고 최선을 다하는 신념의 마음을 갖는다.

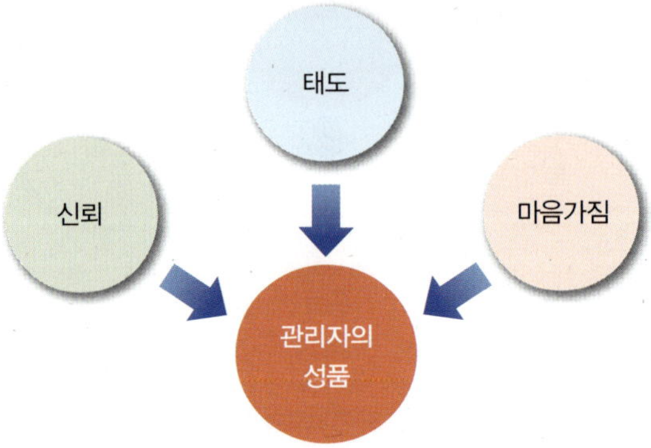

• [그림 1-16] 관리자의 성품 •

학 습 정 리

· 미국마케팅협회(AMA)는 서비스를 판매를 위하여 제공되거나, 상품판매와의 관계에서 준비되는 재활동, 편익, 만족이라고 정의하고 있다. 시장에서 판매되는 무형의 제품이다. 유형과 무형의 구분 방법은 손으로 만질 수 있는가이다. 또한 한쪽이 상대편에게 제공하는 효용이나 그에 따른 행위로서 본질에서 무형성을 갖고 소유권 이전행위를 수반하지 않는다. 서비스의 생산은 유형 제품에 연결될 수도 그렇지 않을 수도 있다.

· 서비스를 유형의 제품과 비교해보면 서비스는 형체가 없는 무형성이며, 생산, 구매, 소비가 동시에 이루어지므로 동시성 또는 비분리성이라고 한다. 서비스를 표준화와 규격화하기 어려우므로 이질성이라고 하며, 저장과 보관을 할 수 없으므로 소멸성이라는 특성이 있다.

· Schmenner(1986)에 의한 분류는 서비스를 노동 집약도와 고객과의 상호작용 및 고객화 정도의 두 가지 차원에 의해서 서비스 공장(Service factory), 서비스 숍(Service shop), 대중 서비스(Mass Service), 전문가 서비스(Professional Service)로 분류한다.

· Davis(1999)에 의한 분류는 서비스산업을 서비스 내용과 특성으로 구분하여 서비스 공장(Service factory), 서비스 스토어(Service store), 서비스 숍(Service shop), 서비스 콤플렉스(Service complex)로 구분한다.

· 서비스 경영의 광의적 개념은 한정된 자원과 지식, 정보, 시간 등을 가장 효율적으로 사용하여 개인이나 조직의 목표를 효과적으로 달성하며, 존재의 가치를 지속적으로 유지하기 위하여 진행되는 계획, 실행, 통제의 경제적 활동을 의미한다.

· 관리(Management)는 계획(Plan) – 실행(Do) – 조정(See)을 진행하는 것으로, 조직의 목표를 달성하기 위하여 조직이 상호작용하는 과정을 의미한다. 관리는 조직의 목표를 설정, 계획을 세우며 인적자원과

물적자원을 조직화하고 구성원의 활동을 지휘, 조정, 통제하는 기술적 업무를 말한다.

· 관리자는 조직의 관리를 담당하는 사람, 즉 자신이 속한 조직의 목표를 효율적으로 달성하기 위한 구성원으로 조직이나 개인 스스로 노력하게 하여 조직 목표의 달성을 위하여 실행하게 하며, 또한 멘토의 역할과 업무의 계획, 조정역할을 수행하는 사람이다.

· 관리자는 사업계획의 목표를 수립, 실행함에 있어 중요한 인적자원을 효율적으로 배치, 운영, 분석하는 것이 중요한 업무라 할 수 있다.

· 전문적 기술(Technical skill): 맡겨진 업무를 수행하는 데 필요한 지식과 기술 등 활용 능력을 의미하며, 기술은 주로 경험이나 교육 · 훈련 등에 의하여 습득하게 된다.

· 인간관계적 기술(Human skill): 사람들을 잘 다룰 수 있는 능력을 리더십이라 하며, 조직 구성원의 동기부여와 비전의 제시 등이 포함된다.

· 개념적 기술(Concept skill): 조직 전체의 목표를 포괄적으로 파악하고 관리자로서의 업무가 전체 조직 중 어느 부서와 관련성이 있는 것인지를 파악하는 능력을 의미한다.

PART

2

서비스 수익연결 모형

학습개요

서비스를 제공하는 기업의 경영자는 영업 활동의 주체인 종업원의 내부품질인 인적자원관리 및 개발 활동이 종업원의 만족도에 영향을 주며, 직원 만족은 종업원 충성도에 영향을 미치고, 종업원 충성도는 다시 고객에게 제공되는 서비스가 고객만족에 영향을 미치고, 고객만족은 고객의 충성도에 영향을 미치므로 기업의 수익에 영향을 미친다. 따라서 서비스 수익 체인(Service-Profit Chain) 모형을 통해 이론적 개념에 관하여 학습한다.

BEAUTY SERVICE MANAGEMENT

CONTENTS

PART 2. 서비스 수익연결 모형

학습목표

· 서비스 수익 체인 모형을 통해 서비스 간의 영향에 관하여 이해할 수 있다.
· 인적자원관리의 개념과 구성요소에 관하여 파악하고 실무에 적용할 수 있다.
· 인적자원개발의 개념과 구성요소에 관하여 이해하고 실무에 적용할 수 있다.
· 인적자원관리 및 개발의 이론적 배경과 발전에 관하여 파악할 수 있다.
· 역량관리 전략을 통해 조직 및 개인의 역량을 개발하고 향상시킬 수 있다.
· 인적자원관리를 통한 성과의 개념과 성과의 종류에 관하여 구분하고 수준별 성과 향상에 적용할 수 있다.

주요용어

서비스 수익 체인(Service-Profit Chain) 모형, 만족의 거울 효과, 인적자원관리(Human resource management; HRM), 인적자원개발(Human resource development; HRD), 개인개발, 경력개발, 조직개발, 교육·훈련 설계(Training Design), ADDIE 모형, 인간관계론(Human relation theory), 자원기반이론(Resource-based theory), 조직성과(Organizational performance), 직무만족(Job satisfaction), 내재적 만족(Intrinsic satisfaction), 외재적 만족(Extrinsic satisfaction), 고객 지향성(Customer orientation), 경영성과(Business performance)

생각하기

· 여러분이 생각하는 서비스 수익연결 모형을 통해 실무에서 고려해볼 요소는 무엇인지 토의한다.
· 여러분이 생각하는 인적자원관리와 개발의 필요성에 대해 토의한다.
· 여러분이 생각하는 역량관리 전략의 필요성에 대해 토의한다.
· 여러분이 생각하는 성과는 무엇이고, 성과의 유형과 성과에 영향을 미치는 요소는 어떤 것이 있는지 토의한다.

1. 서비스 수익연결 모형

Heskett(1994)이 제안한 서비스 수익연결(Service-Profit Chain; SP-C) 모형은 내부고객과 외부고객의 만족 그리고 기업의 성장과 수익의 관계를 명확하게 설명하는 모델이다. 서비스 기업의 영업 활동은 내부품질인 인적자원관리 및 개발 활동이 종업원의 만족도에 영향을 주며, 종업원의 직무만족은 기업에 대한 충성도인 고객 지향성에 영향을 미친다. 종업원의 고객 지향성은 고객에게 제공되는 서비스품질과 고객만족에 영향을 미친다. 고객만족은 다시 고객 충성도에 영향을 주어 기업에 수익 향상에 긍정적인 영향을 준다.[37]

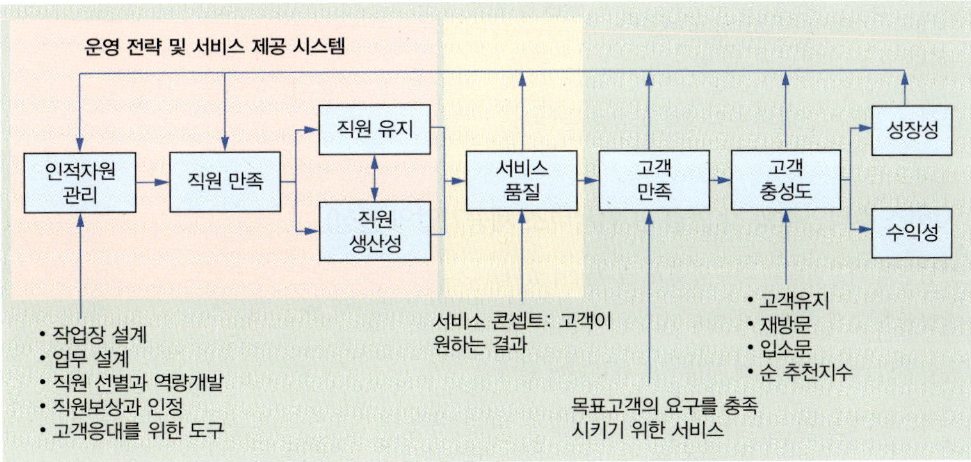

• [그림 2-1] 서비스 수익연결 모형(자료 출처: Heskett, Sasser & Schlesinger, 1997) •

기업의 경영자는 1차 고객인 종업원을 만족시키기 위한 인적자원관리 및 인적자원개발 활동, 즉 작업장의 환경과 의사결정, 경력개발, 보상, 교육, 훈련, 경력개발 등을 적합한 수단을 통해 종업원의 서비스가 원활히 제공될 수 있게 지원돼야 한다. 이렇게 만족한 1차 고객(종업원)은 2차 고객을 충분히 만족시킬 수 있는 마음가짐을 갖출 수 있다.

방문하는 모든 고객을 경영자 또는 관리자가 응대하는 것은 분명 아닐 것이다. 고객을 직접 대면하는 것은 종업원들이다. 자기직무에 만족한 종업원은 고객을 만족시킬 가능성이 크다. 이러한 결과로 고객 충성도를

5% 향상하게 되면, 이익의 증가를 25~85%까지 가져올 수 있다. 결론적으로 고객 충성도로 대변되는 시장점유율의 질적 측면은 기업의 성장에 매우 중요하다.[38)]

(1) 서비스 수익연결의 기능(서비스 제공기업의 관점)

① 내부품질은 종업원의 직무만족을 가져온다.

② 종업원의 직무만족은 종업원의 고객 지향성을 유발한다.

③ 종업원의 고객 지향성은 종업원의 생산성을 유발한다.

④ 종업원의 생산성은 서비스 가치를 유발한다.

⑤ 서비스 가치는 고객만족을 유도한다.

⑥ 고객만족은 서비스 충성도를 높인다.

⑦ 고객 충성도는 기업의 수익성과 성장을 높인다.

(2) 서비스 수익연결의 각 연결 관계(서비스 제공기업의 관점)

① 종업원의 직무만족은 내부품질과 연계되어 있다.

② 종업원의 고객 지향성은 직무만족과 연계되어 있다.

③ 종업원의 생산성은 고객 지향성과 연계되어 있다.

④ 서비스를 제공하는 가치는 종업원의 생산성과 연계되어 있다.

⑤ 고객만족은 서비스 가치와 연계되어 있다.

⑥ 서비스 충성도는 고객만족과 연계되어 있다.

⑦ 기업의 매출과 성장은 서비스 충성도와 연계되어 있다.

⑧ 경영을 위한 서비스 수익연결 모형이 시사점을 제공한다.

• [표 2-1] 외부품질과 내부품질의 비교 •

구분	외부품질	내부품질
대상	고객(2차 고객)	종업원(1차 고객)
제공물	상품 및 서비스	직무 및 작업환경
가격	상품 및 서비스의 대가	직무의 대가
목표	고객만족	직무만족

(3) 만족의 거울 효과

만족의 거울 효과는 고객과 종업원의 만족 수준 사이에 밀접한 관계에 관한 연구로 고객과의 접점에서 서비스를 제공하는 종업원의 수준에 따라 서비스 제공기업에 대한 만족도가 매출에 직접적인 영향을 주게 된다. 이는 고객과 종업원 간의 상호작용을 통해 만족 수준이 좌우되는 밀접한 연관이 있게 된다.

고객과 서비스를 제공하는 접점에서 빈번한 접촉이 이뤄진다. 이때 종업원이 제공하는 서비스 수준이 낮으면, 회사의 만족도가 하락하게 된다. 종업원이 일에 대한 의미를 느끼고 열심히 직무에 몰입하여 만족을 갖게 되면 고객도 만족을 느끼고 매출도 증가한다.

고객의 마음은 종업원의 마음과 거울처럼 반사되어 함께 움직인다. 이는 내부고객(종업원)의 만족이 외부고객의 만족을 향상하게 한다. 예컨대, 병원, 보험회사, 은행지점 등을 통한 연구결과, 종업원은 자기 일에 대해 지원(상사지원 및 조직지원, 동료지원 등)이 되고 있다고 믿는 정도가 고객만족에 대한 가장 일관된 정보를 가져다준다.[39)]

2. 인적자원관리

(1) 인적자원관리의 개념

인적자원관리(Human resource management; HRM)는 조직 구성원의 능력을 최대한 발휘시키고, 직무수행을 통해 조직 구성원으로서 만족을 얻도록 지원하는 것이라고 정의한다.[40] 이러한 인적자원관리는 경영관리과정이며, 조직의 목표를 달성하는데 가장 중요한 목적으로 하고 있다.

인적자원관리의 효율성에 따라 경영성과는 달라지므로 인적자원관리를 통해 개인의 목표와 조직의 목표를 동시에 달성될 수 있게 조직 구성원의 직무능력개발과 동기부여를 통하여 조직 구성원의 만족과 생산성을 향상할 수 있게 관리한다.[41]

(2) 인적자원관리의 중요성

고객에게 제공된 서비스품질에 대한 평가는 고객과 직원과의 상호작용에서 발생하며, 서비스품질의 평가 시점은 서비스가 제공되는 고객과의 접점이라 정의한다. 서비스품질에 대한 평가는 고객에게 인식된 조직 구성원의 행동으로 좌우된다.[42]

인적자원관리는 기업경영에 중요한 경쟁우위의 요소인 인적자원의 확보, 개발, 유지하는 핵심역량으로 경영 전략의 중요한 수단이며, 실행조건이다. 기업은 이 조직 내 학습 및 관계능력개발에 중점을 두어야 한다. 인적자원관리를 통한 조직성과를 극대화하기 위해서는 종업원의 역량이 필수적이며, 효과적인 인적자원관리 활동이 매우 중요하다.[43]

(3) 인적자원관리의 구성요소

Pfeffer(1994)는 인적자원관리의 구성요소를 광범위한 교육 훈련, 참여적 직무설계, 정보공유, 선별적 채용, 고용보장, 성과연계 보상, 지위 격차 해소로 제시하였다. 인적자원관리 구성에 관한 내용을 좀 더 구체적으로 살펴보면 다음과 같다.[44]

1) 선별적 채용

선별적 채용은 기업의 전략수행 및 목표달성을 위해 기업이 요구하는 역량을 함양한 인재를 선발 및 채용하는 것이다. 선별적 채용은 기업의 인적자원관리 활동의 기초이며, 인적자원관리의 중요한 활동 중 하나이다.

기업이 좋은 임금제도와 업무환경, 복지제도 등을 갖추고 있다 하더라도 직무에 적합한 역량 있는 인재를 확보하기 위한 노력은 인적자원관리 활동의 성패를 좌우하게 될 뿐만 아니라, 기업경영에 있어 매우 중요한 활동이다.[45]

2) 광범위한 교육 훈련

광범위한 교육 훈련은 종업원의 직무능력개발을 위한 조직의 투자로 교육 훈련을 통하여 업무성과와 관련하여 조직 구성원 스스로 능력을 개발하여 고용의 안정을 높이고, 교육 훈련을 통하여 기업에 대한 소속감 및 애사심을 함양하게 된다.

직무를 효과적으로 수행할 수 있도록 종업원들의 직무능력을 향상시키기 위해 계획하는 일련의 활동으로, 기업의 목표를 달성하기 위해 업무에 적합한 직무능력을 함양할 수 있도록 종업원들에게 실무적이고, 적절한 내용으로 구성하여 교육 및 훈련을 시행하는 것이다.[46] 이처럼 교육 훈련은 종업원의 직무능력과 직무몰입을 향상함으로써 조직의 성과를 높일 수 있다.

3) 성과연계 보상

보상은 조직성과와 직접적인 영향을 미치는 인적자원관리의 핵심 요소로 성과연계 보상은 조직 구성원이 조직의 목표를 달성하기 위해 공헌한 대가이다. 또한 현실적으로 조직 구성원의 직무만족과 동기부여 등에 영향을 미치는 요인이다.

보상은 크게 경제적 보상과 비경제적 보상으로 구분할 수 있다. 경제적 보상은 임금, 수당, 각종 복리후생 등이다. 비경제적 보상은 교육 훈련, 승진, 인정 등이 있다.[47]

4) 참여적 직무설계

참여적 직무설계는 조직 구성원이 업무수행에 있어 의사결정과정에 참여하고 의견을 제시함으로써 만족감 및 생산성 향상 측면에서 매우 중요한 요소이다. 이는 내재적 동기와도 밀접한 관련이 있는데, 다른 어떤 요인에 의해 타율적으로 하는 경우가 아닌 자신의 자율적 의지로 과업을 수행할 경우 과업에 대해 흥미를 느낀다.[48]

5) 정보공유

정보공유는 조직의 원활한 운영을 위해 조직 구성원이 업무에 필요한 정보를 제공해야 한다고 정의한다. 정보공유는 조직 구성원들이 조직의 목표를 수행하는 데 필요한 사업의 계획 및 진행 상황 등 조직의 자원과 관련된 다양한 정보를 공유한다. 조직 구성원들 간에 관계가 친밀하고 접촉 횟수가 많을수록 업무와 관련된 정보교환이 활발히 이루어져 조직 구성원들 간의 높은 업무성과를 낼 수 있다.[49]

6) 지위 격차 해소

지위 격차 해소는 성공적인 기업의 경영을 위해 조직 구성원이 적극적으로 경영 참여를 유도하는 것이다. 그러나 경영 참여를 실행하는 데 있어 어려운 문제 중 하나는 조직 구성원들이 느끼는 소외감과 관련된 것이다. 또한 경쟁우위를 확보한 기업은 조직 구성원들이 평등하다고 생각할 수 있게 다양한 형태의 상징적 평등주의의 활동을 찾을 수 있다.[50]

7) 고용보장

고용보장은 조직 구성원을 조직이 지속적으로 고용을 유지하겠다고 약속하여 조직이 구성원을 장기적인 안목으로 대하고 있다는 것을 알려주는 신호라고 할 수 있다. 고용보장은 조직 구성원에 대한 신분상 고용안정을 제공하는 정도, 장기고용을 유지하는 노력 정도, 불경기 시 인력감축 자제 등 4가지를 포함하여 이루어진다.[51]

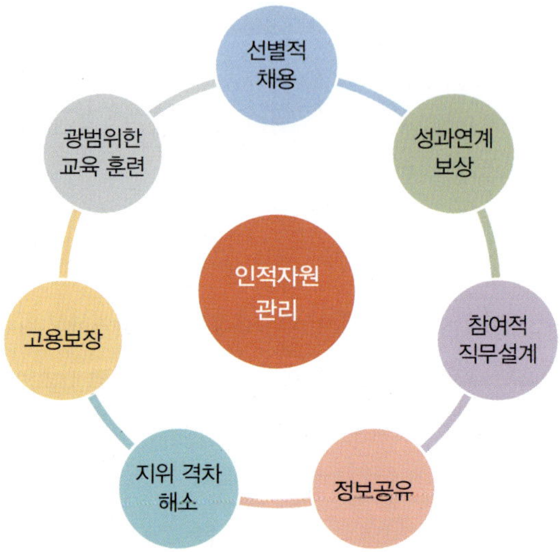

• [그림 2-2] 인적자원관리의 구성요소 •

(4) 인적자원관리의 발전과정

인적자원관리는 조직상황과 환경변화와 함께 달라지고 있다. 인적자원관리의 변화는 전통적·기능적 관점에서 인사관리(Personnel Administration; PA), 인적자원관리(Human Resource Management; HRM), 인적자원관리시스템(Human Resource Management System; HRMS), 전략적 인적자원관리(Strategic Human Resource Management; SHRM), 전략적 인적자원관리시스템(Strategic Human Resource Management System; SHRMS) 등으로 발전해왔다.[52)]

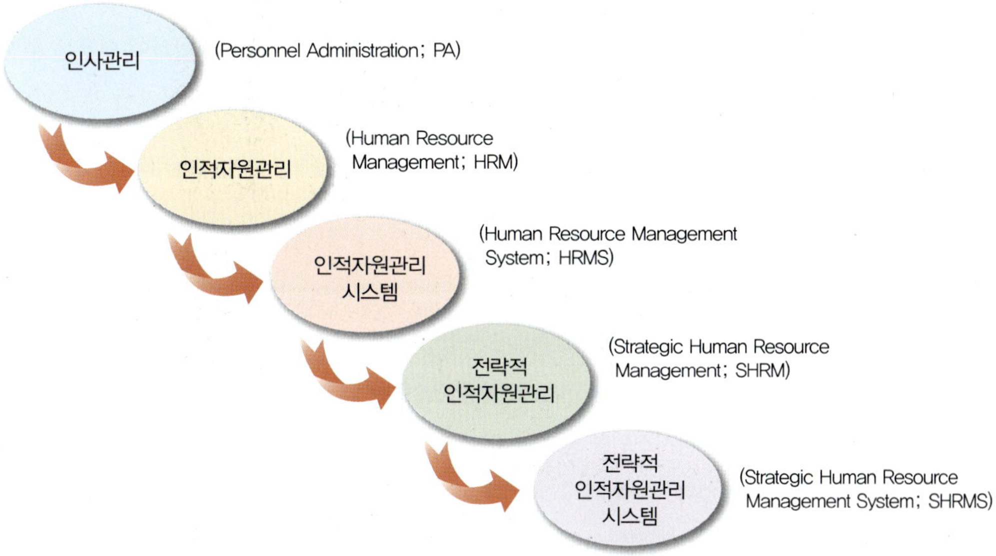

• [그림 2-3] 인적자원관리의 발전과정 •

1) 인사관리

인사관리 단계는 인사관리의 기능들이 제도화되지 못하였으며, 비용감소에만 주력하고 사람에 대한 관리가 비합리적으로 이루어져 인사의 기능들이 효과적으로 발휘되지 못하였다. 사람에 대한 관리가 경영자와 직원의 수직적 관계 속에서 종속적으로 이루어져 왔으며, 문서보관이나 기록 등 직원의 인적사항 관리형태만으로 이루어졌다.[53)]

인사관리는 산업 초기 효율성과 생산성을 중요하게 생각하므로, 경영자의 효율적이고 체계적인 욕구를 만족시키지 못하였다. 따라서 경영자들과 학자들은 초기 인사관리를 보완하기 위한 합리적이고, 체계적인 인적자원관리를 모색하기 시작하였다. 이러한 배경에 인적자원관리라는 개념이 등장하였다.

2) 인적자원관리

인적자원관리는 조직 구성원과 조직의 목표달성을 위한 인적자원의 모집, 선발, 개발, 유지 또는 이용의 관리 활동으로, 각 기능 간에 조화가 중요하게 되며, 통합된 제도로 각각의 역할이 구성되고 선발, 훈련, 보상, 평가라는 하위기능으로 구분한다.

이 단계에서 인적자원관리를 비용이나 투자 관점으로 파악하고, 인사부서는 서로 독립하여 업무를 추진하지만, 기업의 외부환경을 반영하지 못하여 조직의 전략이나 목표, 적합성 등을 갖지 못한 문제를 안고 있다.[54)]

3) 인적자원관리시스템

인적자원관리시스템은 내적 일치성을 지닌 관행들로 상호 연결되어 구성된 것이며, 인적자원관리 활동 중 조직성과를 높일 수 있는 활동들의 내적 적합성(Internal fit)이나 조직의 사업전략에 맞추어 인적자원관리를 실행하는 것으로 정의할 수 있다.[55)]

인적자원관리 활동들은 각각의 기능들이 개별적으로 작용하기보다 일정한 논리를 기본으로 하나의 시스템을 구성하여 조직 내의 인적자원관리시스템을 만들며, 인적자원관리 활동의 구성요소 간에 상호보완 관계를 통하여 조직의 성과를 향상할 수 있다.

조직의 환경 상황과 경영 전략의 외부 적합성이 강조된다. 인적자원관리제도 간의 내부 적합성과 조직의 전략 간에 외부 적합성이 하나의 집합체 혹은 시스템을 구성하며, 이들 간의 상호작용 관계가 기업의 경쟁우위를 갖는다.[56)]

4) 전략적 인적자원관리

세계 경제 위기상황으로 환경의 불확실성과 기업 간 경쟁의 심화, 소비자 욕구의 다양성, 기술발전으로 인한 전통적 경쟁우위의 가치하락 등의 원인으로 기업경영자들은 새로운 경쟁우위의 관점을 인적자원에 두고 있다.

과거에 투자나 비용으로 보는 종업원이 기업의 경쟁우위의 원천이 되고, 기업의 성패를 좌우할 수 있다고 인식되어 인적자원관리와 기업 전략, 조직의 목표를 하나로 연결하여 전략적 인적자원관리의 개념이 등장하였다.

전략적 인적자원관리는 인적자원관리의 하위 분야로 전략적 관리 분야의 발전과 함께 성장하기 시작하였으며, 기업의 경영 전략을 결정하는 과정의 한 부분이 되어야 한다. 조직의 목표달성을 위해서 인적자원관리의 전략적 역할을 강조하고 있다.[57)]

전략적 인적자원관리의 기여를 설명하기 위한 지배적인 전략적 관리구조는 자원기반이론(Resource Based View; RBV)이며, 이는 경쟁우위 개발의 중심에 기업의 자원을 배치한다.[58)]

전략적 인적자원관리는 인적자원관리의 가치를 표현할 수 있는 가장 유익한 프레임이다. 전략적 인적자원관리는 정보기술 및 관리시스템의 발전에 힘입어 글로벌 비즈니스 확장으로 인하여 경쟁의 기반인 지식, 혁신, 학습, 리더십 및 문화와 같은 무형의 조직자원으로 이동하고 있음을 의미한다.[59)]

인적자원관리에서 전략에 관한 의미를 세 가지로 제시하고 있다.

첫째, 인적자원관리와 조직의 전략 수준이 경영성과에 영향을 미친다.

둘째, 조직의 전략 및 목표는 인적자원관리와 적합성을 가진다.

셋째, 인적자원관리 관행 간에 수평적 통합 및 적합성을 통해서 지속적으로 경쟁우위에 원천이 되는 인적자원의 확보를 위한 전략적인 지원을 한다.[60)]

전략적 인적자원관리는 기능적인 전략을 수립할 때 최고경영자가 적극적으로 개입하며, 전략의 관심을 조직의 결과에 둔다. 또한 각 개별기능의 활동을 통합적 의사결정 방식을 사용하여 인사담당자와 의사결정과정을 공유한다.[61)]

조직 전략이 활동 패턴으로 이해되기 때문에 하위기능 중심의 분리적 접근은 조직 내에서 일어나고 있는 이론적 변화를 무시하고, 왜곡된 접근 방법을 시도할 가능성이 있으며, 개별 기능적 접근은 인사 기능 간 시너지 효과를 차단한다.

전략수립자의 측면에서 보면, 개별기능과 조직 전체의 관점에서 갈등이 발생할 때, 조직 전체의 전략적 유익을 위해서 선택해야 하는데, 기능 중심적 접근은 그렇지 못한 제약이 가해질 수 있는 문제가 발생할 수 있다.[62)]

전략적 인적자원관리에 대한 높은 관심은 기업 경쟁력을 높이기 위한 비교우위의 원천으로 인적자원관리에 대한 중요성이 크게 확대되는 것과 밀접한 연관성이 있다.[63)] 또한 서비스품질 향상과 고객만족 및 조직성과에 긍정적인 영향을 준다. 고객만족은 고객의 요구에 대한 응답성을 높이므로 기업의 수익성에 긍정적인 영향을 미치는 고객의 가치 창출을 통해 달성할 수 있다.[64)]

5) 전략적 인적자원관리시스템

전략적 인적자원관리시스템은 전략적 인적자원관리의 문제점을 극복하기 위해 인적자원관리에 대한 형태적 접근법의 기본가정을 개별 관행들이 일련의 혹은 한 묶음의 상호 관련성 있는 시스템으로 작동하며, 이러한 시스템은 개별적인 혁신보다 성과에 영향을 줄 수 있다.[65]

전략적 인적자원관리시스템은 광의의 개념으로 인적자원관리의 모든 활동을 포괄하며, 조직의 인적자원과 관련된 관리시스템이다. 조직의 목표를 달성하기 위한 상황에 부합되게 조직문화와 인적자원관리 방침에 따라서 여러 인적자원관리 활동들, 즉 인적자원관리시스템을 계획, 조정, 지휘, 통제 등이 조합을 이루어 수행된다.[66]

전략적 인적자원관리시스템은 인적자원에 대한 관리가 조직의 목표를 반영하여 전략과 연계하고, 조직의 목표를 달성시키기 위한 인적자원관리의 기능들 사이에서 조화를 이룬다. 또한 조직 활동 패턴과 계획된 인적자원의 개발이 중심이 된다.[67]

기업의 전략과 인적자원관리에 관하여 인적자원관리시스템과 인적자원을 경쟁우위의 원천으로 높이 평가하는 경영진이 있는 조직은 참여도가 높은 인적자원관리 전략을 사용할 가능성이 크며, 차별화 전략을 가진 조직일수록 높은 인적자원관리 전략을 가질 가능성이 있다.[68]

기업이 차별화 전략을 추구하는 정도는 기업성과에 긍정적으로 관련된다. 이러한 관점에서 고객은 저렴한 비용과 고품질을 요구하고 종합품질관리(Total Quality Management; TQM) 및 관련 시스템에 대한 경험을 통해 저렴한 비용으로 고품질을 달성할 수 있는 목표를 제시한다.[69]

인적자원관리시스템은 전략과 연계되며, 각각의 인적자원관리제도나 기능 간에 하나의 집합체로 상호 유기적으로 결합한 인적자원관리시스템은 복잡성을 가지고 있어 경쟁업체가 대체하거나 모방하기 어려운 중요한 자원으로, 조직 구성원의 지식과 업무능력을 향상할 수 있는 하나의 수단으로 조직의 성과 향상을 가져올 수 있다.

3. 인적자원개발

(1) 인적자원개발의 개념

인적자원개발(Human resource development; HRD)은 Nadler(1969)가 ASTD(American Society of Training and Development)의 연차 학술대회에서 처음 소개하였다. 개인, 집단, 조직의 학습 및 수행 증진을 목적으로 개인개발, 조직개발, 경력개발을 통하여 인간의 전문성을 개발하고 발휘하게 하는 과정으로, 인간의 일 관련 지식, 전문성, 생산성, 만족도를 개발·증진하는데 잠재력을 갖는 과정이나 활동을 의미한다.

인적자원의 능력을 최대한 발휘할 수 있도록 기회와 교육 훈련을 하는 관리를 말한다. 인적자원개발관리는 교육 훈련의 필요성과 실시 방법, 피드백의 활용, 승진, 직무 순환 및 이동 등이 포함된다.[70]

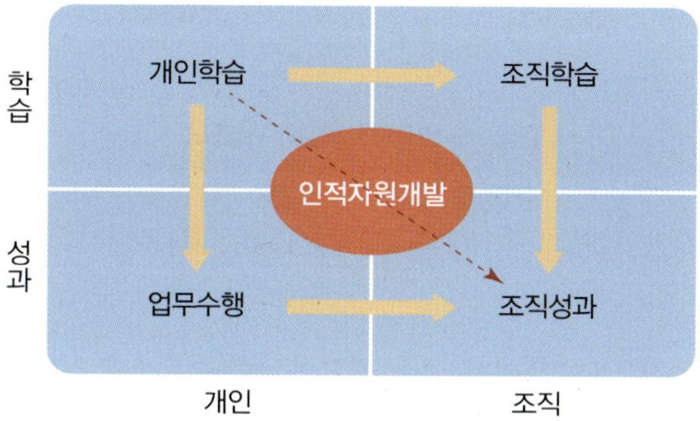

• [그림 2-4] 인적자원개발의 목적 •

인적자원개발은 기업이 성과를 창출하고 비전을 달성하기 위한 전략을 수행하며, 다양한 개입기법(Intervention)을 통해 개인 및 조직에 변화를 이끌고 지원하는 임무를 수행하는 부분에서 인적자원개발 분야에서 중요성을 주목하고 있다.

(2) 인적자원개발의 구성요소

① **개인개발**은 형식, 비형식, 무형식 등의 학습 활동을 통한 개인의 성장과 발전을 촉진한다.

② **경력개발**은 개인의 경력계획 수립과 조직의 경력관리 활동에 의한 개인 요구와 조직 요구를 조화시킨다.

③ **조직개발**은 조직 목표, 구조, 관리 체계 변화를 통해 개인, 집단, 조직의 활동과 성과를 촉진한다.

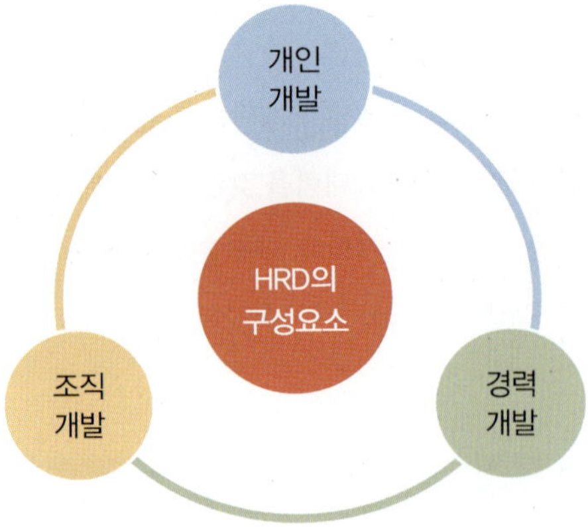

• [그림 2-5] 인적자원개발의 구성요소 •

(3) 개인개발

개인개발은 훈련과 개발(T&D)로 개인의 지식, 기술, 태도의 변화와 개선에 초점을 둔다. 훈련은 태도의 변화를 포함하지만, 일반적으로 종업원에게 특정 과업 또는 직무를 수행하는 데 필요한 지식과 기술을 포함한다.

개발 활동은 종업원의 현재 직무를 수행하기 위한 능력을 증가시킴과 동시에 앞으로 맡게 될 업무를 준비하는 장기적 관점이다. T&D 활동은 신입사원 입사 시 진행되며, 다양한 기능 훈련 및 코칭, 카운슬링 등으로 이루어진다.

(4) 경력개발

경력개발은 상대적으로 독특한 이슈, 주제, 과업 등에 의해 특징지어지는 일련의 단계를 통해서 개인들이 지속적으로 발전하는 과정이다. 경력개발은 경력계획과 경력관리라는 두 가지 프로세스로 구분한다.

① **경력계획**은 조직 구성원 자신의 현실적인 경력계획을 수립하기 위해서 자신의 기술과 능력을 평가하는

행동들을 포함한다.

② **경력관리**는 경력계획을 달성하는 데 필요한 단계를 밟아가는 것으로, 조직이 종업원의 경력개발을 장려하는 것에 초점을 둔다.

(5) 조직개발

조직개발은 행동과학적 개념을 적용한 계획된 개입 활동을 통해서 조직의 효과성과 조직 구성원의 수준을 향상하는 프로세스로 정의한다. 조직개발(Organizational development; OD)은 거시적 조직변화와 미시적 조직변화 모두를 강조하며, 개입 활동에 참여한 HRD 전문가의 역할은 일반적으로 변화 관리자이다.

변화를 촉진하기 위해서 때로는 라인 관리자들과 함께 조직이 필요로 하는 변화에 효과적으로 사용될 수 있는 전략에 관한 컨설팅과 조정이 필요하다. 실질적인 변화 프로세스를 계획하고, 수행하는 데 책임 있는 직원들의 회의를 진행하는 방법 등 개입 전략을 직접 수행할 수 있다.

(6) 교육 · 훈련 설계(Training Design)

1) 전략적 인적자원개발 기획

가장 먼저 조직의 경영이념과 최고경영층의 의사와 연계해야 하며, 이를 단기, 중기, 장기 인적자원개발 전략과 연계해야 한다.

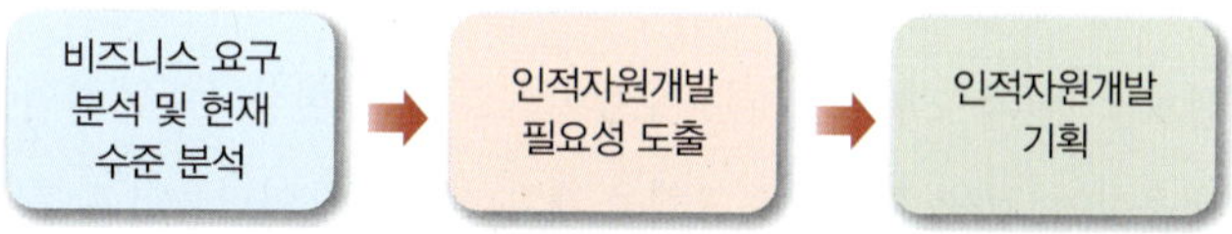

• [그림 2-6] 전략적 인적자원개발 기획 단계 •

① **비즈니스 요구 분석 및 현재 수준 분석**

최고경영층과 현업의 해당 직무 최고책임자에게 조직의 단기, 중기, 장기 비즈니스 요구를 인터뷰 및 분석하고, 요구에 따른 조직의 현재와 미래 수준의 차이를 분석하여 다음 단계로의 진행을 위한 정보를 구축하는 단계이다.

② **인적자원개발 필요성 도출**

첫 번째 단계에서 발견한 조직의 비즈니스 요구와 이에 따른 조직의 현재 수준의 모습과 미래의 바람직한 수준 간의 차이를 분석한 후, 그중 인적자원개발 해결방안을 통해 조직의 문제를 해결할 수 있을 필요성을 발견하는 단계이다.

③ **인적자원개발 기획**

두 번째 단계에서 도출된 인적자원개발(교육·훈련)의 필요성을 바탕으로 HRD 담당 부서의 인적자원개발(교육·훈련) 기획을 수립하는 단계이다.

2) 교육·훈련 프로그램개발

① 신규 교육·훈련 프로그램의 개발 또는 기존의 교육·훈련 프로그램의 수정 및 보완이 필요한 경우 실시하며, 현업에서는 교수체제개발 모형에 기반한 분석, 설계, 개발, 운영, 평가의 5단계에 따라 교육·훈련 프로그램을 개발한다.

• [그림 2-7] ADDIE 모형 •

② 교육·훈련 프로그램개발 5단계 모형은 ADDIE 모형이라고 한다. 현실적으로 현업에서 ADDIE 모형의 전체 과정을 그대로 적용하여, 교육·훈련 프로그램을 개발하는 것은 어려움이 따른다. 최근에는 핵심 부분을 중심으로 ADDIE 모형의 과정을 단축 또는 조직에 맞게 변형하여 사용한다.

(가) 분석

① **환경분석**은 교육 프로그램개발에 도움이 되거나 장애가 될 수 있는 조직 내·외부의 환경요인을 분석하여 교육·훈련 프로그램개발을 위한 기초 자료를 구하는 단계이다.

② **학습자분석**은 학습자의 특성을 분석하기 위해 학습자에 대한 기초 정보를 찾는 단계이다.

(나) 설계

① **학습목표 설정**

교육·훈련 프로그램 참여 후 학습자에게 기대되는 교육·훈련 프로그램의 교육목표를 명확히 제시하는 단계이다.

교육 대상자의 의견과 내·외부 전문가의 의견을 반영하여 학습목표를 설정한다. 전통적인 교육목표 분류학은 교육목표를 인지적 영역, 정의적 영역, 신체적 영역으로 나누어 제시한다.

② **교육·훈련 프로그램 설계 방법**

교육·훈련 프로그램의 학습목표를 달성하기 위해 학습목표를 기반으로 학습내용, 학습방법, 시간, 평가 전략 등을 결정하고, 본격적으로 교육·훈련 프로그램을 개발하기 전 전체 형태를 만드는 단계이다.

학습내용을 학습자에게 더 효율적으로 전달할 수 있는 여러 방법을 고민하여 동영상, 게임, 토론, 실습, 강의, 발표 등의 다양한 학습방법을 사용한다.

③ **학습 평가 전략**

교육·훈련 프로그램이 학습자에게 얼마나 전달되었고, 최종적으로 현업에 적용되어 성과로 창출되었는지에 대한 평가 전략을 개발하는 단계이다.

평가의 기준은 교육·훈련 프로그램이 기술된 학습목표이므로 학습목표와 평가 전략은 서로 일치해야 한다.

④ **Kirkpatrick의 평가 4단계**

- Level 1: 반응 평가로 학습자의 교육에 대한 만족도를 측정한다.
- Level 2: 학습 평가로 학습자의 실제 학습내용에 대한 습득 정도를 측정한다.
- Level 3: 행동 평가로 학습자가 현장에서 학습한 내용의 적용 정도를 측정한다.
- Level 4: 결과 평가로 비즈니스에 변화된 산출물로 나타난 성과를 측정한다.

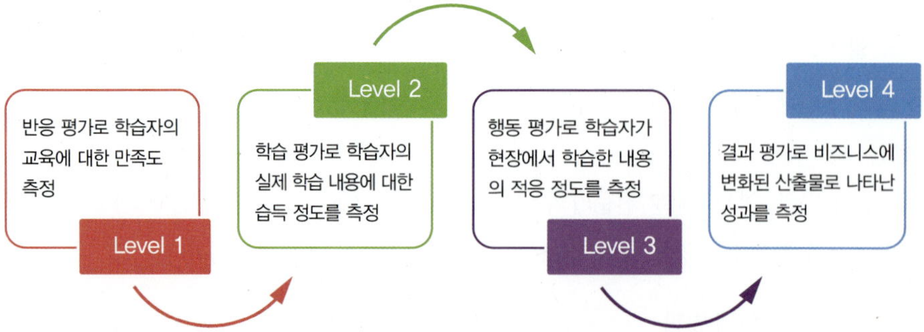

• [그림 2-8] Kirkpatrick의 평가 4단계 •

(다) 개발

① 강사용 교안 및 매뉴얼개발

학습자에게 강의할 강사용 교안을 구성하고, 다양한 강사가 교육대상과 교육 차수가 다르더라도 같은 교육내용을 학습자에게 제공할 수 있는 강사용 매뉴얼을 개발한다.

강사용 매뉴얼의 구성은 개발자의 교육내용을 이해하고 개발자의 의도를 크게 벗어나지 않도록 기준을 제시하는 내용으로 구성한다.

② 학습자용 교재개발

학습자의 교재는 강의 교안을 기본 형식으로 상호 비교하여 교재를 개발하는 단계이다.

학습자용 교재는 강사용 교안의 내용을 기본으로 하며, 강사용 교안의 모든 내용을 그대로 학습자용 교재에 담는 것이 아니라, 교육·훈련 프로그램개발자의 판단에 따라 꼭 필요한 내용을 적절히 구성해야 한다.

③ 교육 매체개발

학습자에게 효율적으로 교육내용을 전달하기 위한 다양한 교육 매체를 개발하는 단계이다. 필요에 따라 내·외부 전문가의 도움을 받아 교육 효과를 증진할 수 있는 효율적인 교육 매체를 개발하는 것이 필요하다.

④ 외부 전문가 또는 업체를 통한 개발

인적자원개발 담당 부서의 예산과 여건, HRD 담당자의 역량 등에 따라 교육·훈련 프로그램의 개발을 외부 교수, 전문가, 전문업체에 전적으로 맡기거나, 외부 교육·훈련 프로그램을 직접 도입 또는 주문식으로 수정하여 개발할 때도 있다.

외부 전문가 또는 업체에 맡기는 것은 조직의 요구가 제대로 반영되지 않을 수 있으므로 교육·훈련 프로그램개발 시 위험 부담이 클 수 있다.

HRD 담당자는 외부 전문가 또는 업체와 명확히 의사소통하고, 설계 단계에서 나온 산출물을 공유하며, 조직에 필요한 내용이 반영될 수 있도록 지속적인 관리가 필요하다.

(라) 운영

교육 대상자를 대상으로 실제로 강사를 섭외하여, 주어진 일정과 시간 내에 운영하는 단계이다.

(마) 평가

개발된 교육·훈련 프로그램을 운영 후 전체 과정에 대한 평가를 통해 교육·훈련 프로그램과 그와 관련된 내용을 평가하는 단계이다.

4. 자원기반이론

인적자원관리는 Barney(1991)의 자원기반이론(Resource-based theory)을 기반으로 발전하였다. 자원기반 관점의 이론은 기업이 지속적으로 경쟁우위를 확보할 수 있는 근본적인 이유는 희귀(Rare)하고, 가치(Valuable)가 있고, 대체 불가능(Non substitutable)하며, 모방이 쉽지 않은(Inimitable) 자원을 보유한 기업이다.[71] 이러한 자원을 보유하고 있는 기업은 경쟁력의 차이가 있으며, 이러한 자원의 이동이 쉽지 않기 때문에 경쟁우위의 차별적 요소로 작용한다.

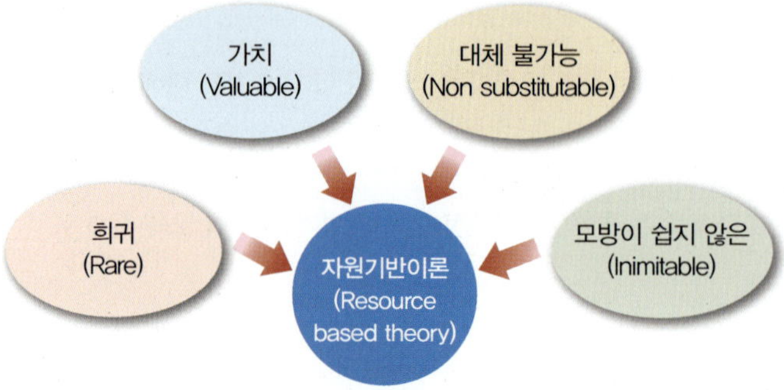

• [그림 2-9] **자원기반이론의 요소** •

인적자원을 보유하고 있지 않은 기업보다 성과면에서 우월하다.[72] 인적자원을 효율적으로 관리하여 조직의 성과에 이바지할 수 있게 만드는가에 집중됐으며, 이러한 기업은 동일한 환경요인에도 불구하고 경쟁사보다 탁월한 성과를 보이고 있다.[73]

자원은 기업이 생산의 효율성을 높이거나 목표 고객에게 마케팅 효과를 높일 수 있도록 전략을 수립하고 실행할 때 사용하는 유·무형의 자산을 의미한다.[74] 즉, 기업보유 자원의 이질성과 부동성을 바탕으로 한 인적자본(Human capital)과 물리적 자본(Physical capital) 그리고 조직자본(Organizational capital)은 기업의 일시적 경쟁우위가 아닌 지속적 경쟁우위의 원천이 된다.[75]

경쟁우위의 원천이 되는 인적자본은 기업성과에 중요한 요인으로 교육을 통해 보이지 않는 무형의 자원인 인적자본을 전달하는 것은 기업 경쟁력의 원천이라 할 수 있다.[76] 무형자원의 개념을 명확히 정의하거나 측정하는 것이 어렵기 때문이다.

이러한 불명료성은 기업이 무형자원을 스스로 개발하거나 모방하는 것을 어렵게 만들며, 무형자원을 거래 또는 매각하거나 기업 내부에 축적하기도 어렵게 만든다.[77] 무형자원이 가지는 특성이 기업의 경쟁력 지속성을 유지할 수 있는 중요한 요인으로 무형자원을 많이 가지고 있을수록 기업의 경쟁력 지속성은 커진다.[78]

(1) 자원기반 관점의 접근법

자원기반 관점의 접근법은 기존 접근 방법들을 전략의 내·외부적 관점으로 조합하여 통합한다. 즉, 자원기반 관점의 접근법이 기업의 경쟁력과 특유의 자원에 대한 중요성을 인정하지만, 그것을 기업이 처해있는 경쟁환경을 고려한다는 점이 다른 연구 접근법과 차이점이다.

자원기반 관점의 접근법은 기업들에 많은 시사점을 제시하고 있다. 즉, 내부에 어떤 자원을 보유하고 있는가를 파악하지 못하면, 시장의 기회가 아무리 좋다 하여도 적절한 자원을 투입하지 못하여 기회를 충분히 활용하지 못하므로 장기적인 상황에 대처하지 못하는 어려움에 빠지게 된다. 반면 기업이 경쟁우위를 확보할 수 있는 인적자원을 확보하고 있으면, 시장 환경에서 기회와 위협의 요인을 유리한 방향으로 만들어갈 가능성이 커진다.[79]

기업이 지속적으로 경쟁력을 확보할 수 있는 주요한 원천은 인적자원이라고 할 수 있다. 자원기반이론의 관점은 기업에 필요한 인적자원의 역량개발을 쉽게 하며, 기업의 조직 내에 복잡한 사회적 관계를 형성, 기업의 조직문화와 특수한 역사를 생산, 암묵적으로 조직의 지식을 생산함으로써 조직의 역량을 향상하는 과정을 통해 인적자원관리시스템이 기업의 경쟁우위를 지속적으로 유지할 수 있다.[80] 따라서 인적자원은 지속적인 경쟁우위를 확보하는 데 있어 가장 중요한 잠재적 요소 중 하나가 될 수 있다.

인적자원이 경쟁우위의 원천이 되기 위해서는 먼저 기업에 가치를 제공해야 한다. 기업이 보유한 인적자원을 통해 기업의 성과를 향상할 방안을 수립 및 실행하게 된다면 그 인적자원은 가치가 있는 것이다. 기업에 대한 조직 구성원의 공헌 가치에서 차이가 발생하면 인적자원이 기업에 주관적 가치를 줄 수 있다.[81]

(2) 자원의 가치를 찾는 VRIO분석

1) 경제적 가치(Valuable)

① 기업이 보유한 자원으로 기회를 잡을 수 있는가?

② 기업이 보유한 자원으로 위협요인을 해결할 수 있는가?

2) 희소성(Rare)

① 자사가 보유한 자원을 보유하거나 활용할 수 있는 기업이 적은가?

② 소수의 경쟁업체만 자사가 보유한 자원을 보유하고 있는가?

3) 모방 가능성(Inimitability)

① 자원을 획득하는 데 큰 비용을 부담하는가?

② 자원을 보유할 때 비용적 측면에서 불리한 입장인가?

4) 조직화(Organization)

① 자원을 유효하게 활용하는 구조와 규칙이 있는가?

② 자원을 효율적으로 활용하기 위해 조직이 정비되어 있는가?

5. 역량관리 전략

(1) 역량의 개념

인사관리와 관련해서 역량은 주로 조직이론이나 경영전략가들에 의해 개발되어 온 거시적 개념과 조직 및 산업 심리학자들을 중심으로 발전되어 온 미시적 개념으로 구분한다.[82)]

① **거시적 개념**은 조직 전체를 하나의 유기체로 보고, 기업 전략의 관점에서 경쟁력을 확보해 줄 수 있는 원천으로서 역량을 바라보고 있다.

② **미시적 개념**은 종업원 개인의 관점에서 우수한 성과를 내도록 하는 개인의 특질을 분석대상으로 한다.

거시적 및 미시적 개념 모두 역량을 평균적인 성과를 초과하는 우수한 성과를 발휘하는 조직이나 개인이 보여주는 중요한 특질이나 능력으로 정의하는 부분은 같다.[83)]

역량 개념은 주로 조직 및 산업 심리학자들에 의해 발전된 개인 수준에서의 역량 개념으로, 성취동기이론은 미국 하버드대학교 심리학과 McClelland 교수의 논문에서 발표된 이후 산업 심리학계 및 인사관리 분야에서 지속적으로 발전되어 왔다.[84)]

전통적인 방식의 채용, 즉 학교성적, 학점, 지식에 대한 테스트 등은 향후 일을 얼마나 잘할 것인지에 대한 예측력도 부족하고, 소수자, 여성, 사회·경제적으로 낮은 계층 출신자들에게 불리한 측면인데 비해, 역량평가는 성과예측력도 높고 공정한 방법이 될 수 있다.[85)]

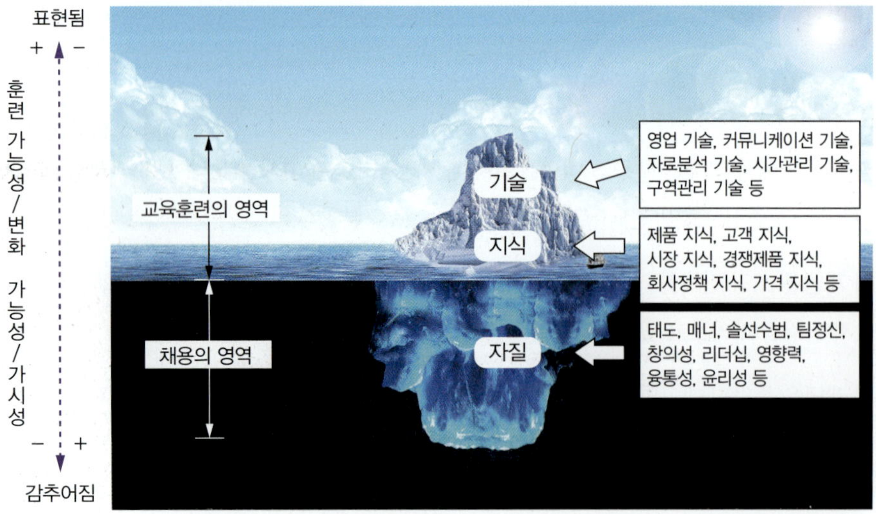

• [그림 2-10] Spencer & Spencer의 역량 빙산 모델(자료 출처: 동아비즈니스리뷰, 2015) •

Spenser & Spencer(1993)는 역량을 특정한 상황이나 직무에서 구체적인 준거나 기준에 비추어 평가했을 때 효과적이고 우수한 성과의 원인이 되는 개인의 내적 특성이라고 정의하였다.[86] 이는 McClelland가 제시한 역량의 기본 개념을 따르면서도 역량을 내적 특질(Underlying characteristics), 성과의 원인(Casually related), 준거 기준(Criterion related)이라는 개념을 통해 더욱 구체화하였다.[87]

① **내적 특질**은 다양한 상황에서 개인의 행동을 예측할 수 있도록 해주는 개인 성격의 심층적이고 지속적인 측면을 의미한다.

② **성과의 원인**은 역량이 행동이나 성과의 원인이며, 행동과 성과를 예측할 수 있다는 의미이다.

③ **준거 기준**이란 역량이 개인의 우수성을 구체적인 준거나 기준에 의해 예측한다는 것을 의미한다.[88]

Spencer & Spencer(1993)의 빙산 모델은 역량이 지식과 기술 등 눈에 잘 띄는 부분뿐만 아니라 눈에 잘 띄지 않는 자기 개념, 개인적 특질, 동기와 같은 태도에 의해 구성됨을 잘 보여준다.[89]

역량 피라미드 모델(Lucia & Lepsinger, 1999)은 역량평가에서 왜 행동지표를 관찰 및 측정하는지에 대한 해답을 제공하고 있다. 역량 모델이 인적자원관리 전 분야에 효율적으로 활용되기 위해서 관측 가능한 일관된 준거로 행동지표의 중요성을 강조하였다.[90)]

구체적인 업무환경에서 특정 역량이 어떠한 행동으로 발현되는지에 대한 사례를 제시하고, 조직 구성원들이 업무현장에서 보이는 행동의 수준을 평가하여 교육 훈련 수요 파악, 업무평가 등 인적자원관리에 활용할 것을 권장한다.

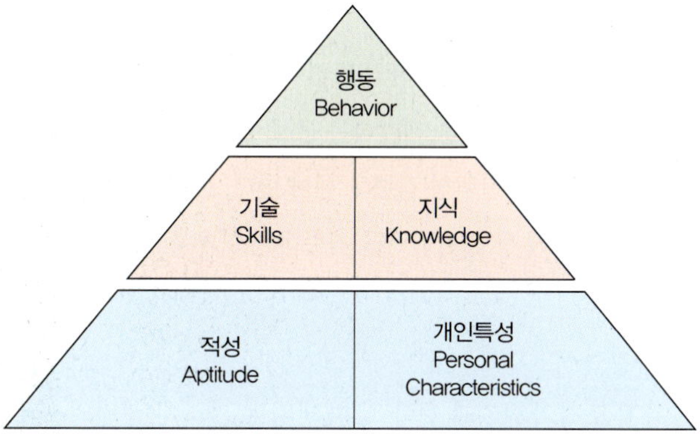

• [그림 2-11] Lucia & Lepsinger(1999)의 역량 피라미드 •

개인의 내적 특성은 쉽게 변화하지 않지만, 행동은 수정 가능하여 교육 훈련의 대상이 될 수 있다. 예컨대, 감정이입이라는 인간의 내적 특성은 쉽게 개발될 수는 없지만, 고객의 요구에 귀 기울이기 또는 고객의 관심사 다루기 등 감정적 행동은 훈련과 개발을 통해 배양할 수 있다.

(2) 역량 모형화

McLagan(1989)의 역량 모형화는 조직의 목적을 달성하기 위해 특정 직무 혹은 직무군에 결정적인 영향을 주는 역량을 체계적으로 결정하고 정의하는 과정이라고 하였다.[91)] 기대하는 결과를 얻거나 성과를 극대화하는 데 필요한 역량을 체계적으로 추출하고 결정하며, 쓰임에 따라 지식, 기술, 태도, 지적 전략을 포함하는 역량 모델을 정의하고 만드는 활동을 의미한다.[92)]

역량 모형화는 특정한 역할을 성공적으로 수행하는 데 매우 중요한 역량을 규명하는 과정이라고 할 수 있다. 역량 모형화의 결과물인 역량 모델은 특정 역할을 효과적으로 수행하고, 성과를 창출하는 데 이바지하는 가장 핵심적인 지식, 기술, 가치 및 행동을 기술하여 체계화해 놓은 것으로, 모집 및 선발, 성과관리, 교육훈련 및 개발, 승진, 보상 및 승계계획(Succession planning) 등과 같은 모든 인적자원시스템의 기초자료를 제공한다.[93)]

(3) 역량 모형화 방법

1) 역량 모델개발 시 고려사항

우수한 성과자의 행동 특성을 알아내는 방법은 선입견 없이 우수한 성과자에 초점을 맞추고, 그들이 실제로 무엇을 하는지에 주의를 기울여야 하며, 모델을 개발하는 프로세스는 간단하고 실행하기 쉬워야 한다.[94)] 따라서 개발된 역량 모델에 대하여 타당성 및 신뢰성 검증을 해야 한다. Lucia & Lepsinger(1999)는 역량 모델에서 기술된 행동과 업무에서의 효과성 간에 상호 관련성을 검증하는 단계를 포함해야 한다.[95)]

2) 역량 도출 프로세스

역량 모델개발의 절차는 특정 조직의 환경과 전략 및 미션 검토, 조직 구성원의 업무수행분석과 성공적 행동사례 추출의 단계를 거쳐, 역량의 규명 및 역량진단 도구의 개발과 역량 모델 패키지를 개발하는 순서로 진행된다.[96)]

국가공무원인재개발원(2017)은 역량 모형화의 9단계 개발 프로세스 사례를 다음과 같이 설명한다.

- **1단계 사전 준비단계:** 역량 모델이 왜 필요한지 명확히 한다.
- **2단계 전략적 비전**(Vision) **및 미션**(Mission)**을 검토:** 최근 경영환경 및 동향(Trend)을 검토하고 조직의 전략, 사업부의 전략에서 목표를 도출한다.
- **3단계 수행업무**(Task)**분석:** 핵심과제와 실행과제를 분석한다.
- **4단계 성공 행동사례**(Success incident) **추출:** 조직 구성원들을 대상으로 한 자료조사 및 분석을 통해 직무수행에 필요한 모든 요인을 확인하기 위해서 주요 활동과 성공적 행동사례를 추출한다.
- **5단계 역량 규명**(Competency profile)**의 개발:** 현재 및 향후 2~3년 내 가장 요구되는 주요 활동에 대한 지식을 규명한다.
- **6단계 진단 도구개발:** 역량 측정을 위한 Level(3~5단계) 구분과 수준별 행동 특성을 밝힌다.
- **7단계 확인 검증:** 예비적으로 도출된 역량을 대상으로 설문을 시행하거나 핵심인력으로 구성된 포커스그

룹 미팅 시행 등으로 역량을 확인 검증한다.

- **8단계 역량 모델개발**: 역량진단 도구와 행동지표 및 사례, knowledge 중요 요소(Backbone), 역량 기반 교육체계, 자기 개발지원 방안을 마련한다.
- **9단계 역량 모델 활용**: 경영의 목표를 달성하기 위하여 선발, 경력관리, 승계계획, 교육 훈련, 평가, 보상관리에 역량 모델을 전략적으로 활용한다.

6. 성과

일반적으로 성과(Performance)는 조직이 달성하고자 하는 목표의 정도로 정의할 수 있으며, 조직 유효성, 조직 효과성 등과 비슷한 의미로 쓰이고 있다. 성과에 대한 개념과 범위는 명확하게 일반화되지 않고 많은 학자들의 기준에 따라 다양하게 정의되고 있다.

인적자원관리 및 개발과 성과 간의 관계에 인적자원의 역량을 강화하거나 동기부여를 통해 직·간접적으로 높은 생산성 향상을 가져올 수 있다.[97] 또한 조직의 인적자원관리 및 개발 활동은 종업원의 지각을 통해 태도 또는 행동 반응에 긍정적인 영향을 미쳐 조직성과에 영향을 줄 수 있다.[98] 성과는 조직의 유형에 따라 기능이나 목표가 매우 다를 뿐만 아니라 조직의 목표나 본질에 대하여 이해가 다양함으로써 성과에 관한 이론이나 성과목표를 달성하기 위한 접근법들도 매우 다양하다.

조직의 가치는 여러 가지 방법을 통해 측정될 수 있으며, 이러한 가치를 표현해 줄 수 있는 다양한 결과들을 고려해야 한다. 인적자원관리 및 개발의 궁극적인 목적은 조직의 성과가 어떠한 차원이든 간에 그 성과의 달성에 이바지하는 것으로 중요성이 점점 증대되고 있다.[99]

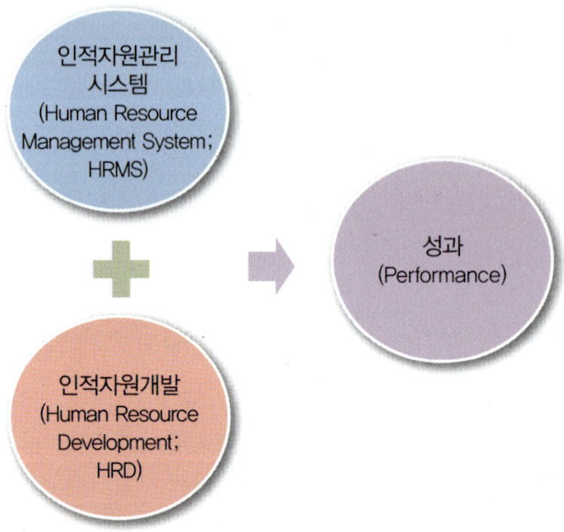

• [그림 2-12] 성과와 선행변수 •

(1) 성과의 구분

일반적으로 조직 차원의 연구에서 많이 사용하는 종속변수는 조직성과이며, 조직성과를 4가지 유형으로 분류할 수 있다.

첫째, 인적자원관리 및 개발의 성과는 조직 구성원의 행동이나 태도에 미치는 영향을 측정하는 것으로, 개인 수준의 성과인 이직률과 결근율 또는 개인이나 집단성과에 대표적인 성과지표이다.

둘째, 조직 수준의 성과는 생산성과 품질 및 고객만족, 서비스 충성도, 재구매 의도, 구전 의도와 같은 성과지표를 들 수 있다.

셋째, 기업 수준의 성과인 재무적 성과는 매출액, 매출이익, 투자수익률 등이 대표적이다.

넷째, 기업 수준의 성과인 시장성과는 주가와 주식시장 성과(Tobin's Q) 등 시장의 가치를 반영한 성과지표로 나눌 수 있다.

• [표 2-2] 성과의 측정지표 •

성과의 유형		성과의 측정지표
개인 수준 성과		직무만족, 조직몰입, 이직 의도, 고객 지향성, 결근율 등
조직 수준 성과		생산성, 고객만족도, 품질, 서비스품질, 혁신역량 등
기업 수준 성과	재무적 성과	자산이익률, 자기자본순이익률, 투하자본수익률, 순이익, 매출액, 총자산이익률 등
	시장 기준 성과	주식가격, 성장률, 배당률, 주식시장 성과 등

인적자원관리 및 개발을 통해 직접적인 영향을 미치는 순서는 개인 수준의 성과, 조직 수준의 성과, 재무적 성과, 시장 기준 성과의 순서로 이루어지며, 인적자원 성과에 가장 직접적인 효과를 나타낸다. 반면, 시장 성과로 갈수록 복잡성 정도는 증가하고, 성과에 대한 효과는 감소한다.[100)]

성과지표는 목적에 따라 어떠한 수준에서 성과를 측정할 것인가를 선택하여야 하며, 일반적으로 개인, 조직, 사업부, 기업 등의 분석 수준에서 선택한다.

7. 개인 수준의 성과

인적자원관리 및 개발은 직무만족 및 이직 의도에 긍정적인 영향을 주며, 이러한 결과는 인적자원관리 활동이 종업원에게 자율성을 제공한다. 또한 다양한 역량을 획득할 기회를 제공하고, 고용안정에 대하여 믿음을 줌으로써 조직 내 차별을 해소하기 위해 노력하면 종업원들은 조직 및 직무에 만족하게 되며 자발적인 이직 의도를 낮추게 된다.[101)]

인적자원관리 및 개발을 통해 기업에서 요구하는 업무 수행능력을 갖추게 되며, 인턴사원으로 입사 후에는 정규직 직원으로 전환되는데 필요한 좋은 근무성적을 받도록 직무능력이 향상되어야 함을 시사한다.

조직 차원에서 훌륭한 직원을 선발하여 다양한 교육·훈련을 시행할 때 종업원들의 직무능력이 향상되고, 높은 직무성과를 창출하게 되므로 인적자원을 효율적으로 관리해야 한다. 이는 궁극적으로 종업원에게 고객 지향성을 함양하게 되어 효과적인 업무수행에 참여하게 하고 고객과 접촉할 때 최상의 서비스를 제공한다.

(1) 직무만족

1) 직무만족의 개념

직무만족(Job satisfaction)은 자신의 직무를 자기 스스로 평가하거나 직무 그 자체를 통하여 얻어지는 유쾌함이나 긍정적 감정 상태로, 실제로 얻어진 보상이 정당하게 인지되는 수준을 충족되거나 초과하는 것으로 판단한다. 이러한 수준에 미달하면 주어진 상황에 대한 불만은 더욱 커지게 된다.[102)] 이는 종업원이 자기 일에 대한 기대감을 실제로 제공해 준다고 믿는 정도를 반영하는 것이다. 직무만족은 감정적인 반응이므로 조직 구성원들이 자기직무에 대한 평가에서 획득되는 유쾌하고 긍정적인 감정 상태로 정의하고 있다.[103)]

Locke(1969)는 직무만족을 조직 구성원이 자신의 직업을 좋아하거나 싫어하는 정도에 관한 태도로 특징지을 수 있으며, 직무만족 측정에는 두 가지 일반적인 접근방식이 있다.

첫째, 보편적 접근방식으로 개인의 직무에 대한 전반적인 정서적 반응을 바탕으로 직무만족을 평가한다.

둘째, 복합적 접근방식으로 동료, 작업조건, 작업 자체의 성격, 정책 및 절차, 임금 및 감독 등과 같은 개인의 직무 측면에 관한 개인의 태도 양식을 평가한다.

2) 직무만족의 내재적 만족과 외재적 만족

직무만족에 대하여 심리적, 정서적 측면을 강조하는 내재적 만족(Intrinsic satisfaction)과 보상적 측면을 강조

하는 외재적 만족(Extrinsic satisfaction)으로 나눌 수 있다.[104)]

① **내재적 만족**은 직무의 난이도, 도전감, 중요성, 다양성 등의 직무 자체가 내재적 가치에서 오는 만족감을 의미한다.

② **외재적 만족**은 복리후생, 보상, 작업환경 등의 직무수행 결과에 따라 외부로부터 주어지는 보상가치에 대한 만족감을 의미한다.[105)]

• [표 2-3] 직무만족의 개념 •

저자(연도)	개념
Locke(1969)	조직 구성원이 자신의 직업을 좋아하거나 싫어하는 정도에 관한 태도로 특징지을 수 있다.
Nathanson & Becker(1973)	감정적인 반응이므로 조직 구성원들이 자기직무에 대한 평가에서 획득되는 유쾌하고 긍정적인 감정 상태로 정의하고 있다.
Locke(1976)	직무만족은 심리적, 정서적 측면을 강조하는 내재적 만족과 보상적 측면을 강조하는 외재적 만족으로 나누어 볼 수 있다.

직무만족이 높으면 업무와 관련한 긍정적 감정이 형성되고, 업무환경에 대해 호의적인 태도를 보이게 된다. 이러한 직무만족은 개인의 능력과 자질, 주어진 업무에 대한 적응력, 직무환경과 밀접한 관련이 있다.

직무만족은 다양하게 형성됨으로써 그 영향요인을 파악하고, 어떤 기준에서 선정할 것인가는 직무만족 측정에 중요하다. 따라서 직무만족에 관하여 연구자마다 다양한 기준을 제시하고 있는데, 이러한 이유는 직무 자체가 단순하지 않으며, 과업과 책무의 상호 간 작용, 유인체제 및 보상으로 이루어져 있는 등 직무만족이 매우 복잡한 속성으로 구성되어 있기 때문이다.[106)]

3) 직무만족의 구성요소

직무만족에 관한 연구와 그 측정 도구에 대한 논의는 현재까지 매우 중요한 연구과제로 검토되고 있다. Spetor(1985)는 일반적으로 직무만족과 관련된 주요 요인으로 보수(Pay), 승진(Promotion), 감독(Supervision), 복리후생(Fringe benefits), 성과보상(Contingent rewards), 작업여건(Operating conditions), 동료(Co-workers), 직무특성(Nature of work) 그리고 의사소통(Communication) 등으로 정리하였다.[107] 또한 직무만족은 삶의 만족도와 같은 비직업적 태도와 긍정적으로 관련되어 있다. 이는 일의 경험으로 한 감정이 일반적 생활에 영향을 미치기 때문이다.[108]

직무만족은 종업원의 동기부여를 고취해 역할성과에 영향을 미치며, 조직의 효과를 나타내는 중요한 요소 중 하나로, 고객과 서비스 접점에서 발생하는 서비스의 만족, 고객 유지 등을 통한 기업의 성과에 직접적인 영향으로 작용한다.

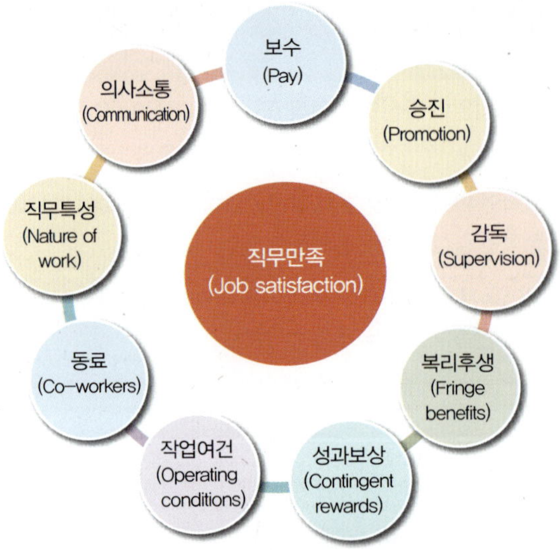

• [그림 2-13] 직무만족의 요소 •

(2) 고객 지향성

1) 고객 지향성의 개념

고객 지향성은 고객이 원하는 욕구를 충족시키려는 기업과 종업원의 대고객 접근 자세로 정의할 수 있다.[109] 고객 지향성(Customer orientation)은 시장 지향성(Market orientation)과 함께 고객의 문제해결과 고객이 원하는 욕구를 반영하는 마케팅적 개념을 기반으로 생성된 것이다.[110] 이는 고객과의 상호작용과정을 통해 고객만족을 실현하기 위한 서비스 제공자의 고객서비스 행동이라고 정의하고 있다.[111]

• [표 2-4] 고객 지향성의 개념 •

저자(연도)	개념
Saxe & Weitz(1982)	고객과 상호작용을 하는 과정을 통해 고객만족 실현을 위한 서비스 종사자의 고객서비스 행동이라고 정의하고 있다.
Hoffman & Ingram(1992)	고객이 원하는 욕구를 충족시키려는 기업과 종업원의 대고객 접근 자세로 정의할 수 있다.
Narver & Slater(1990)	기업의 수익성에 큰 영향을 미치는 필수요소이며, 고객의 요구를 파악하여 경쟁자보다 효과적으로 고객의 요구를 충족시키는 우월한 활동을 수행함으로써, 서비스 경쟁 환경에서 고객과 장기적인 관계를 유지하는 경쟁우위 창출의 경영철학적 행동이다.

고객 지향성에 긍정적인 영향으로 작용하는 요인은 커뮤니케이션, 권한 강화 그리고 조직문화 등이 있다.[112) 종업원의 고객 지향성을 높이고자 할 때 종업원의 자발적 행동을 유발하는 것이 필요하고, 종사자의 자발적인 행동을 높이기 위해서는 조직 내부의 지지와 지원이 필요하다.[113)]

고객 지향성은 고객 중심적 관점으로 사고하여 기업 활동을 하는 것을 의미한다. 기업들의 마케팅 활동은 고객의 관점에서 특정한 기업 활동이 다르다고 판단되므로 기업은 고객의 이익을 증가하는 방향으로 나아가야 한다.[114)]

고객 지향적 사고는 기업이 시장 활동에 필요한 정보(경쟁자, 공급업자, 유통업자, 최종 소비자)를 획득하고, 이를 기업에 관련된 모든 부서에 확산하고, 적극적으로 대응함으로써 고객에게 최상의 가치를 제공하고자 노력하는 시장 지향적 사고의 개념이다. 고객뿐만 아니라 경쟁자에 대한 개념까지 아우르는 시장 지향성과는 달리 고객을 중심으로 두는 것에서 큰 차이가 있다.

이러한 차이점으로 인하여 고객 지향성에 관한 선행연구는 기업과 고객의 서비스 접점인 기업의 최전방을 의미하는 종업원에 대한 고객 지향성에 관한 연구들이 주를 이루어왔다. 고객 지향적 개념과 관련하여 기업 차원의 마케팅 개념을 실행하는 것이 시장 지향성이며, 개인 차원에서 실행하는 것을 고객 지향성의 개념으로 보는 것이 일반적인 견해이다.[115)]

2) 고객 지향성의 중요성

고객 지향성은 기업의 수익성에 큰 영향을 미치는 필수요소이며, 고객의 요구를 파악하여 경쟁자보다 효과적으로 고객의 요구를 충족시키는 우월한 활동을 수행함으로써 서비스 경쟁환경에서 고객과 장기적인 관계를 유지하는 경쟁우위 창출의 경영철학적 행동이다.[116)]

① 서비스를 제공하는 기업이나 종업원이 고객의 욕구를 예측할 수 있게 한다.
② 고객수요 예측을 통한 우수한 서비스를 제공할 수 있게 한다.
③ 고객 지향적 분위기를 확산시켜 종업원들에게 고객만족을 향상시킬 수 있다.
④ 고객만족을 이끌어 시장에서 경쟁우위를 점할 수 있게 한다.
⑤ 고객과의 관계를 긍정적으로 유지하여 기업의 수익증대에 영향을 준다.

고객의 욕구를 충족시키기 위해 고객 관점에서 이해하고 고객의 소리에 귀 기울이며, 고객이 원하는 요구에 관심을 둔다. 또한 고객에게 정확한 정보를 신속하게 제공하고 고객과의 약속을 지키려는 고객 지향적인 조직은 서비스품질을 향상하고 고객만족을 증가시켜 기업성과(Result)를 높일 수 있다.[117)]

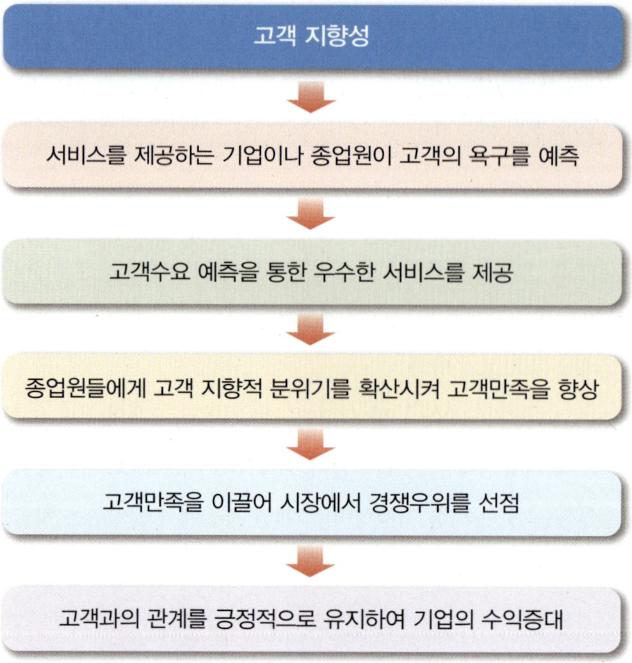

• [그림 2-14] 고객 지향성의 중요성 •

고객 지향적 행동은 고객으로부터 자료를 수집하고, 수집된 자료를 통해 기업이 원하는 정보로 가공하여 고객의 요구를 충족시키기 위한 전략을 개발한다. 그리고 고객이 원하는 요구에 빠르게 응답하는 전략을 수행하는 수준으로 이러한 활동은 고객과의 장기적인 관계를 향상함으로써 상호 이익을 추구하게 된다. 이는 서비스 기업의 경쟁우위를 확보하는 데 있어 매우 중요한 요소라고 할 수 있다.[118)]

8. 기업 수준의 성과

1) 경영성과의 개념

경영성과(Business performance)는 조직의 목표달성 정도, 조직이 필요한 자원획득을 위하여 변화하는 환경에 적응하고, 환경의 개척능력 및 인적자원개발과 조직 구성원의 니즈를 충족시킬 수 있는 기업의 생산성, 조직의 능력 및 수익성 등으로 다양하게 정의하고 있다.

경영성과는 기업이 일정 기간 경영목표를 달성하기 위하여 조직 내의 물적·인적자원을 효율적이며, 효과적으로 활용하여 경영목표달성에 관한 결과를 분석하여 중·장기적인 경영 전략을 수립하는 데 중요한 역할을 한다.

경영성과는 외부 경영환경의 적응성과 유연성을 기반으로 조직이 설정한 기업의 목표를 달성하는 과정에서 요구되는 심리적, 관리적, 재무적 지표로 구분한다.[119] 경영성과에 대한 좁은 의미의 개념은 기업의 경제 목표 달성을 반영하는 것으로 단순한 성과기반 재무지표의 사용에 중점을 둔다.[120]

• [표 2-5] 경영성과의 개념 •

저자(연도)	개념
Schein(1988)	경영성과는 외부 경영환경에 대한 유연성과 적응성을 기반으로 조직이 설정한 경영목표를 달성하고자 하는 과정에서 요구되는 재무적, 관리적, 심리적 지표로 구분한다.
Venkatraman & Ramanujam(1986)	경영성과에 대한 좁은 의미의 개념은 기업의 경제 목표달성을 반영하는 것으로 단순한 성과기반 재무지표의 사용에 중점을 둔다.
Stuart & Abetti(1987)	경영성과에 대한 광범위한 개념은 재무성과 지표 외에 비재무적 지표에 대한 강조가 포함된다. 이는 시장 점유율, 신제품소개, 제품품질, 마케팅 효율성, 제조 부가가치 및 기타 경영성과 영역 내에서 기술 효율성에 대한 측정과 같은 것이다.

경영성과에 대한 광범위한 개념은 재무성과 지표 외에 비재무적 지표에 대한 강조가 포함된다. 이는 시장 점유율, 신제품소개, 제품품질, 마케팅 효율성, 제조 부가가치 및 기타 경영성과 영역 내에서 기술 효율성에 대한 측정과 같은 것이다. 이렇게 경영성과의 구성요인에 관한 연구는 연구자들의 다양한 관점과 접근 방법에

따라 재무적 성과와 비재무적 성과 또는 객관적 지표와 주관적 지표로 사용한다.[121)]

2) 재무적 성과와 비재무적 성과

경영성과에 대한 주요 지표를 비재무적 관점의 성과와 재무적 관점의 성과로 구분한다.

재무적 성과(Financial performance)는 주로 안정성, 성장성, 수익성, 활동성, 유동성, 생산성 등과 같은 평가지표들을 활용하며, 이러한 재무적 성과변수인 생산성, 시장 점유율, 매출액 증가, 이익증가, 자기자본 이익률, 신제품 개발 정도, 자산수익률, 투자수익률 등과 같은 변수들은 객관적인 지표로서 측정이 가능한 성과변수를 의미한다.[122)]

경영성과(Business Performance)

- 재무적 성과(Financial Performance)
- 비재무적 성과(Non-Financial Performance)

• [그림 2-15] 경영성과 •

비재무적 성과(Non-financial performance)지표를 이용한 변수로는 심리적인 내용을 포함하고 있는 만족도, 시장 점유율, 몰입도, 행동 의도 등과 같은 조직 유효성 변수들을 활용하고 있으며, 비재무적 성과지표를 이용해서 성과측정을 하게 되면, 조직원들은 기업이 필요로 하는 구체적인 성과와 지표에 대해서 더욱더 명확하게 인식할 수 있어서 자신이 수행해야 할 업무 활동에 대해서 폭넓게 이해할 수 있게 된다.[123)] 따라서 비재무적 성과는 미래의 재무성과를 추구하는 고객만족의 관점이나 내부 비즈니스 프로세스의 관점 등과 같은 성과를 포함하고 있다.

① **재무적 관점**의 성과지표는 매출액 증가율, 생산성, 시장 점유율, 투자수익률, 수익성 등이 있다.[124)]

② **비재무적 관점**의 성과지표는 외부적 요인인 고객만족도, 고객 충성도, 브랜드 충성도 등과 내부적 요인인 조직몰입, 조직만족 등이 있다.

Turner(1982)는 매출액, 고용성장률, 수익성, 자기자본수익률 등과 같은 계량적 측정지표와 자금조달능력, 구성원만족도, 목표달성 정도, 사회적 기여 정도로 구분하고, 이러한 측정에 대한 명확성을 향상하기 위해서는 객관적 지표와 주관적 지표를 함께 적용하는 것이 바람직하다.[125)]

학습정리

· 서비스 수익연결 모형은 내부고객과 외부고객의 만족 그리고 기업의 성장과 수익의 관계를 명확하게 설명하는 모델이다. 영업 활동의 내부품질인 인적자원관리 활동이 직원의 만족도에 영향을 주며, 직원만족은 직원 충성도에 영향을 미치고, 직원 충성도는 다시 고객에게 제공되는 서비스가 고객만족에 영향을 미치고, 고객만족은 고객의 충성도에 영향을 미치므로 기업의 수익에 영향을 준다.

· 만족 거울 효과는 고객과 종업원 만족 수준 사이에 밀접한 관계에 관한 연구로 서비스 접점에서 고객을 접촉하는 직원들의 봉사 수준에 따라 그 회사의 만족도도 같이 좌우되어 매출에 직접 연결된다. 이는 고객과 종업원 간의 상호작용을 통해 서로의 만족 수준과 밀접한 관계를 형성하게 된다.

· 인적자원관리(Human resource management; HRM)는 조직 구성원의 능력을 최대한 발휘시키고, 직무수행을 통해 조직 구성원으로서 만족을 얻도록 지원하는 것으로 정의한다. 이러한 인적자원관리는 경영관리과정이며, 조직의 목표를 달성하는데 가장 중요한 목적으로 하고 있다.

· 인적자원개발(Human resource development; HRD)은 개인, 집단, 조직의 학습 및 수행 증진을 목적으로 개인개발, 조직개발, 경력개발을 통하여 인간의 전문성을 개발하고 발휘하게 하는 과정으로, 인간의 일 관련 지식, 전문성, 생산성, 만족도를 개발·증진하는데 잠재력을 갖는 과정이나 활동이다.

· 개인개발은 형식, 비형식, 무형식 등의 학습 활동을 통한 개인의 성장과 발전을 촉진한다.

· 경력개발은 개인의 경력계획 수립과 조직의 경력관리 활동에 의한 개인의 요구와 조직의 요구를 조화시킨다.

· 조직개발은 조직 목표, 구조, 관리 체계 변화를 통해 개인, 집단, 조직의 활동과 성과를 촉진한다.

· 전략적 인적자원개발 기획의 단계는 비즈니스 요구분석 및 현재 수준 분석, 인적자원개발 필요성 도출, 인적자원개발 기획으로 진행된다.

· 신규 교육 · 훈련 프로그램의 개발 또는 기존의 교육 · 훈련 프로그램의 수정 및 보완이 필요한 경우 실시하며, 현업에서는 교수체제개발 모형에 기반한 분석, 설계, 개발, 운영, 평가의 5단계에 따라 교육 · 훈련 프로그램을 개발한다.

· 인간관계론은 인간을 기계적으로만 취급할 것이 아니라 조직 구성원들의 사회적 · 심리적 욕구와 조직 내 비공식집단 등을 중요하게 생각하며, 조직의 목표와 조직 구성원들의 목표 간의 균형 유지를 지향하는 민주적 · 참여적 관리방식을 처방하는 조직이론을 의미한다.

· Barney(1991)의 자원기반이론을 기반으로 발전했다. 자원기반 관점의 이론은 기업이 지속적으로 경쟁우위를 확보할 수 있는 근본적인 이유는 희귀(Rare)하고, 가치(Valuable) 있고, 대체 불가능(Non substitutable)하며, 모방이 쉽지 않은(Inimitable) 자원을 보유한 기업이다.

PART

3

고객만족 서비스

학습개요

고객 관계관리의 필요성과 관계관리의 전략 및 방법에 관하여 파악하며, 고객만족의 개념에 관하여 이해한다. 이는 고객만족은 서비스 충성도에 영향을 미치며, 선순환적으로 제공되는 서비스품질에 중요하다. 따라서 뷰티 서비스업체에서 제공되는 서비스품질과 이러한 과정을 관리하는 고객 관계관리, 고객만족, 서비스 충성도, 고객 불만관리에 관하여 학습한다.

BEAUTY SERVICE MANAGEMENT

CONTENTS

PART 3. 고객만족 서비스

학습목표

· 고객 관계관리의 개념과 중요성을 인식하고 고객관리에 적용할 수 있다.
· 고객 관계관리를 통한 우량화 유지전략을 수립하고 재방문율을 높이기 위한 고객관리 주기 및 프로모션 적용에 활용할 수 있다.
· 서비스품질에 개념적 이해를 통한 고객만족과 서비스 충성도를 높이는 방안을 수립할 수 있다.
· 서비스 제공의 실패인 고객 불만관리의 중요성과 관리 방법을 통해 실무에 적용할 수 있다.

주요용어

고객 관계관리(Customer Relationship Management; CRM), 분석 CRM, 운영 CRM, 수익기여도분석(Regency Frequency Monetary; RFM), 고객생애가치분석(Life Time Value; LTV), 데이터마이닝(Data mining), 고객만족(Customer satisfaction), 서비스 충성도(Service loyalty), 인지적 충성도(Cognitive loyalty), 감성적 충성도(Affective loyalty), 의도적 충성도(Conative loyalty), 행동적 충성도(Action loyalty), 서비스품질(Service quality), 클레임(Claim), 컴플레인(Complaint)

생각하기

· 여러분이 생각하는 고객 관계관리의 필요성과 어떻게 관리를 해야 하는지 토의한다.
· 여러분이 생각하는 고객만족의 개념은 무엇이고, 고객만족 서비스를 제공하는 방안에 대해 토의한다.
· 여러분이 생각하는 서비스품질은 무엇이고, 어떤 것이 있는지 토의한다.
· 여러분이 생각하는 고객 불만관리 필요성과 어떻게 관리하는 것이 효율적인지에 대해 토의한다.

1. 고객 관계관리

고객 관계관리(Customer Relationship Management: CRM)는 기존고객의 충성도를 높이는 데에 집중하고, 그로 인한 소개고객의 유입을 강화하는 관리 전략이다. Gartner Group(2001)은 CRM을 신규고객을 획득하고, 기존고객을 유지하여 수익을 증대시키는 방법으로, 지속적인 커뮤니케이션을 통해 고객의 행동을 이해하고, 영향을 주기 위한 광범위한 접근 방법이다.

신규고객을 지속적으로 획득하고, 기존고객을 고정고객과 우량고객으로 확대해 나가야 기업이 성장해갈 수 있다. CRM의 측면에서는 고객을 효율적으로 관리하여 고객 스스로 신규고객을 유치하고, 서비스를 제공하는 기업에 충성도를 높이며, 나아가 수익의 극대화를 꾀하고 기존고객의 이탈을 최소화하는 고객관리 방법이다.

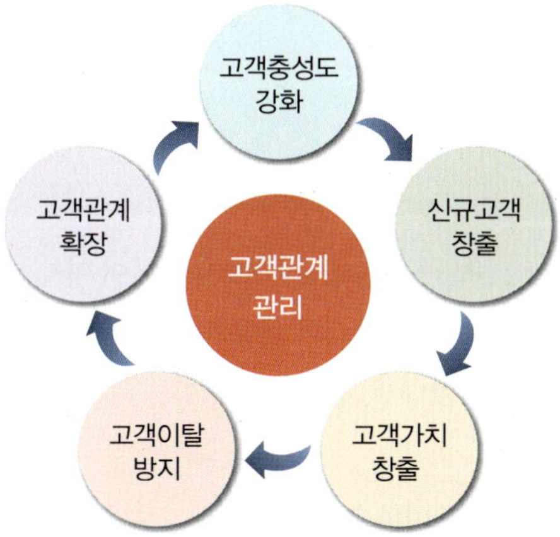

• [그림 3-1] 고객 관계관리의 목적 •

스마트폰의 확산으로 SNS를 통해 CRM을 많이 활용하는 추세인데, 핸드폰은 고객 관계관리에 있어 무엇보다 중요한 도구라 할 수 있다. 즉, 고객과의 관계를 잘 관리해서 고정고객으로 전환하고, 아울러 단골로 전환된 고객을 오래도록 유지하여 안정적인 매출원을 확보하는 데 총력을 기울여야 한다.

서비스는 무형의 상품을 제공하여 수익을 창출하는 것이다. 자동차를 판매하는 기업의 경우 판매되는 자동차의 가격은 단순히 차량 가격이 아닌 무상 서비스를 제공하는 부대비용도 포함되어 있고, 각종 쿠폰, 영업사원의 수당과 관련 임직원의 급여, 제공되는 포인트 등의 대가도 포함되어 있다. 이처럼 자동차를 구매하면 모든 것을 공짜로 제공해 주는 것 같지만 실상은 그렇지가 않다.

고객을 대상으로 제공되는 서비스가 공짜가 아닌 것처럼 고객이 기업에 돈을 내고 무언가를 구매했다면, 기업은 그에 따른 사후관리가 반드시 수반돼야 한다. 이는 기업은 고객들을 한 번만 상대하는 것이 아니기 때문이다. 그렇다면 기업에 100만 원의 매출을 제공한 고객과 1,000만 원의 매출을 제공한 경우, 제공되는 서비스가 같다면 고객의 관점에서 불만의 소지가 있을 것이다.

예를 들어, 1%를 포인트로 적립하여 추후 현금성으로 사용할 수 있게 해준다고 가정할 때 100만 원의 1%와 1,000만 원의 1%는 적립된 금액이 다르지 않은가? 이런 의미에서 Pareto의 20:80의 법칙에서와 같이 상위 20%의 우수 고객들의 관리는 매우 중요한 일이라고 할 수 있다. 아울러 많은 매출을 가져다주는 고객에게 좀 더 많은 혜택과 서비스를 제공해 주는 것이 장기적인 안목에서 기업이 안정적으로 성장하는 데 있어 아주 중요한 버팀목 역할을 할 것이다.

(1) 고객 관계관리의 필요성

CRM은 분석 CRM과 운영 CRM으로 구분할 수 있다.

분석 CRM의 경우는 고객정보(개인정보 + 구매정보)를 DB로 구축하여 이를 분석하고 광고나 프로모션에 이용하는 것이다. 예를 들면, 저장된 DB를 이용해 고객의 취향이나 구매 성향 등을 파악하여 선호도 높은 상품이나 서비스로 구성된 내용으로 안내장을 보내면, 고객은 관심 있는 내용이기 때문에 주의 깊게 볼 것이고 자연스럽게 구매로 이어질 것이다.

고객에게 제품의 필요성을 강조하여 구매하도록 설득하는 것보다 고객의 호기심을 자극함으로써 고객이 자연스럽게 제품의 필요성을 느끼게 하고, 구매를 유도하는 것이 고객과의 관계 형성과 매출 증가에 이바지하게 될 것이다.

운영 CRM의 경우는 분석정보를 바탕으로 고객관리 프로그램을 운영하여 고객 충성도에 영향을 미치는 것을 의미한다. 예컨대, 고객정보를 바탕으로 판촉을 진행하거나, 상품과 서비스를 사용하는 데 의문이나 문제점, 사용 방법 등을 유선상으로 알려주고 잘 활용할 수 있게 해주어 고객을 확대하고, 고객의 충성도를 높이는 활동이다.

CRM을 통해 고객 관계관리를 철저히 함으로써 고객의 만족도를 높여 충성도 높은 고객층을 확보하게 되고, 이로 인해 지속적인 재구매가 일어나게 하여 더 안정적인 매출원을 확보하는 선순환적인 기업 활동이 가능해진다.

1) 기업의 판매전략 변천

① 1차 산업혁명 (약 18~19세기, 증기기관 기반의 기계화혁명, 경공업 중심)

↓ 수요가 공급을 초과하던 시기(생산자 중심 시대)

② 2차 산업혁명 (19~20세기 초반, 전기 에너지 기반의 대량생산혁명, 중화학공업 중심)

↓ 수요가 공급을 초과하던 시기(생산자 중심 시대)

③ 1970년대 (20세기 중후반, 3차 산업혁명, 컴퓨터와 인터넷 기반의 지식정보혁명)

↓ 공급이 수요를 초과하던 시기(판매자 중심 시대)

④ 1980년대

↓ 경쟁이 치열한 시기(마케팅 시대)

⑤ 1990년대

↓ 고객과의 관계에 노력을 기울이는 시기(고객 관계관리 중심 시대)

⑥ 2000년대 (4차 산업혁명, 정보통신기술(ICT)의 융합으로 이루어지는 차세대 산업혁명)

↓ 고객 경험관리에 노력을 기울이는 시기(고객 경험관리 중심 시대)

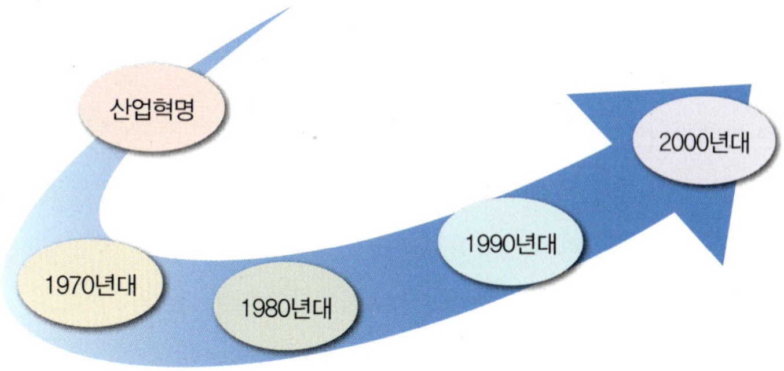

• [그림 3-2] **기업의 판매전략 변천** •

2) 고객관리의 목적

① 신규고객을 발굴한다.

② 고객을 선별한다.

③ 기존고객의 재구매를 유도한다.

④ 고객과의 관계를 형성한다.

→ 위의 사항을 통하여 고객의 정보를 수집, 고객의 요구를 파악하여 전략적 계획을 수립하고 수익성 증대를 꾀할 수 있다.

• [표 3-1] **고객관리의 효과** •

경제적 효과	반복구매율의 증가	부가적 효과	입소문 효과
	매출 증대		충성고객 유치

3) 고객관리

다수의 점포가 치열하게 경쟁하는 상황이 많으므로 적극적인 고객관리가 필요하다.

① 고객의 니즈를 파악해야 한다.

② 고객에 대한 지식, 즉 정보를 파악한다.

- 1:1 고객 맞춤 서비스 제공으로 변화해야 한다.
- 1:1 마케팅 → 고객관리에 대한 이해가 필수 조건이다.

③ 창업에서 고객관리는 이익 창출의 원천이다.

- 예비창업자는 개점 시 고객관리에 관하여 준비를 해야만 한다.
- 창업 준비과정에서 고객관리는 고객 확보의 전초전이라고 할 수 있다.

4) 고객관리의 방법

고객관리를 함에 있어 여러 가지 방법이 있겠으나, 그중 하나로 고객을 등급별로 나누어 차별화된 관리가 필요하다. 예컨대, 백화점과 은행의 경우 전체 고객 중 상위 20%가 전체 매출(예금)의 80%를 창출한다. 이처럼 상위고객, 즉 VIP 고객에 대한 관리가 아주 중요하다는 이야기이다. 그렇다고 VIP가 아닌 고객을 소홀히 하라는 의미는 아니다.

경제학자 Pareto의 20:80 법칙이 적용되지 않는 업종은 거의 없으리라 본다. 고객관리를 할 때 상위등급의 고객에게 좀 더 특별한 서비스와 혜택을 부여하여 만족도를 높이고, 이를 통해 충성도 높은 고객층을 확보해야 한다. 또한 일반고객 중 상위등급으로 격상될 수 있는 고객을 파악하고, 등급이 상향될 수 있도록 유도함으로써 차별화된 서비스와 특별한 혜택을 경험하여 만족하는 고객의 수가 증가하도록 해야 한다.

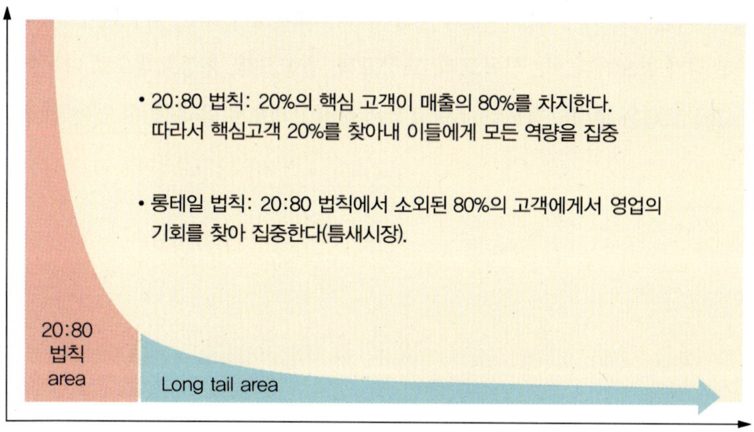

• [그림 3-3] 20:80 법칙 vs 롱테일 법칙 •

"1명의 우량고객의 가치는 20명의 신규고객보다 크다."

① 고정고객 유지율을 5% 증가하면 업체의 이윤은 25%에서 최대 80%까지 증대된다.

② 신규고객의 유치에 따른 유지비용 절감 효과를 기대하게 된다.

③ 효율적인 고객 재방문 효과를 얻을 수 있다.

④ 기존고객을 통한 높은 구전 효과를 기대하게 된다.

⑤ 고객 DB(Data base) 구축을 통한 마케팅 전략을 수립한다.

- 1:1 마케팅의 집중관리 및 특별관리가 가능하다.
- 고객의 기여도에 따른 꾸준한 혜택과 판촉을 할 수 있다.

⑥ 보상관리서비스

"20%의 우수 고객들에 의해서 전체 매출 80%가 창출된다."

• [표 3-2] 고객 유지비용의 비교 •

고객 유지비용	잠재고객으로부터 신규고객을 획득하는 비용
신규고객을 얻기 위한 마케팅 비용의 25%(¼) 소요	기존고객보다 2.5~5배의 마케팅 비용 소요

모든 고객을 VIP 고객관리로 하기에는 시간과 비용이라는 효율성에서 문제가 된다. 그러므로 고객 데이터를 통한 효율적인 관리가 필요하다. 즉, 신규고객, 고정고객, 우량고객, 충성고객으로 나누어 각각의 차별화된 전략이 필요하며, 고정고객은 우량고객으로 우량고객은 충성고객으로 올려줄 수 있는 고객관리 방법을 사용하여야 한다.

2. 고객 관계관리 전략

고객관리를 효율적으로 하기 위해 고객을 관리하는 데 필수적인 정보를 정리하여 질 좋은 서비스를 제공하면, 장기적으로 고객과의 관계강화를 통해 기업의 수익성을 최대화한다.

창업자는 과감한 도전정신과 철저한 기술경영의 준비 그리고 성공에 대한 의지를 필요로 한다. 점포의 사활은 철저한 고객관리에 달려 있다. 한 번 찾아온 고객을 다시 방문하게 만드는 것, 그것이 고객관리이며 마케팅이라고 할 수 있을 것이다.

고객관리는 고정고객을 증가시키고, 충성고객을 만들어 줌으로써 기업의 발전에 영향을 준다. 그러나 우리나라 소자본 사업가들의 가장 큰 문제점은 고객보다 돈을 우선시한다는 것이다.

1) 창업자의 아이템은?

① 진정으로 고객을 만족시켜 주고 있는가?

② 고객을 지속적으로 확보할 수 있는가?

③ 경쟁력은 갖추고 있는가?

④ 성공적인 우수 고객관리를 위해서는?

→ 이름, 주소, 연락처 + 고객의 특성 등 고객 개인정보관리를 철저히 해야 한다.

2) 우량고객관리 사례

① 고객의 가족에게 작은 관심과 전화 안부 묻기

② 생일과 같은 특별한 날 기념할 수 있는 쿠폰 발송

우량고객은 제품 자체가 마음에 드는 경우, 일반고객보다 구매할 확률이 3~4배는 높다.

(1) 고객관리 단계

1) 고객 확보 단계

창업 전 주기에서 이루어지나, 주로 창업 초기(개점 전~개점 1개월)에 많이 이루어진다, 시장 점유율 및 고객 점유율을 확장해 나가기 위한 활동이다.

2) 고객 유지 단계

고객의 이탈을 방지하고, 고객과의 관계 형성, 고정고객을 만드는 활동이다.

3) 평생 고객화 단계

고객의 충성도와 신뢰를 바탕으로 평생고객 또는 동반자 관계로 발전하는 단계는 고객관리의 궁극적인 목적이라고 할 수 있다.

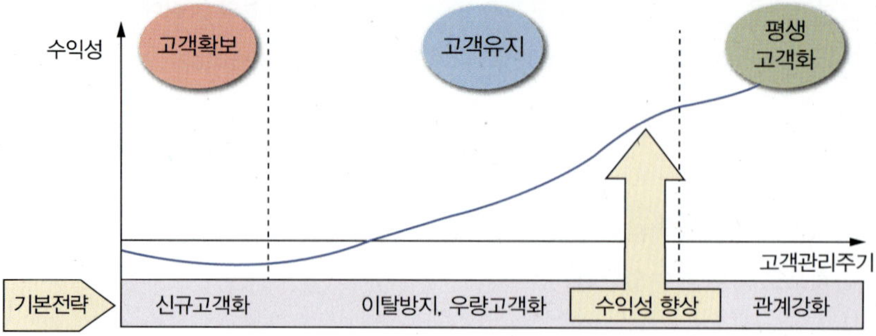

• [그림 3-4] 고객관리 주기와 수익성 •

3. 우량화 유지 전략

기업이 최대한 많은 고객을 확보하기 위한 전략으로 수익기여도를 통한 분석과 고객생애가치분석이 있다. Robinson(2000)은 전사적 관점에서 통합된 마케팅, 영업 및 고객 서비스 전략을 통해 개별고객의 평생 가치를 극대화하는 것이다. Kamber(2001)는 고객에 대한 정확한 이해를 통해 고객 개개인이 원하는 상품과 서비스를 제공한다. 이는 고객과의 긴밀한 관계를 형성·유지하며, 고객의 요구에 즉시 반응할 수 있는 전략 도구이다.

(1) 수익기여도분석(Regency Frequency Monetary; RFM)

수익기여도분석은 구매 가능성이 큰 고객을 선정하기 위한 데이터 분석 방법으로 분석과정을 통해 데이터는 의미 있는 정보로 전환된다.

① **최근성**(Regency): 얼마나 최근에 구매했는가?

② **거래빈도**(Frequency): 구매를 얼마나 자주 하는가?

③ **구매금액**(Monetary): 구매한 총금액이 얼마인가?

- 장점: 구매 가능성이 큰 고객을 찾아내는 데에는 편리한 기법이다.
- 단점: 고객의 개별적인 수익기여도를 직접 파악하는 데에는 한계가 있다.

1) 수익기여도분석 방법

① **대상 고객**: 전체 4개의 서비스상품 중 2개 이상의 상품을 구매한 고객으로 선정한다.

② **대상 실적**: 최근 6개월간 서비스를 이용한 실적으로 선정한다.

③ **점수부여방식**

- Recency: 최근 3개월 이내 이용 실적, 3~6개월 이전 이용 실적을 계산한다.
- Frequency: 최근 6개월간 총서비스를 이용한 횟수를 계산한다.
- Monetary: 최근 6개월간 총이용한 금액을 계산한다.

④ **점수산출방식**: R 점수 * F 점수 * M 점수

⑤ **관리방식:** 전체 고객을 총 10개의 군으로 구분하여 관리한다.

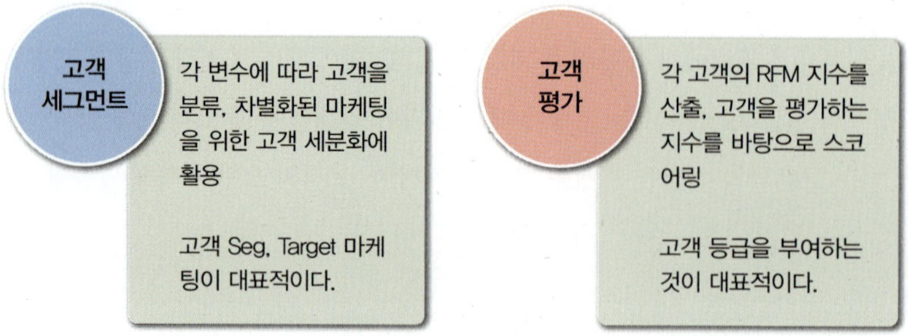

• [그림 3-5] RFM 모형 활용 •

(2) 고객생애가치분석(Life Time Value; LTV)

고객이 최초로 기업과의 거래를 시작한 시점부터 거래에 대한 모든 기록을 이용하는 기법으로, 현재까지 누적된 수익가치뿐 아니라 미래의 평생 가치에 대한 예측분까지 합산한 고객의 총 평생 가치 개념이다.

① LTV= LTV(현재) + LTV(미래)

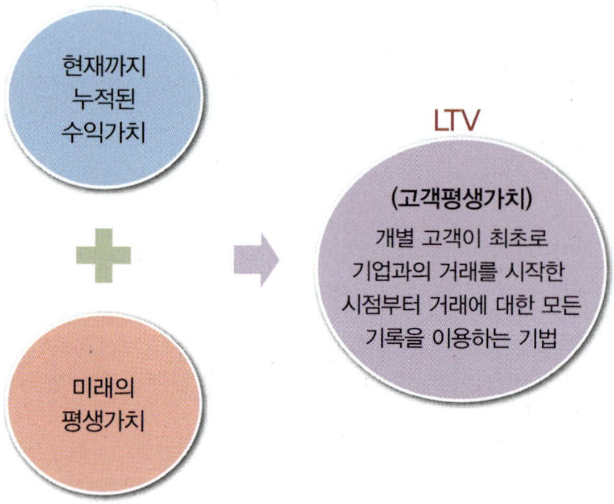

• [그림 3-6] LTV 모형 활용 •

1) 고객생애가치분석의 장단점

① **장점**

- 기업이 보유하고 있는 무형자산인 고객의 평균 가치를 파악 및 이해할 수 있으며, 이로 인한 고객별 기업의 전체 가치에 미치는 기여도를 파악할 수 있다.
- 개별고객가치에 따라 고객을 차별화하고, 고객을 유지하기 위한 기업의 시간과 노력을 전략적으로 활용할 수 있다.
- 고객을 관리 유형별 단계로 정하고, 이탈고객 방지를 위하여 투여할 최대 금액을 미리 산정함으로써 안정적인 재무운영이 가능하다.

② **단점**

- 전체 고객에 드는 비용을 측정하더라도 이를 개별고객에게 할당하는데 어려움이 있다.
- 고객별로 하나하나 계산하게 되므로, 때에 따라 과다한 비용이 소요될 가능성이 크다.
- 고객 유지율을 측정하기 어렵다.

(3) 고객 유지 전략을 위한 데이터분석

① **데이터마이닝**(Datamining) **기법**은 고객의 인구통계학적 데이터 및 거래형태에 관한 데이터분석 기법을 통하여 고객의 이탈 가능성을 예측하는 분석기법이다.

- 불량고객분석 모형을 개발한다.
- 서비스 및 상품에 대한 고객지향화(Customization) 전략을 수립해야 한다.

② **고객지향화**(Customization)는 주문에 따라 만듦 또는 고객 맞춤화를 의미한다. 고객의 취향을 파악하고 요구사항에 맞춘 상품 또는 적합한 맥락과 내용물 등을 고객의 취향에 맞추거나, 고객 스스로 자신의 선호 정보를 입력하여 맞추는 것을 말한다. 고객지향화 전략의 활용은 금융사, 백화점, 명품 업체 등에서 VIP 고객을 대상으로 적용하고 있다.

- 고객에 대한 수익성 향상 전략을 개발한다.
- 고객에 대한 보상 전략을 개발한다.

(4) 데이터마이닝

데이터베이스로부터 과거에는 알지 못했지만, 데이터 속에서 유도된 새로운 데이터 모델을 발견하여 미래에 실행 가능한 정보를 추출하고, 의사결정에 이용하는 과정을 말한다. 즉, 데이터에 숨겨진 패턴과 관계를 찾아내어 광맥을 찾아내듯이 정보를 발견해 내는 것이다.

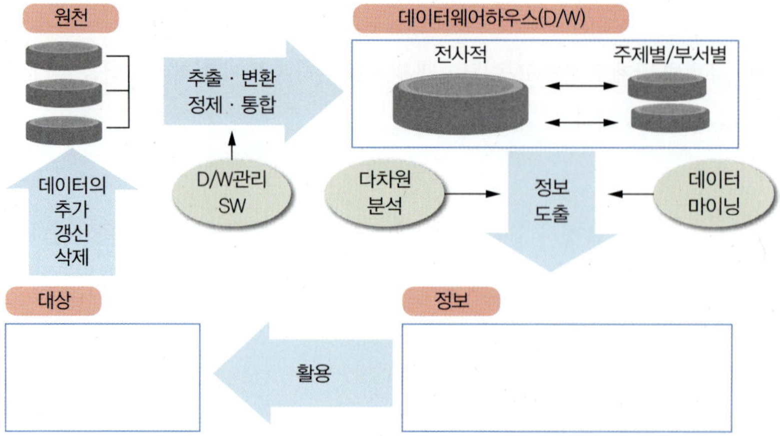

• [그림 3-7] 데이터마이닝 작업 흐름도 •

정보발견은 데이터에 고급 통계분석과 모형화 기법을 적용하여 유용한 패턴과 관계를 찾아내는 과정이다. 데이터베이스 마케팅(또는 분석 CRM)의 핵심기술이라고 할 수 있다.

예를 들어, 한 백화점에서 판매 데이터베이스의 데이터를 분석하여 금요일 오전에는 어떤 상품들이 잘 팔리고, 팔리는 상품 간에는 어떤 상관관계가 있는가를 분석하여 이를 마케팅에 반영하는 것이다.

데이터마이닝의 필수요소는 신뢰도가 높은 충분한 자료이다. 이것은 신뢰도 높은 충분한 자료가 정확한 예견을 가능하게 하기 때문이다. 그러나 너무 많은 자료는 오히려 데이터마이닝의 예견 능력을 떨어뜨릴 수 있으므로 최적의 결과를 산출할 수 있는 의미 있는 데이터의 확보가 필요하다. 주로 고객관리에 중점을 두는 데이터베이스 마케팅 쪽으로 가고 있으므로 데이터마이닝의 발달은 급속히 이루어질 수밖에 없다.

1) 데이터마이닝의 과정

① 데이터베이스로부터 분석대상이 되는 데이터를 선별하는 과정(Data selection)

② 선별된 데이터를 적절한 형태로 가공하고 정제하는 과정(Cleaning, Transformation)

③ 변환된 데이터에 마이닝 알고리즘을 수행하는 과정(Datamining)

④ 알고리즘의 결과를 재가공하고 기존의 지식과 통합하는 과정을 거치게 된다.

⑤ 위의 과정을 거쳐 결과로 얻은 지식은 예측(Prediction)이나 분류(Classification) 모델을 만드는 것에 사용되기도 하며, 데이터베이스 레코드들 사이의 연관성을 밝혀내기도 하고, 데이터베이스의 내용을 요약해 주기도 한다.

2) 고객관리를 통한 기대효과

① 우수 고객의 유치

② 고객 이탈방지

③ 잠재고객에서 실고객으로의 전환

④ 고객충성도 증진

⑤ 신규고객의 원활한 획득

⑥ 교차판매(Cross-sell)의 기능

⑦ 재구매(Re-sell)의 증가

⑧ 판매액 및 판매단가의 증대

⑨ 틈새시장 개척 가능성의 증가

⑩ 가망고객의 탐색용이

⑪ 향상된 영업망 형성

⑫ 판촉효율증대

⑬ 고객가치 파악

⑭ 품질개선

⑮ 고객만족

4. 고객만족

(1) 고객만족의 개념

Oliver(1980)는 고객만족(Customer satisfaction; CS)을 고객의 실제 경험과 기대 간의 불일치로 인해 발생하는 감정과 구매 경험 전의 감정이 결합하여 발생하는 종합적 심리상태로 정의하였다. 다수의 연구에서 고객만족을 결정하는 변수들을 설명하기 위하여 기대와 불일치 패러다임을 개발하고, 이를 통해 고객만족을 설명하려는 시도가 진행되었다. 이러한 패러다임에 기초하여 사전 기대와 제품성과 간의 불일치는 고객만족과 불만족에 영향을 미치며, 고객만족은 내적 결정요소와 지각된 성과에 기초하여 결정된다.[126]

(2) 고객만족의 두 가지 관점

고객만족은 소비 경험이 최소한 기대되었던 것보다 좋았다는 평가로 고객만족은 크게 두 가지 관점으로 개념화할 수 있다.[127]

첫째, 거래 특유적 관점으로 개별적 거래에 대한 성과와 기대의 비교로써 판단되는 만족이다.

둘째, 개별적인 거래적 관점은 각각에 대한 경험들이 모여서 제품이나 서비스에 대한 전반적 평가로 나타나는 전반적 만족 또는 누적적 만족이다. 고객만족은 구매 과정 및 구매 후 평가와 관련된 마케팅 활동의 중요한 요인으로 서비스 분야에서도 그 중요성이 매우 크다고 할 수 있다.

고객만족에 대해 정립한 개념들은 크게 과정(Process)과 결과(Outcome)로 구분된다. 과정론적으로 고객만족을 소비 경험이 최소한 기대했던 것보다 좋았다거나 선택했던 대안이 그 대안에 대한 사전적 신념과 일치되었다는 평가를 의미한다. 결과론적으로 고객만족을 고객이 지불한 대가가 적절하거나 부적절하다고 느끼는 고객의 인지적 상태 또는 감정적 반응 등으로 의미한다.[128]

(3) 고객만족과 성과

고객만족을 서비스 제공자에 대한 고객들의 태도로 정의하고 있다. 서비스 제공과 관련된 개인의 평가적 판단이 만족의 수준을 결정하게 된다. 고객만족은 고객의 구매 전 기대와 구매 후 만족도를 조사하고 비교하여 고객이 불만족스럽게 느끼는 내용을 개선 및 보완하고 더불어 지속적인 고객의 욕구충족을 위하여 수행하는 기업 활동이라고 할 수 있다.[129]

① **고객만족**은 긍정적 경험을 토대로 구전하게 하여 신규고객을 확보함과 동시에 재구매 의도를 높여 매출을 증가시키는 측면에서 공격효과(Offensive effect)에 영향을 준다.

② **고객만족**은 기존고객을 유지하고 고객의 전환을 줄이는 측면에서 수비효과(Defensive effect)도 가진다.[130]

기업은 고객만족을 통해 기업의 미래 가치인 비재무적 성과와 재무적 성과를 예측할 수 있다. 즉, 고객만족은 목적에 적합한 회계 정보로 이용될 수 있으며, 기업에 대한 성과평가와 전략적 목표달성에 대한 유용한 정보가 제공될 수 있다.

비재무적 성과지표는 기업의 성과향상 동인이 되는 고객만족도, 고객충성도, 지적 자본과 같은 중요한 무형의 자산가치에 대한 정보를 제공한다. 또한 비재무적 지표는 미래의 수익을 창출하기 위해 현재 수행에 필요한 기업의 활동에 관한 정보를 제공함으로써 재무적 성과를 더 정확하게 예측할 수 있다.[131]

(4) 고객만족 서비스

고객만족 서비스를 한마디로 결론 내리기는 어려운 부분이므로 몇 가지의 사례를 가지고 이야기하려고 한다. 일반적으로 고객만족 서비스는 고객에게 상냥하게 웃고 최선을 다하는 것을 의미하지는 않는다. 단순히 친절하기만 하다면 경쟁력이 없을 뿐 아니라 고객만족, 아니 고객을 감동하게 만들 수 없다.

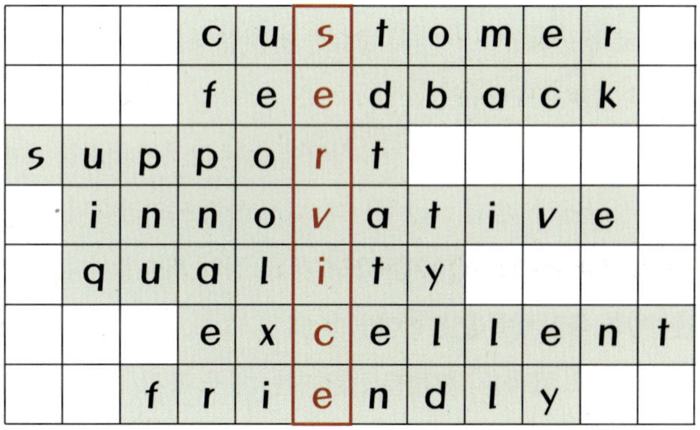

• [그림 3-8] 서비스의 개념 •

서비스 시장은 2000년 이후부터 고객감동을 넘어 고객 졸도, 고객은 왕 등의 다양한 표현을 사용하고 있다. 그것은 무엇을 의미하는 것일까? 이는 고객의 중요성을 표현한 것으로 생각한다. 즉, 고객의 눈과 귀, 입과 감정(오감)을 만족시키려는 노력과 정성을 다할 때 진정한 고객감동 서비스라 할 것이다.

서비스는 고객을 만나기 전부터 시작되며, 고객의 보이지 않는 마음조차 읽어내야 하는 고도의 감성 테크닉이 필요하다. 최상의 서비스는 언제나 고객의 처지에서 생각하고 행동하고 느끼는 것이 중요하다.

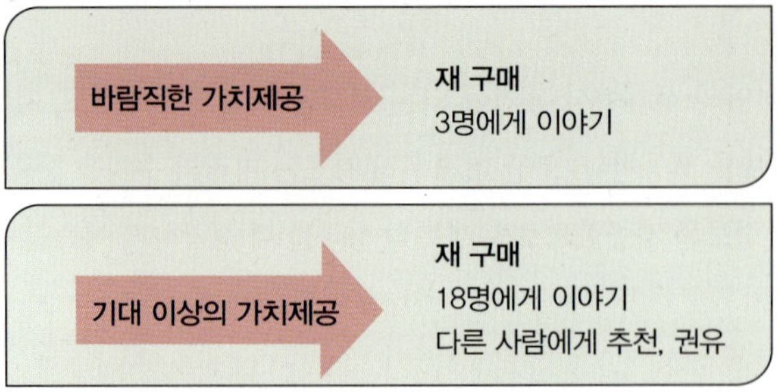

• [그림 3-9] 고객만족 서비스의 효과(자료 출처: 미국 TRAP 조사) •

한 식당에서 식사하는데 음식에서 머리카락이 나와 식당의 종업원에게 이야기했다. 그 식당의 종업원은 퉁명한 말투로 "다시 가져다줄게요!"하고는 쌩~~하니 가버리는 것이다. 미안한 기색도, 표현도 없이 "오려면 오고 말려면 말아"라는 태도로 행동하였다. 여기서 중요한 것은 문제를 제기한 고객에게 보이는 종업원의 행동(표정, 자세, 말 등)이 더 문제가 된다.

과연 이 식당의 고객서비스는 어떤 것일까? 또한 이 식당에 오는 고객은 어떠한 서비스를 받는 것일까 라는 생각을 해보자. 만약 그러한 상황에서 "손님, 죄송합니다. 다시 바꿔 드리겠습니다"라고 한마디만 했다면, 아니면 "정말 죄송합니다. 괜찮으시면 다른 걸로 바꿔 드릴게요. 정말 죄송합니다"라고 하였더라면 아마도 청결함은 조금 덜하여도 친절함에 다시 방문할 것이다.

서비스는 고객 중심의 배려이다. 고객을 생각하고 배려하는 마음과 자세가 없다는 것은 진정한 서비스가 아닐 것이다. 미용이라는 직업에서 서비스의 개념과 의식이 필요한 이유는 미용업은 서비스를 기본으로 한 종합 예술 서비스라고 생각하기에 더욱 절실히 필요하다. 미용은 무엇인가? 고객의 아름다움을 만들어 주는 것뿐 아니라 자신의 마음과 몸을 아름답게 만들어야 고객에게도 최상의 서비스를 제공할 수 있다.

(5) 고객만족 서비스 성공 사례

안동병원은 친절 서비스로 정평이 나 있는 병원으로 "안동병원의 생존전략"이라는 주제로 소개되었다. 친절로 소문난 안동병원이 일본의 MK 택시로부터 맨 먼저 배워간 것은 인사하는 것이었다고 한다. MK 유태식 부회장은 "인사하는 것이 간단하고 쉬운 것으로 보이지만, 사실 그렇지가 않습니다. 우리는 전 사원을 인사하게 하도록 수없이 많은 교육을 해 왔지만, 솔직히 지금도 100%는 안 됩니다."

"사실 모든 친절의 기본은 인사하는 것입니다. 인사가 되어야 다른 것도 되고 인사가 안 되면 아무것도 안 됩니다. 처음에 우리는 MK 택시회사에서 인사운동을 실행할 때 엄청난 반발이 있었다는 것을 알고 있습니다. 그러나 이를 무릅쓰고 계획대로 진행하였습니다. 그랬더니 사람들이 몰려들기 시작했다는 것입니다." 병원에 환자가 많다는 것이 마냥 좋아할 일만은 아니지만 어쨌든 환자들이 다른 병원으로 가지 않고 안동병원으로 몰려들었다는 것은 무엇일까? 그렇다고 의료진이 바뀐 것도 아니고 의료 장비가 새로운 것으로 바뀐 것도 아닌데 고객을 안동병원으로 재방문하게 만든 요인은 바로 친절한 병원이라는 작은 변화인 인사였다고 관계자는 말한다.

"인사를 하고 친절하게 환자를 대하는 것 그뿐이고, 그렇게 사소한 일이 큰 변화를 일으킨 겁니다."

• [그림 3-10] 고객만족을 위한 표정 •

고객감동은 아주 작은 사소한 것에서 시작된다는 것을 알아야 할 것이다. 잠시 생각해 보자. 우리가 고객으로서 감동했던 때 그리고 상황은 어떠했는지 우리가 잊고 스쳐 지나간 바로 그것이 우리의 고객이 원하는 진정한 감동 서비스라고 생각한다.

과거 미용은 미용기술만이 전부라고 생각하였다. 그러나 서비스도 기술이라는 것을 우리는 명심해야 할 것이다. 처음엔 어색하고 때로는 자존심이 상한다고 생각하지만 모든 일이 바로 고객서비스 접객에서 시작되기 때문이다.

스타벅스 감성 마케팅교육에서는 서비스도 기술이라고 설명한다. 부지런히 배우고, 보고, 연습하며, 조금씩 쌓아가 자연스럽게 프로의 틀을 갖추게 되는 것이다. 일류 서비스를 자랑하는 항공사나 호텔에서도 최소 3개월에서 12개월 동안 직무교육(On the Job Training)을 통하여 기술을 연마하고 실력을 향상하게 된다. 오로지 커피만을 잘 만드는 것이 아니라 고객에게 최상의 서비스를 제공하기 위한 노력이 아닐까 하는 생각을 한다.

• [그림 3-11] 고객만족 서비스 •

(6) 뷰티 서비스업계의 당면 과제

1) 고객만족 서비스의 방법

① 고객만족은 고객의 성취반응과 밀접하다.

② 고객만족은 주관적 감정과 관련된다.

③ 고객만족이 품질에 의해서만 좌우된다고 볼 수 없다.

④ 고객만족을 위한 서비스 제공은 고객의 편익에서 제공한다.

2) 고객만족과 불만족의 차이

① 사전 기대 서비스 〈 제공받은 서비스(현실) → 고객만족

② 사전 기대 서비스 〉 제공받은 서비스(현실) → 고객 불만족

3) 고객만족은 고객에 관한 관심

① 좋은 인상을 심어줄 기회는 단 한 번이다.

② 고객에게 관심을 표시하라!

4) 신속한 서비스

예의 바른 태도와 상냥한 미소는 고객의 즐거움을 한 단계 상승시킴으로써 고객만족에 성공하였다는 것을 의미한다.

5. 서비스 충성도

(1) 서비스 충성도의 개념

서비스 충성도(Service loyalty)는 고객들의 미래 재구매 가능성으로 정의하고 있다.[132] 서비스 충성도는 교체 행동을 유발하는 잠재적 상황의 영향과 기업의 마케팅 활동에도 불구하고 미래에 지속적으로 선호하는 제품 또는 서비스를 재구매하거나 후원하는 깊은 결속이라고 정의한다.[133]

충성도는 구전과 재구매 의도, 구매 다양성으로 이루어진다. 구전은 제품과 브랜드에 대한 의견이 전파되는 가장 오래된 메커니즘으로 다양한 제품과 서비스에 대한 소비자의 의사결정에 중요한 역할을 하고 있다.[134] 또한 서비스 충성도가 높은 고객은 호의적 구전이나 직·간접적인 추천을 통해 기업이나 기업이 생산하는 제품 또는 서비스에 대한 촉진을 지원한다.

(2) 서비스 충성도의 필요성

서비스 충성도가 높은 고객은 세 가지 방법으로 기업의 이익이나 전반적인 성과에 영향을 준다.

① 제품 및 서비스 재구매를 통해 기업의 이익을 창출한다.

② 마케팅 및 광고 등의 운영비용을 절감하게 한다.

③ 다른 사람에게 호의적 정보의 확산이나 추천을 한다.

이처럼 서비스 충성도의 중요성과 고객으로부터의 이익에 기초하여 많은 서비스조직이 고객만족을 측정하고 지속적으로 관찰하고 있다.[135]

서비스 충성도에 대한 개념적 모델 개발을 통해 충성도의 실체인 상표, 점포, 매각인, 서비스에 대한 소비자의 상대적 태도와 재구매 행위 간의 관계이다. 상대적 태도와 재구매 행위의 관계는 인지적, 감정적, 능동적 선행변수들에 의해 형성되며, 이렇게 형성된 충성도는 동기적, 지각적, 행위적 결과로 이어진다.

이들의 연구는 관여와 고객만족, 지각된 서비스 질의 세 가지 요인이 서비스 충성도의 정도를 추정한다. 또한 서비스 충성도의 관리를 위한 요구에서 서비스 충성도의 핵심요소로 서비스품질을 파악하고 그 중요성을 강조한다.[136]

(3) 충성도 4단계 통합적 관점

Oliver(1999)의 서비스 충성도의 이원화 관점으로 충성도 4단계의 통합적 관점이 발표되며 보다 세분화되기 시작하였다. 서비스 충성도 개념은 행동적, 태도적 충성도와 실제 충성도와 허위 충성도에 대한 부분을 복합적으로 고려하여, 고객의 충성도는 낮은 수준의 충성도에서 높은 수준의 충성도로 발전하는 단계를 고민하여야 한다는 것을 강조하였다.[137)]

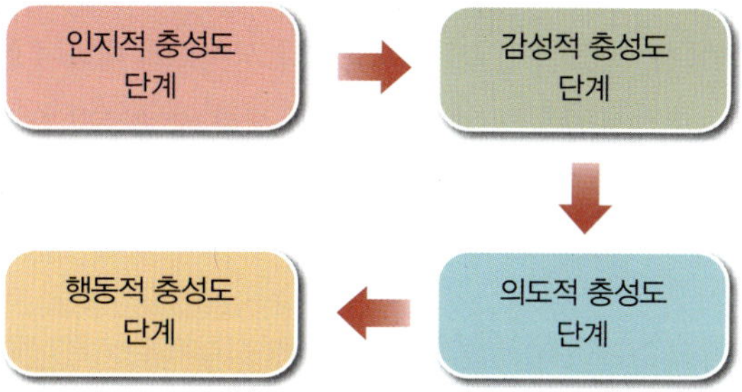

• [그림 3-12] 서비스 충성도 단계 •

서비스 충성도는 고객의 믿음과 감성 그리고 의도에 대한 평가가 체계적으로 이루어져야 하며, 이를 바탕으로 고객의 충성도를 높은 전환비용에도 불구하고, 특정 거래에 대한 긍정적 기대를 바탕으로 선호된 제품 또는 서비스를 지속해서 구매하고자 하는 높은 몰입의 정도로 정의한다.[138)]

(4) 서비스 충성도의 구성요소

서비스 충성도 모형은 태도를 형성하는 인지적 충성도(Cognitive loyalty), 감성적 충성도(Affective loyalty), 의도적 충성도(Conative loyalty), 행동적 충성도(Action loyalty) 4단계로 구성된다.

1) 인지적 충성도 단계

서비스 충성도는 제공된 정보에 따라 결정되며, 가격, 품질, 이미지 등이 여기에 속한다. 인지적 충성도는 고객 충성도 4단계 모형 중 가장 약한 부분이라 할 수 있으며, 그러한 이유는 브랜드 자체보다는 제공된 정보의 비용이나 혜택에 의해 고객의 평가가 달라진다.[139] 그러므로 고객에게 더욱 많은 혜택을 제공하는 제품 또는 서비스로 전환되기 쉬운 단계이다.[140]

2) 감성적 충성도 단계

일련의 인지적 과정은 감성적 의사결정 이전에 형성된다는 부분을 강조한다. 특정한 제품 또는 서비스에 대한 호의적인 태도는 제품 또는 서비스를 이용한 경험을 통해 만족한 정도에 따라 개발된다. 따라서 이전 단계인 인지적 충성도보다 강력하다.[141]

감성적 충성도 단계는 즐거움을 수반하므로 특정 제품이나 서비스에 대하여 즐거움이 증가하면 고객은 이전의 기대를 수정하게 되고 그에 대한 태도를 변화시킨다.[142] 이럴 때 향상된 기대는 만족한 감성적 태도를 이끌어 감성적 충성도에 영향을 미친다.[143]

3) 의도적 충성도 단계

특정 제품 또는 서비스에 대하여 몰입하고 있으며, 긍정적인 감성에 의해 행위적 의도를 가지게 된다.[144] 의도적 충성도 단계의 몰입은 특정 제품 또는 서비스의 재구매에 대한 의도를 의미하며, 이는 재구매에 대한 동기를 강화한다.

실질적으로 재구매에 대한 바람은 가지고 있으나, 구매 행동으로 실현되기에는 다소 부족한 상태라 할 수 있다. 감정적 충성도보다 몰입의 정도(Degree of commitment)가 매우 강력하지만, 아직 취약한 부분도 함께 가지고 있다.[145]

4) 행동적 충성도 단계

고객이 재구매에 대한 깊은 의지를 가지며, 습관화되는 방식으로 행동할 수 있다. 즉, 태도와 의도가 행위로 전환될 때 이는 허위 충성도와 반대되는 실제 충성도를 이끈다.[146] 따라서 이전 충성도 상태에서 동기화된 의도는 행동 단계로 전환되는 것을 나타내며, 행동을 실현하는 데 방해가 될 수 있는 다양한 장애들을 제거하려는 노력을 수반된다.[147]

6. 서비스 품질

서비스품질(Service quality)은 주관적이며, 고객 지향적인 관점에서 접근하고, 제공되는 서비스에 대한 소비자의 전반적인 인식으로 정의할 수 있다.[148] Gronroos(1982)는 지각된 서비스품질이 기대한 서비스품질과 제공된 서비스품질 간의 차이에서 인식된다고 하였다.[149] PZB(1988)는 지각된 서비스품질의 개념은 서비스의 우수성이나 우월성과 연관되고, 이는 고객의 전반적인 판단 또는 태도로 정의한다고 하였다.[150]

서비스품질은 서비스 접점에서 고객과의 상호작용을 통하여 전달됨으로써 고객에 대한 종업원의 행동과 태도는 고객이 인식하는 서비스품질과 고객만족, 고객충성도 등에 영향을 주어 궁극적으로 경영성과에 영향을 미친다.[151] 따라서 고객과 대면하여 서비스를 제공하는 종업원이 양질의 서비스를 제공하기 위한 역량을 갖추고, 적절한 행동을 할 수 있도록 동기부여를 하는 조직 차원의 노력이 요구된다.

(1) 품질의 개념

품질은 제공된 제품 또는 서비스가 고객의 요구를 만족하게 하는가에 관한 것이며, 일종의 질(Quality)적 대상이고, 양(Quantity)과 대비되는 질(Quality)을 의미하는 개념이다. 품질은 사람마다 느끼는 감정이며, 판단기준이 하나로 통일된 질적 의견을 양적 수치로 나타내는 것은 어려움이 있다.

Garvin(1984)은 품질에 대한 정의를 생산자와 소비자의 관점을 종합하여 품질의 8차원으로 제시하였다. 이들 중 일부는 서로 보완해주는 역할을 하기도 하지만, 때로는 상충하기도 한다. 이러한 8가지 차원을 모두 높게 달성하려면 원가가 높아지므로 대부분의 기업은 이 중 일부를 의도적으로 강조하는 전략을 수립하고 실행한다.[152]

산업에서의 품질은 크게 생산자 관점과 소비자 관점으로 구분할 수 있다. 생산자 관점에서 대상을 설계속성과 비교하여 설계를 잘 반영하면 품질이 좋다고 인식한다. 소비자 관점에서는 사용의 편리함과 우수한 성능을 내는 것을 품질이 좋다고 인식하는 경향이 있다.

1) Garvin(1984)의 품질의 8가지 차원

심미성(Aesthetics), 유용성(Serviceability), 인지된 품질(Perceived quality), 성능(Performance), 특징(Features), 내구성(Durability), 신뢰성(Reliability), 적합성(Conformance)으로 구분한다.

(2) SERVQUAL 모형

SERVQUAL은 서비스품질을 설명하는 대표적인 개념으로 서비스(Service)와 품질(Quality)의 합성어이다. P.Z.B(1985)는 서비스품질의 속성을 10개, 세부측정항목을 97개로 정리하여 가장 타당성 있는 속성과 측정항목으로 개발하였다. 그리고 1988년 실증연구를 통하여 유형성, 신뢰성, 응답성, 확신성, 공감성 등 5가지 차원으로 재구성되었다.[153)]

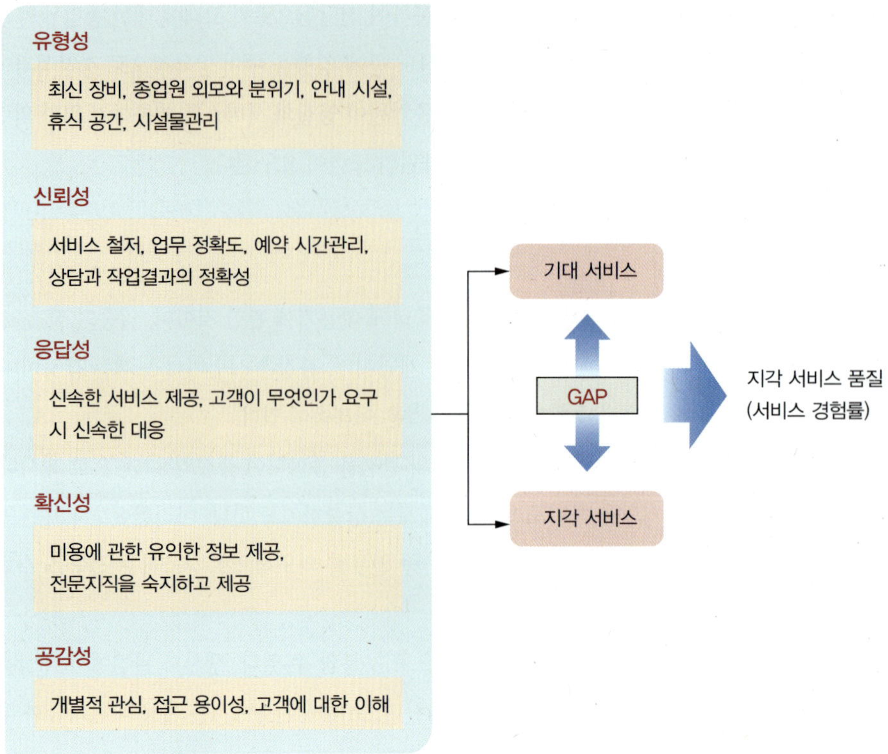

• [그림 3-13] P.Z.B(1988)의 SERVQUAL 모형 •

1) 서비스품질의 구성요소

① **유형성:** 물리적 요소의 외형에 대한 차원으로 품질을 설정하는 항목이다. 예를 들어, 최신 장비, 시설, 종업원 외모와 분위기, 안내 시설, 휴식 공간, 시설물관리, 이동 동선의 편리성 등을 말할 수 있다.

② **신뢰성**: 믿을 수 있는 정확한 임무 수행의 차원으로 품질을 설정하는 항목이다. 예를 들어, 서비스 철저, 업무의 정확도, 예약 시간관리, 상담과 작업결과의 정확성, 약속한 시각에 마무리 등을 말할 수 있다.

③ **응답성**: 고객에 대한 반응이 즉각적이고 자발적인가에 관한 차원으로 품질을 설정하는 항목이다. 예를 들어, 신속한 서비스 제공, 스스로 도움을 제공, 고객이 무엇인가 요구하였을 시 신속하게 대응하는 것을 말한다.

④ **확신성**: 직원의 능력, 공손함, 안전성 등에 관한 차원을 설정하는 항목이다. 예를 들어, 미용에 관련된 유익한 정보나 전문 지식을 숙지하고 제공하며, 트렌드를 파악하여 고객이 스타일을 믿고 맡길 수 있는 것을 말한다.

⑤ **공감성**: 고객에 대해 충분히 이해하고, 의사소통이 원활한가에 대한 차원으로 품질을 설정한 항목이다. 예를 들어, 개별적 관심, 접근 용이성, 고객에 대한 이해, 제공하는 서비스에 관해 관심과 주의를 기울이고, 고객이 원하는 서비스를 제공하고, 고객의 이해를 쉽게 도와주는 것을 말한다.

2) 서비스품질의 평가

서비스품질의 5가지 차원의 서비스 수준에 대한 고객의 기대감과 실제 제공된 서비스의 인지된 성과 차이를 비교하여 측정한다. 서비스에 대한 고객의 평가는 기대 대비 만족으로 나타나는데, 절대적 만족도 차원에서 A사에서 제공된 서비스의 만족도가 50%이고, B사에서 제공된 서비스의 만족도가 80%라고 가정해 보자. A사의 서비스 기대치가 5%였다면, A사에서 제공된 서비스의 만족도는 10배가 되며, B사의 서비스 기대치가 40%였다면, B사에서 제공된 서비스 만족도는 2배가 된다. 그러므로 서비스 만족도는 A사가 제공된 서비스 가치가 높다.

(3) SERVPERF 모형

Cronin & Taylor(1992)는 기대와 성과의 차이를 통하여 서비스품질을 측정하는 SERVQUAL의 타당성에 대하여 비판하며, 서비스품질을 서비스 성과만을 측정하는 SERVPERF 모형을 제시하였다. 세탁, 패스트푸드점, 은행, 방역 등 4개의 서비스산업을 대상으로 SERVQUAL과 SERVPERF 모형간의 우수성을 비교하는 실증연구 결과, SERVQUAL보다 SERVPERF가 4개의 산업에서 적합하게 분석되었다. SERVPERF가 산업별 특성에 덜 민감하게 반응하는 안정적인 척도이며, 기대와 성과를 따로 복잡하게 측정할 필요가 없어 간편하고 효율

적인 측정 도구로 평가되고 있다.[154]

(4) Gronroos의 2차원 모형

Gronroos(1984)는 서비스품질이 결과품질과 과정품질의 두 가지 차원으로 구성되었다고 주장하였다. 결과품질은 기술적 품질(Technical quality)로서 고객이 기업과의 상호작용에서 무엇(What)을 얻느냐를 의미하고, 과정품질은 기능적 품질(Functional quality)로 고객이 서비스상품을 얻는 과정에 있어 고객이 어떻게(How) 경험하는가를 의미한다.

지각된 서비스품질은 기대한 품질과 제공된 품질 간의 차이에서 인식되는 것이라 보고, 두 차원의 품질이 서비스 기업의 이미지(Image)라는 필터를 거쳐 형성되는 것으로 보았다.

2차원 모형에 가장 큰 특징은 이미지 요소를 지각된 서비스품질평가에 고려했다는 점이며, 서비스상품은 결과품질과 관련되고, 서비스전달은 과정품질과 유사한 개념이라고 볼 수 있다. 서비스환경품질은 서비스가 전달되는 배경에 해당하는 것으로 최근 들어 중요한 속성으로 드러나고 있다.[155]

(5) 3차원 모형

Llosa, Chandon & Orsingher(1998)는 SERVQUAL 모형은 5가지 품질 차원이 지나치게 과정품질에 초점을 맞추고 있어서 물리적 환경품질을 소홀히 다루고 있거나, 과정품질과 결과품질이 모호하게 섞여 있다고 비판하였다.[156]

Rust & Oliver(1994)는 2차원 모형에 환경품질을 고려하여 서비스품질이 서비스상품(Service product), 서비스전달(Service delivery), 서비스환경(Service environment)의 세 가지 품질 차원으로 구성된다고 제안하였다.[157]

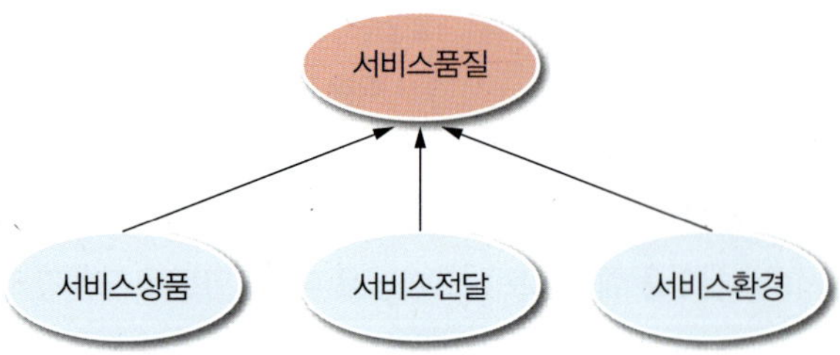

• [그림 3-14] Rust & Oliver의 3차원 모형 •

Brady & Cronin(2001)은 Rust & Oliver(1994)의 3차원 모형과 Dabholkar et al.(1996)이 제안한 위계 구조 모형을 채택하여 3차원으로 구성된 서비스품질의 위계 구조 모형을 제안하였다.[158)]

서비스품질의 3차원 모형은 상호작용품질, 결과품질 그리고 물리적 환경품질로 구분하여 제시하였다. 상호작용품질의 하위차원에는 종업원의 태도, 행동, 전문성을 포함하였고, 물리적 환경품질의 하위차원에는 주변 환경, 디자인, 사회적 요소를 포함하였다. 또한 결과품질의 하위차원에는 대기시간, 유형성, 호감성을 포함하여 구성하였다.

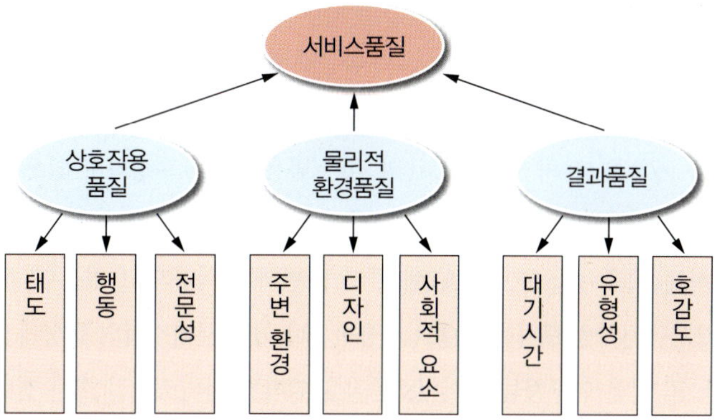

• [그림 3-15] Brady & Cronin의 3차원 모형 •

연구결과, 결과품질, 상호작용품질 및 환경품질이라는 세 가지 기본 차원에 대한 평가를 기반으로 서비스품질에 대해 인식한다고 주장하였다. 특히 Gronroos(1984)는 서비스품질에 대한 고객의 평가와 서비스를 제공하는 직원과의 상호작용에 따라 서비스품질을 평가하며, 서비스품질 인식에 대하여 서비스 환경이 영향을 주는 것으로 제시하였다.[159)]

여러 서비스품질 개념화에 이론적 기반을 갖춘 하나의 포괄적인 다차원 체계로 통합하여 서비스품질 연구의 새로운 방향에 대한 요구에 부응하고, 현재의 교착상태를 완화하는 데 도움이 될 수 있다고 주장하였다.[160)]

SERVQUAL은 모형의 구조적 간명성에서는 단점을 갖지만, 전달품질 및 환경품질 차원에서는 중요도 높은 세부 평가요소들을 집중적으로 구성한 점에서 강점을 지닌다고 볼 수 있다. 한편, Gronroos의 2차원 모형의 결과품질 관련 항목들을 포함했을 때 모형이 요인구조, 수렴타당성, 판별타당성, 인과관계 모형의 적합도 등

차이 검정 기준에서 훨씬 우수한 것으로 평가되었다.

Gronroos(1984)의 2차원 모형인 과정품질과 결과품질 모형보다는 과정품질을 환경품질과 전달품질의 2요인 구조로 분화시키고, 거기에 결과품질 요소를 추가한 서비스 전달품질, 서비스 환경품질, 서비스 상품품질의 3차원 품질 모형이 더 우수한 모형이라는 점을 발견하였다.[161] 또한 과정품질 측정항목들만으로 구성된 모형보다는 결과품질 관련 측정항목인 상품품질 요소들을 추가한 모형이 서비스품질 인과 모형의 적합도를 유의하게 증가시킨다는 연구결과를 검증하였다.[162]

(6) 4차원 서비스품질

1) 서비스품질 개발의 필요성

미용 서비스품질에 관한 선행연구들은 각기 다른 서비스품질의 개념과 측정 도구를 사용하고 있다. 다수의 연구에서 서비스품질을 PZB(1988)의 SERVQUAL과 같은 범용도구로 측정하고 있으며, Gronroos(1984)의 2차원 모형, Brady & Cronin(2001)의 3차원 모형으로 측정하기도 한다.

서비스품질을 측정하는 도구 중 SERVQUAL이 가장 빈번하게 사용되고 있는데, 연구자들에 따라서는 SERVQUAL의 5차원, 2차원, 3차원 모형을 그대로 사용하거나 미용 서비스업의 특성에 맞게 차원을 가감하는 형태로 사용하고 있다. 또 일부 연구자들은 서비스품질을 지각된 서비스품질 또는 전반적 품질이라는 단일 차원으로 접근하고 있다.

대부분의 미용 서비스품질 관련 연구들은 앞서 기술한 PZB(1988)의 SERVQUAL, Gronroos(1984)의 2차원 모형, Brady & Cronin(2001)의 3요인 모형을 기반으로 미용 서비스산업의 특성을 일부 고려하여 항목을 측정하였다. 그러나 이들 모형은 모든 서비스산업의 품질을 포괄적으로 담고 있으므로 미용 서비스산업의 품질 특성을 반영하는 데 한계가 있다.

SERVQUAL 등은 거의 30년 전 연구로 다양한 업종과 업태에 대한 서비스품질을 평가하는 데 한계가 있다. 이렇게 각기 다른 측정 도구를 사용하여 서비스품질을 측정하게 되면 일관되지 못한 연구결과를 제시할 수 있고, 연구결과의 안정성과 신뢰성을 저해할 수 있으므로 표준화된 측정지표 개발이 필요하다.[163]

서비스품질 측정 도구개발은 미용 서비스 분야의 서비스품질 관련 연구의 축적과 실무적 유용성을 제공하기 위해 미용 서비스산업의 특성을 반영하고, 최근 경향을 고려한 서비스품질 측정지표 개발이 요구된다.

2) 대기품질

고객은 일정한 간격을 두고 입점하지 않는다. 어떤 상황에서는 다른 고객의 서비스 시간이 길어짐에 따라 다음 고객에게 서비스 지연의 상황이 발생할 수도 있다. 따라서 고객의 수요를 예측하기란 쉽지 않으며, 고객의 대기 상황을 관리하는 데 어려움을 겪을 수 있다. 이러한 상황은 소비자에게 부정적 반응을 초래할 수 있다.[164]

고객의 유입이 많을 때 원하는 서비스를 받기 위해 고객의 대기라는 상황이 발생한다. 이러한 상황은 서비스를 받기 전과 서비스 제공 중에도 발생하는데, 고객의 대기 시 발생하는 대기시간과 대기환경은 고객만족에 중요한 요인으로 인식되고 있다.[165] 고객의 유입이 많은 시간에 서비스를 받기 위하여 기다리는 상황 또는 서비스를 제공할 인력의 부족한 상황 등으로 발생하는 현상으로 대기환경과 대기시간의 문제가 발생한다.[166]

대기품질은 물리적 환경, 인적 환경 그리고 대기시간으로 구분한다. 물리적 환경은 스타일 작업이 진행되는 내부 환경과는 다른 개념으로 고객이 서비스 전 과정 중 대기하는 공간을 의미한다. 물리적 환경은 물리적 환경 요소(Ambient factor), 디자인 요소(Design factor), 사회적 요소(Social factor)로 구분된다.[167]

3) 대기품질의 구성

대기환경에 대한 고객의 감정반응에 관한 연구는 다양한 분야에서 활용하고 있다. 이는 서비스산업에서 눈으로 볼 수 있는 물리적 환경이 대기시간 및 서비스만족에 영향을 미치는 요인으로 대기환경에 대한 감정반응이 서비스평가에 영향을 주기 때문이다.[168]

① **물리적 환경**은 다른 서비스 요소와 달리 구매하기 전에 평가되며, 이는 서비스품질을 평가하는 단서가 되고, 제공될 서비스의 품질을 추리하는 단서를 제공하므로 전반적인 서비스평가에 중요한 요소로 작용한다.[169] 그러므로 대기 공간의 충분한 확보, 쾌적함, TV 등을 제공함으로써 지각된 대기시간의 증가에 따른 부정적 감정 유발을 완화하는 효과를 기대할 수 있다.[170]

② **인적 환경**은 대기시간 발생 시 서비스를 제공하는 업체에서 대기고객에게 인적자원을 통하여 제공하는 서비스를 의미한다.[171] 고객에 대한 배려가 서비스 접점에서 서비스를 평가하는 중요한 요인으로 작용하기 때문에, 대기시간이 길어지더라도 직원과의 상호작용을 개인화하면 고객만족도가 향상될 수 있다.[172] 또한 서비스 직원의 고객 지향성이 고객과의 관계를 형성함으로써 고객은 친밀감 또는 호의와 같은 요소로 작용하여 특정 서비스업체를 지속적으로 이용하는 경향이 있다.[173]

③ **대기시간**은 고객이 서비스를 받을 준비가 된 시점부터 서비스가 시작될 때까지 고객이 기다리는 동안 지

각하는 상태를 의미한다.[174] 이러한 대기시간 유형은 사전 대기, 서비스 과정 중 대기, 사후 대기 등 세 가지 측면으로 구분할 수 있다.[175]

고객은 서비스 대기에 복잡한 정서적 반응을 보이게 되므로 대기시간은 고객만족에 중대한 영향을 미친다.[176] 또한 대기시간은 고객이 서비스품질에 대한 부정적 감정과 강한 상관관계가 있다.[177] 그러므로 대기시간으로 인해 기회비용이 발생하게 된다.

대기시간은 다른 서비스를 받거나 다른 유용한 일의 결과를 창출할 기회를 상실하게 된다는 의미이므로 더욱 불쾌한 경험으로 인식될 수 있으며, 대기시간이 지나치게 길게 되면 서비스 자체를 포기하게 되는 상황이 발생하기도 한다.

4) 4차원 서비스품질의 구성

곽진만·문재승(2020)은 Brady & Cronin의 3차원 모형을 기반으로 하위 4차원으로 상호작용품질, 환경품질, 대기품질, 결과품질로 구성하였다.[178]

① **상호작용(과정)품질 개념**을 고객과의 접점에서 종업원이 제공하는 서비스품질로 정의하고, 하위요인으로 행동, 태도, 전문성으로 구성하였다.

② **환경품질 개념**을 서비스가 제공되는 배경으로 내부환경과 외부환경의 서비스품질로 정의하고, 하위요인으로 내부환경과 외부환경으로 구성하였다.

③ **대기품질 개념**을 서비스 전 또는 서비스 과정 중에 대기 상황으로 인하여 제공되는 물리적 환경과 인적 환경, 대기시간의 서비스품질로 정의하고, 하위요인으로 물리적 환경과 인적 환경 그리고 대기시간으로 구성하였다.

④ **결과품질 개념**을 제공된 서비스에 따른 기쁨 정도와 원하는 서비스 제공으로 정의하고, 하위요인으로 유형성과 고객 감정으로 구성하였다.

• [표 3-3] 미용 서비스품질의 측정 도구 개발(곽진만·문재승, 2020) •

구분		조작적 정의
상호작용 품질	행동	고객 문제를 자발적으로 해결하려는 노력
	태도	서비스 접점직원의 친절함과 관심
	전문성	고객의 문제를 전문적으로 해결하는데 필요한 지식과 기술
환경품질	내부환경	내부 시술 공간의 청결성, 쾌적성, 공간 효율성
	외부환경	주변 환경의 쾌적성, 접근 편리성, 주차이용의 편리성
대기품질	물리적 환경	대기 공간의 좌석, 물리적 배려, 공간밀도
	인적 환경	대기시간 중 인적 배려, 태도, 안내
	대기시간	서비스 전과 과정 중 대기시간의 신속한 처리
		지각된 대기시간과 실제 대기시간 이내에 처리
결과품질	유형성	서비스 제공에 따른 기쁨 정도
	고객 감정	원하는 서비스가 제공되는 정도

7. 고객 불만관리

(1) 고객 불만의 정의

고객이 불만을 표현하는 것은 그 원인에 따라 크게 이의제기(Claim)와 불만(Complaint)으로 구분할 수 있다.

① **클레임**(Claim)은 어느 고객이든 제기할 수 있는 객관적인 문제점에 대한 고객의 지적이라 할 수 있다. 고객에게 제공된 음식에 머리카락, 수세미 등 기타 이물질이 들어있는 경우, 필요한 식기류 제공이 안 되었을 경우, 주문한지 꽤 오랜 시간이 지났는데도 메뉴가 안 나왔을 경우 등 매장에 들어서면서부터 식사를 하고 나가서까지 고객이 업소를 이용할 때와 식사를 하는 데 있어서 불만 사항에 대한 수정사항 및 배상 요구의 의미가 더해진다.

② **컴플레인**(Complaint)은 고객의 주관적인 평가로, 불만족스러운 메뉴 및 서비스에 대한 불평을 전달하는 것을 의미한다. 즉, 고객의 감정이 개입된 것으로 직원의 태도가 불친절하다고 지적하는 것이다. 같은 상황의 문제라고 하여도 클레임으로 발생하느냐, 컴플레인으로 이어지느냐는 고객의 성향에 따라 예기치 못한 상황에 따라 발생한다. 따라서 문제가 발생하면 적재적소에 따라 빨리 해결함과 동시에 직원이 진심으로 사과하는 마음을 전달해야 한다(자료 출처: 월간 식당).

(2) 고객 불만의 중요성

고객의 컴플레인을 이해함으로써 고객에 대한 정확한 사실을 얻을 수 있다.

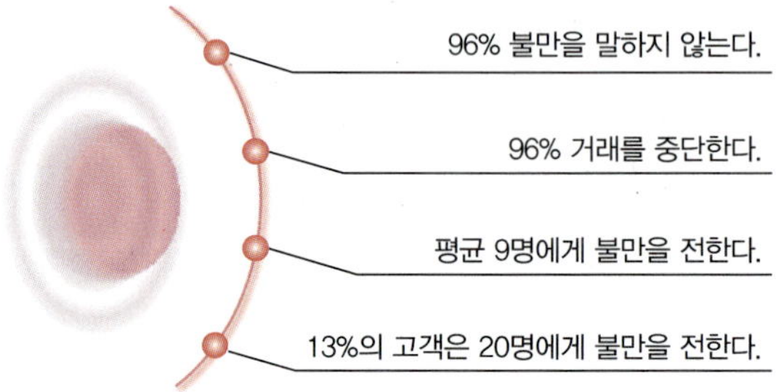

• [그림 3-16] 불만고객의 반응(자료 출처: 미국 TRAP 조사) •

첫째, 불만은 고객이 무엇을 원하는지 가르쳐 준다. 아무리 고객서비스를 잘하고 있어도 내가 알지 못하는 부족한 부분이 있기 마련이다. 따라서 고객의 소리에 귀 기울이는 노력이 필요하다.

둘째, 불만을 표현하지 않는다고 제공된 서비스가 고객이 만족하였다고 생각할 수 없다. 보편적으로 불만족한 고객의 91% 이상은 말없이 떠난다. 즉, 불평하지 않는 고객의 생각을 파악하여 개선하려는 노력이 필요할 것이다. 이렇게 고객의 불평을 적극적으로 개선하고, 처리하는 기업만이 얻을 수 있는 커다란 보상은 재구매와 구전효과이다.

고객의 불만은 매우 다양하게 존재하며, 종업원은 고객 불만에 대해 신속하게 대응하여 처리할 수 있어야 한다. 만약 불만을 느낀 고객에게 고객이 만족할 만한 수준으로, 즉시 바로잡지 못하거나 적절한 대응조치를 하지 않는다면 이들에게 재방문을 기대하기란 힘들 것이다.

1) 부정적 구전의 2가지 편향성

① 좋은 것보다 나쁜 것을 더 전달하려는 심리가 있다(평균 3배).

② 듣는 사람으로서 좋은 구전보다 나쁜 구전에 더욱 귀 기울인다.

2) 고객 불만관리의 필요성

① 총 매출의 65% 이상은 반복 구매고객에 의해 만들어진다.

② 신규고객 확보를 위한 비용보다 기존고객 유지비용이 적게 든다.

③ 불만이 해결되지 않는 한 고객들은 다시 오지 않는다.

④ 불만이 해결될 경우 고객은 다시 돌아온다.

차별화된 고객 불만관리를 통해 소비자들의 부정적인 인식을 긍정적으로 전환함으로써 불만고객을 충성고객으로 전환하여야 한다.

(3) John Goodman의 법칙

모든 고객에게 100% 완벽히 만족을 주는 제품과 서비스란 없으며, 고객의 불만은 필연적으로 발생하기 마련이다. 미국 정부 자문기관으로 고객만족에 대한 유의미한 연구자료를 발표한 기관으로 TARP(Technical Assistance Research Program)사의 회장이었던, John Goodman은 서비스 경영뿐 아니라, 모든 분야의 시장에서 고객 불만족의 결과가 기업에 어떠한 작용을 하는지 명확한 개념을 세웠다.

기업이 고객의 불만을 어떻게 관리하느냐에 따라 불만고객을 충성고객으로 만들 수 있고, 다른 불만고객을 양산할 수도 있다. 연구 결과에 따르면 100달러 이상의 제품에 대해 불만이 있으면서 불만을 제기하지 않았던 고객이 같은 회사의 상품을 다시 구매할 확률은 불과 9%이다. 이에 비해 고충을 제기한 고객 가운데 문제가 해결된 경우 재구매율은 82%의 결과를 보인다(TRAP 리서치).

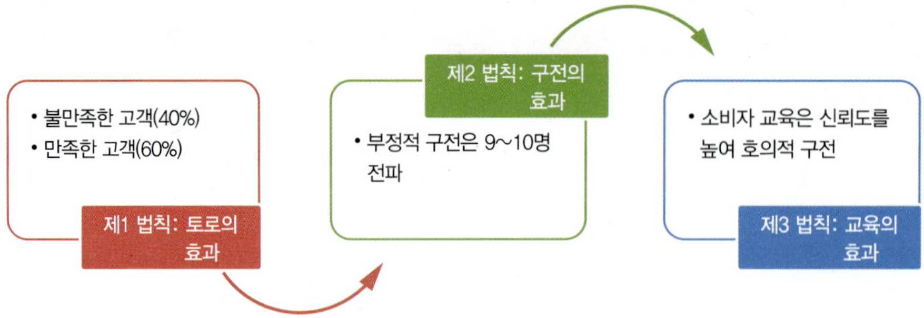

• [그림 3-17] John Goodman의 법칙 •

1) 제1 법칙: 토로의 효과

자신의 불만을 해결하여 만족하게 된 고객은 불만을 느끼고 있지만 토로하지 않는 고객에 비해 동일 브랜드를 재구매할 가능성이 매우 크다. 불만을 말하지 않는 고객의 90%는 다시 오지 않는다.

① **불만족한 고객**(40%)

- 불만을 말하는 고객(40%)
- 불만을 말하지 않는 고객(60%) → 재구매율(9%)
- 불만고객 중 점포의 대응이 빨라 만족한 고객(82%)
- 불만고객 중 점포의 대응에 불만이 있지만 이해한 고객(46%)

② **만족한 고객**(60%)

2) 제2 법칙: 구전의 효과

불만 처리에 불만을 가진 고객의 비호의적인 구전의 영향은 만족한 고객의 호의적인 구전의 영향에 비해 2배나 강하다. 부정적 구전은 평균 9~10명에게 전파되어 판매를 감소시키며, 호의적 구전은 5명에게 전파한다는 것이다.

3) 제3 법칙: 교육의 효과

소비자 교육은 신뢰도를 높여 호의적 구전을 기대한다.

8. 불만고객의 유형

고객 불만관리는 쉽지 않다. 서비스 일선 현장에서 고객의 불만을 접수하여 처리하다 보면, 정말이지 억지 아닌 억지의 컴플레인을 듣게 되거나 너무나 과하게 요구되는 경우가 많다. 그러나 대부분의 컴플레인은 접객을 하는 종업원이 고객에 대한 무관심이나 소홀함에서 비롯된다는 것을 알 수 있다. 이렇게 불만을 표현하는 고객은 몇 가지로 나누어 볼 수 있다.

(1) 고객 불만 유형

① 직접 컴플레인 고객 유형

직접 불만을 제기하여 기업에 서비스 개선의 기회를 주는 유형

② 수동적, 관망자적 고객 유형

기업에는 어떤 불만도 하지 않고, 기업의 상품과 서비스를 이용하지 않는 유형으로 불만을 속으로 쌓아 두는 유형

③ 주변인 전달 고객 유형

기업에 항의하지 않지만, 주변인들에게 말로써 기업의 나쁜 이미지를 전파하여 주변인의 구매를 막는 유형

④ 행동파 고객 유형

기업에 불만을 제기하여 만족한 결과를 얻지 못하면, 법적 행동이나 대중매체를 통해 소비자들에게 공식적으로 알려 기업에 복수하는 유형이다. 불만족한 경우 불평을 외부에 표출하게 되는데, 이렇게 불평하는 고객의 유형은 크게 3가지로 구분된다.

첫째. 해당 업체에 직접 항의를 한다. 즉, 업소에 직접 배상을 요구한다.

둘째. 친지나 가족, 개인적으로 관계가 있는 소비자에게 자신의 불만 사항을 이야기한다. 즉, 자신과 관련된 소비자에게 경고하거나 구매중지나 구매 보이콧 등 사적인 행동을 취하게 한다.

셋째. 자신과 관계없는 제삼자에게 불만을 토로한다. 예컨대, 공식기관(소비자원, 정부 기관 등)이나 조직(민간단체 등)에 불평을 토로함으로써 자신의 불만을 해소하거나 배상을 요구한다.

(2) 불만족한 고객의 표현

① 애원하며 호소한다.

② 즉각 화를 내기도 한다.

③ 자신의 말을 들어주길 원한다.

④ 대단히 공격적인 상태가 많다.

⑤ 금전적 손해를 보상받기를 원한다.

⑥ 보상거절에 대한 불안 심리도 있다.

⑦ 상담원이 자신의 문제를 해결할 것을 믿는다.

⑧ 자신의 구매행위 실수에 대한 자책감이 있다(화난 상태).

⑨ 관련된 법규나 전문가와 상의한 후 상담을 요구하는 경우가 많다.

⑩ 병원치료 실수의 경우 신체적, 정신적 피해와 후유증에 대한 과민반응도 있다.

(3) 감정적 고객의 표현

① 선동하는 태도를 보인다.

② 이메일에 욕설부터 퍼붓는다.

③ 전화를 걸자마자 화부터 낸다.

④ 화를 표출한 후에는 허전하거나 후회하는 경향이 있다.

⑤ 문서 상담에서도 불쾌한 표현, 결례되는 어휘를 사용한다.

⑥ 문제해결이 잘못되면 대표자(관리자)를 찾고 매스컴에 고발하는 등 문제를 확대하기 쉽다.

(4) 고객 불만 대처 방법 8가지 단계

1) 경청

① 선입관을 버리고 문제를 파악한다.

② 고객의 항의에 경청하고 끝까지 듣는다.

2) 감사와 공감 표시

① 고객의 항의에 공감을 표시한다.

② 일부러 시간을 내서 해결의 기회를 준 것에 감사의 표시를 한다.

3) 사과

① 잘못된 부분에 대해 정중하게 사과한다.

② 고객의 이야기를 듣고 문제점에 대해 인정을 한다.

4) 해결 약속

① 문제의 빠른 해결을 약속한다.

② 고객이 불만을 느낀 상황에 관해 관심과 공감의 표현을 한다.

5) 정보파악

① 문제해결을 위해 꼭 필요한 질문으로 정보를 얻는다.

② 해결 방법이 어려우면 고객에게 어떻게 해주면 좋을지 묻는다.

6) 신속처리

① 잘못된 부분을 신속하게 바로잡는다.

7) 처리확인과 사과

① 불만 처리 후 고객에게 처리결과에 만족하는지 확인한다.

8) 피드백

① 해결방안을 모색하고 고객의 동의를 구하라.

② 불만에 대하여 고객에게 감사함을 표하라.

③ 고객의 불만을 이해하였음을 표현하라.

④ 불만의 내용을 정확하게 질문하고 기록하라.

⑤ 고객의 말에 주의 깊게 경청하고 공감을 표현하라.

⑥ 고객 불만 사례를 회사 및 전 직원에게 알려 다시는 같은 문제가 발생하지 않도록 한다.

여기서 중요한 한 가지는 고객을 이해하려는 마음과 태도가 무엇보다 우선이라는 것을 생각해 보아야 한다.

(5) 고객 불만을 통한 서비스의 개선

1) 서비스 문제의 원인파악

① 고객 불평을 모니터링한다.

② 고객만족 조사를 시행한다.

③ 서비스 과정을 모니터링한다.

2) 문제의 효과적 해결

(가) 인적 요소 배양

① 종사원들을 보상한다.

② 종사원들을 지원한다.

③ 종사원에게 재량을 준다.

④ 만회를 위해 종사원들을 훈련한다.

(나) 고객 희생을 보상한다.

(다) 만회 경험으로부터 배운다.

① 근본 원인분석을 수행한다.

② 서비스 과정 모니터링을 수정한다.

③ 문제추적시스템을 구축한다.

3) 서비스에 뭔가 잘못되었을 때

① 문제를 재빨리 해결하라.

② 회복 경험으로부터 학습하라.

③ 회복 기회를 탐지하고 예측하라.

④ 현장에서 고객 문제를 해결하도록 노력하라.

⑤ 문제가 발생하기 전에 미리 예견하고 수정하라.

⑥ 문제가 완전히 해결될 때까지 정정 활동하라.

⑦ 문제가 발생하면 책임을 회피하지 말고 실수를 인정하라.

⑧ 문제를 해결하기 위해 일선 종업원에게 권한을 부여하라.

⑨ 자신의 실수가 아니더라도 진심으로 고객에게 사과하라.

학습정리

· 고객 관계관리(CRM: Customer Relationship Management)는 기존고객의 충성도를 높이는 데 집중하고, 그로 인한 소개고객 유입을 강화하는 관리 전략이다. 신규고객을 지속적으로 획득하고 기존고객을 고정고객과 우량고객으로 확대해 나가야 기업이 성장해갈 수 있다. CRM 측면에서는 고객을 효율적으로 관리하여 고객 스스로 신규고객을 유치하고, 고객 충성도를 높이고 나아가 수익의 극대화를 꾀하고 기존고객의 이탈을 최소화하는 고객관리 방법이다.

· CRM은 분석 CRM과 운영 CRM으로 나누어 구분한다. 분석 CRM의 경우는 고객정보(개인정보 + 구매정보)를 DB로 구축하여 이를 분석하고 광고나 프로모션에 이용하는 것이다. 운영 CRM의 경우는 분석정보를 바탕으로 고객관리 프로그램을 운영하여 고객 충성도에 영향을 미치는 것을 의미한다.

· CRM을 통해 고객 관계관리를 철저히 함으로써 고객의 만족도를 높여 충성도 높은 고객층을 확보하게 되고, 이로 인해 지속적인 재구매가 일어나게 하여 더 안정적인 매출원을 확보하는 선순환적인 기업 활동이 가능해진다.

· 우량화 유지 전략은 기업이 최대한 많은 고객을 확보하기 위한 전략으로 수익기여도를 통한 분석과 고객생애가치분석이 있다.

· 수익기여도분석(RFM)은 Regency: 얼마나 최근에 구매했는가, Frequency: 구매를 얼마나 자주 하는가, Monetary: 구매한 총금액이 얼마인가를 분석하는 것이다.

· 고객생애가치분석(Life Time Value)은 고객이 최초로 기업과의 거래를 시작한 시점부터 거래에 대한 모든 기록을 이용하는 기법으로, 현재까지 누적된 수익가치뿐 아니라 미래의 평생 가치에 대한 예측분까지 합산한 고객의 총 평생 가치 개념이다.

· 데이터마이닝(Data mining)은 데이터베이스로부터 과거에는 알지 못했지만, 데이터 속에서 유도된 새로운 데이터 모델을 발견하여 미래에 실행 가능한 정보를 추출하고 의사결정에 이용하는 과정을 말한다. 즉, 데이터에 숨겨진 패턴과 관계를 찾아내어 광맥을 찾아내듯이 정보를 발견해 내는 것이다. 여기에서 정보발견이란 데이터에 고급 통계분석과 모델링 기법을 적용하여 유용한 패턴과 관계를 찾아내는 과정이다. 데이터베이스 마케팅(또는 분석 CRM)의 핵심기술이라고 할 수 있다.

· 고객만족은 고객의 실제 경험과 기대 간의 불일치로 인해 발생하는 감정과 구매 경험 전의 감정이 결합하여 발생하는 종합적 심리상태로 정의한다. 즉, 사전 기대와 제품성과 간의 불일치는 고객만족과 불만족에 영향을 미치며, 고객만족은 내적 결정요소와 지각된 성과에 기초하여 결정된다.

· 서비스 충성도는 고객들의 미래 재구매 가능성으로 정의하고 있다. 서비스 충성도는 교체 행동을 유발하는 잠재적 상황의 영향과 기업의 마케팅 활동에도 불구하고 미래에 지속적으로 선호하는 제품 또는 서비스를 재구매하거나 후원하는 깊은 결속이라고 정의한다.

· 서비스 충성도가 높은 고객은 세 가지 방법으로 기업의 이익이나 전반적 성공에 영향을 준다. 첫 번째, 제품 및 서비스 재구매를 통해 기업의 이익을 창출한다. 두 번째, 마케팅 및 광고 등의 운영비용을 절감하게 한다. 세 번째, 다른 사람에게 호의적 정보의 확산이나 추천을 한다. 이처럼 서비스 충성도의 중요성과 고객으로부터의 이익에 기초하여 많은 서비스조직이 고객만족을 측정하고 지속적으로 관찰하고 있다.

· Oliver(1999)의 서비스 충성도의 이원화 관점에서 충성도 4단계 통합적 관점이 발표되며 보다 세분되기 시작하였다. 서비스 충성도 개념은 행동적, 태도적 충성도와 실제 충성도와 허위 충성도에 대한 부분을 복합적으로 고려하여, 고객의 충성도는 낮은 수준의 충성도에서 높은 수준의 충성도로 발전하는 단계를 고민하여야 한다는 것을 강조한다.

· 인지적 충성도 단계는 고객 충성도는 제공된 정보제공에 따라 결정되며, 가격, 품질, 이미지 등이 여기에 속한다.

· 감성적 충성도 단계는 일련의 인지적 과정은 감성적 의사결정 이전에 형성된다는 부분을 강조한다. 특정한 제품 또는 서비스에 대한 호의적인 태도는 제품 또는 서비스를 이용한 경험을 통해 만족한 정도에 따라 개발된다.

· 의도적 충성도 단계는 특정 제품 또는 서비스에 대하여 몰입하고 있으며, 긍정적인 감성에 의해 행위적 의도를 가지게 된다. 의도적 충성도 단계의 몰입은 특정 제품 또는 서비스의 재구매에 대한 의도를 의미하며, 이는 재구매에 대한 동기를 강화한다.

· 행동적 충성도 단계는 고객이 재구매에 대한 깊은 의지를 가지며, 습관화되는 방식으로 행동할 수 있다. 즉, 태도와 의도가 행위로 전환될 때 이는 허위 충성도와 반대되는 실제 충성도를 이끈다.

· 서비스품질은 주관적이며, 고객 지향적인 관점에서 접근하고, 제공되는 서비스에 대한 소비자의 전반적인 인식으로 정의할 수 있다. Gronroos(1982)는 지각된 서비스품질이 기대한 서비스품질과 제공된 서비스품질 간의 차이에서 인식된다고 하였다. PZB(1988)는 지각된 서비스품질의 개념은 서비스의 우수성이나 우월성과 연관되고, 이는 고객의 전반적인 판단 또는 태도로 정의한다.

· 품질은 제공된 제품 또는 서비스가 고객의 요구를 만족하게 하는가에 관한 것이며, 일종의 질(Quality)적 대상이고, 양(Quantity)과 대비되는 질(Quality)을 의미하는 개념으로, 품질은 사람마다 느끼는 감정이며, 판단기준이 하나로 통일된 질적 의견을 양적 수치로 나타내는 것은 어려움이 있다.

· 클레임은 어느 고객이든 제기할 수 있는 객관적인 문제점에 대한 고객의 지적이라 할 수 있다.

· 컴플레인은 고객의 주관적인 평가이며, 불만족스러운 메뉴 및 서비스에 대한 불평을 전달하는 것을 의미한다.

PART

4

경영분석 실무

학습개요

기업의 경영은 수입과 지출의 효율적인 관리에서 시작한다. 손익계산서는 수익과 비용 추이를 파악할 수 있어 효율적인 경영이 가능하며, 기업의 성장 가능성을 진단해 볼 수 있는 도구로 활용이 가능하다. 손익계산서의 중점 점검 사항은 총 매출에 대비하여 이익이 얼마나 되는지를 파악하여 향후 내·외부적으로 조절 가능한 부분을 찾아내어 합리적으로 조절할 수 있다. 이를 통해 매출 대비 수익의 극대화를 이끌어내 꾸준한 성장을 만들어 낼 수 있다. 그러므로 손익계산서의 이해와 구성, 손익계산서를 통한 영업분석, 손익분기점, 고정비, 변동비, SWOT 분석기법, 분석기법을 통한 매출관리, 분석기법을 통한 생산성관리에 관하여 학습한다.

BEAUTY SERVICE MANAGEMENT

CONTENTS

PART 4. 경영분석 실무

학습목표

· 손익계산서의 개념과 항목의 구성을 이해하고 영업분석에 적용할 수 있다.
· 경영분석 방법을 통한 경영관리를 분석하고 전략을 수립할 수 있다.
· 손익분기점, 기회비용의 개념과 산출 방법을 이해하고 활용에 적용할 수 있다.
· 고정비와 변동비의 재무분석을 통한 고정경비를 파악하여 리스크 경영에 적용할 수 있다.
· SWOT분석의 개념과 원리를 이해하고 경영분석에 적용하여 활용할 수 있다.
· 생산성 진단을 통하여 효율성, 직원 근무환경 개선, 직무교육, 작업 숙련도 등에 적용할 수 있다.
· 매출원가 분석의 개념을 이해하고 매출 대비 재료비 원가산정을 할 수 있다.

주요용어

손익계산서(Profit and loss statement), 포괄주의, 회계원칙, 수익, 비용, 손익분기점(Break-even point), 고정비(Fixed cost), 변동비, 감가상각비, 금융비, 기회비용, 사업소득 금액, SWOT분석, 매출관리, 매출분석, 고객증감률분석, 생산성 진단, 생산성관리, 과학적 관리법(Scientific management), 호손 실험(Hawthorne experiment), 숙련도분석

생각하기

· 여러분이 생각하는 손익계산서의 작성 방법과 목적에 대해 토의한다.
· 여러분이 생각하는 영업을 잘하는 업소와 그렇지 못한 업소를 구별하는 방안에 대해 토의한다.
· 여러분이 생각하는 리스크 경영을 위해 전략적으로 강화할 방안에 대해 토의한다.
· 여러분이 생각하는 뷰티 서비스업체의 노동생산성을 향상할 방안에 대해 토의한다.

1. 손익계산서(Profit and loss statement)의 이해

한 회계 기간에 발생한 비용 항목과 수익 항목을 기재하여 당해 기간의 손익을 표시한 재무제표이다. 대차대조표가 일정 시점에서 기업의 정적 상태, 즉 정태적 재무제표이며, 손익계산서는 일정 기간 기업의 동적 상태를 표시한 동태적 재무제표이다.

- 이익과 손실을 한눈에 쉽게 알아 볼 수 있도록 나타낸 계산서
- 일정 기간 동안의 경영성과를 보여주는 재무제표
- 일정 기간 동안 발생된 수익, 비용, 이익이 주요 구성 항목
  - ➤ 매출액
  - ➤ 매입액
  - ➤ 고정 관리비 및 일반 관리비

• [그림 4-1] 손익계산서의 기능 •

손익계산서의 기재 방법에는 기업 본래의 기간경영에서 계속하여 발생하는 경상적 손익만을 기재하는 당기업적주의와 1회계연도에 발생 및 발견된 비용·수익은 그 귀속 시기를 묻지 아니하고 모두 귀속시키는 포괄주의가 회계 이론상 대립한다.

손익계산서에는 한 회계 기간에 발생 또는 실현한 모든 손익항목을 기재하는 포괄주의 손익계산서와 경상적이고, 기간적인 손익항목만을 기재하는 당기 업적주의 손익계산서가 있다.

원칙적으로 수익과 비용이 한 회계 기간을 단위로 하여 측정되므로, 그 차액인 이익도 기간적인 것으로 간주한다. 따라서 이익은 일반적으로 한 회계 기간 중의 총수익에서 총비용을 감한 기간 순이익을 뜻한다.

① 기업회계기준에서는 포괄주의를 취한다(기업회계기준 제64조).

② 손익계산서의 양식은 계정식과 보고식이 있으나 기업회계는 보고식이 원칙이다(기업회계기준 제64조 2호).

③ 계정 항목은 기업회계기준에서 상세히 정하고 있다(기업회계기준 제65조 4항).

손익계산서의 의미는 매월 그달의 수입과 각종 비용을 계산하여 이익이 얼마인지, 손실이 난다면 손실이 얼마인지를 정리하는 것이다.

매월 단위로 정리한 계산서를 1년 단위로 모아보게 되면, 1년 동안의 매출 추이를 파악할 수 있고, 그에 따른 효율적인 운영이 가능해진다.

(1) 손익계산서에서 얻을 수 있는 정보

뷰티 서비스업의 경우 매월 단위로 정리한 계산서를 1년 단위로 모아보게 되면, 1년 동안의 매출 추이를 파악할 수 있고, 그에 따른 수익과 비용의 효율적인 운영이 가능해진다. 1년간의 성장성을 평가하고, 향후 성장 가능성을 진단해 볼 수 있는 도구로 활용이 가능하다.

• [그림 4-2] 손익계산서의 정보 기능 •

(2) 손익계산서 작성기준

손익계산서의 작성 방법은 그림 4-3과 같다.

손익계산서

항목			금액	
1	일 매출액		100	제품 및 상품의 매출액입니다. 부가가치세 제외
2	월 매출액		3,000	
3	매출원가 33%		1,000	제품이나 상품을 공급받은 가격으로 계산
4	매출이익(2·3)		2,000	매출액 - 매출원가
	고정비	임대료	300	임대료, 인건비, 수도광열비, 보험료 등
		인건비	500	
		수도, 광열, 가스비	200	
		보험료	50	
		기타 판매관리비	50	
5	고정비 소계		1,100	
6	영업이익(4·5)		900	매출 총 이익·고정비
7	영업외수익		100	영업과 관련없는 수익으로 수입이자, 잡이익 등
8	영업외손실		100	영업과 관련없는 비용으로 지급이자, 잡손실 등
9	경상이익(6+7·8)		900	

• [그림 4-3] 손익계산서 작성 방법 •

손익계산서의 작성은 계정과목별 차변과 대변에 위치한다. 수익은 차변에 위치하고 비용은 대변에 위치하여 남은 금액은 순이익과 순손실로 처리한다.

• [표 4-1] 손익계산서 계정과목 •

손익계산서							
계정과목	차변	대변	합계	계정과목	차변	대변	합계
I. 매출액				16. 판매수수료			
II. 매출원가(1 + 2 - 3)				17. 대손상각비			
1. 기초상품(제품)재고액				18. 소모품비			
2. 당기 매입액(제조원가)				19. 인적용역비			
3. 기말상품(제품)재고액				20. 기타			
III. 매출 총이익(I - II)				V. 영업손익(III - IV)			
IV. 판매비와 일반관리비				VI. 영업 외 수익			
1. 급여와 제수당				1. 고정자산 처분이익			
2. 퇴직급여(충당금 포함)				2. 이자수익			
3. 의약품비				3. 판매장려금			
4. 복리후생비				4. 국고보조금			
5. 여비교통비				5. 제준비금 환입액			
6. 제세금과공과				6. 기타			
7. 임차료				VII. 영업 외 비용			
8. 보험료				1. 고정자산 처분손실			
9. 감가상각비				2. 이자비용			
10. 수선비				3. 기부금			
11. 접대비				4. 재해손실			
12. 광고선전비				5. 제준비금 전입액			
13. 운반비				6. 기타			
14. 차량유지비				VIII.당기순손익(V + VI - VII)			
15. 지급수수료							

1) 손익계산서의 항목별 요소

Ⅰ. 총매출액(1 + 2 + 3)

1. 서비스 매출(미용 서비스에 대한 매출)
2. 제품 판매 매출(제품 등을 판매한 매출)
3. 기타 매출 (미용 서비스 이외의 부가적인 매출)

Ⅱ. 매출원가(1 + 2)

1. 서비스 매출 재료비(재료비, 단위당 인건비, 그 외 소모품비 등)
2. 제품 판매 원가(제품의 매입가격, 매입가격 + 이윤= 판매가격)

Ⅲ. 매출 총이익(Ⅰ - Ⅱ)

Ⅳ. 판매비와 일반관리비(고정비와 변동비로 구분)

1. 급여와 제수당(기본급 + 인센티브, 제품판매수당, 각종 포상금 등)
2. 퇴직급여(충당금 포함, 개인 사업자의 경우 실시하지 않지만, 퇴직금 적립금)
3. 복리후생비(회식비 등)
4. 여비교통비(공무를 위해 움직일 때 지급, 퇴근이 늦은 직원에게 택시비 지급 등)
5. 세금과공과(납부 예상 부가세, 전기요금, 수도요금, 관리비 등)
6. 임차료(점포의 월세)
7. 보험료(사업 시 가입하는 보험으로 화재보험, 영업배상 책임보험 등)
8. 감가상각비(시설 및 기구의 사용으로 가치하락분을 비용으로 처리하여 적립)
9. 수선비(시설의 보수나 개선 등에 드는 비용)
10. 접대비(영업의 활성화를 위해 접대가 필요할 때, 아파트 부녀회원의 행사에 찬조)
11. 광고 선전비(광고 및 홍보에 쓰이는 비용)
12. 운반비(원자재의 운반이 필요한 경우 그에 따른 비용)
13. 차량 유지비(업무용 차량을 보유한 경우 유류비, 보험료, 차량 보수비 등)
14. 지급수수료(미용실의 경우 제외 항목)
15. 판매수수료(미용실의 경우 제외 항목)
16. 대손상각비(미래에 손해를 볼 경우를 대비해 준비하는 자원, 외상 매출금 등)

17. 소모품비(일회성이나 단기간 내에 교체 또는 재구매해야 하는 재료 등)

18. 기타(그 외의 지출)

Ⅴ. 영업손익(Ⅲ - Ⅳ) (매출금에서 재료비, 인건비, 각종 비용을 공제함)

Ⅵ. 영업 외 수익

1. 고정자산 처분이익(보유한 자산의 처분으로 발생한 이익)
2. 이자수익(감가상각비나 퇴직급여, 대손상각비 등의 예금으로 발생한 이자수익 등)
3. 판매 장려금(직원에게 제품 판매 시 지급하는 수당)
4. 국고보조금(미용실의 경우 제외)
5. 제준비금 환입액(미용실의 경우 제외)
6. 기타

Ⅶ.영업 외 비용

1. 고정자산 처분손실(보유한 자산의 처분으로 발생한 손실)
2. 이자 비용(차입금이 있을 시 지급하기로 된 이자 부분, 금융비 등)
3. 기부금(특정 단체에 기부한 경우 영수증을 첨부하면 연말정산 시 공제대상)
4. 재해손실(화재, 태풍 등으로 인한 피해가 발생할 때 입은 손실)
5. 제준비금 전입액(미용실의 경우 제외)
6. 기타

Ⅷ. 당기 순손익(Ⅴ + Ⅵ - Ⅶ, 주된 영업의 손익 + 그 외 손익)

알아두면 좋은 정보

- 자기자본이익률(Return On Equity; ROE)은 당기순이익을 대차대조표에 있는 자본 총계로 나눠서 나오며, 한국의 증권거래소 상장기업의 평균 ROE는 14% 정도이다.
- 총자산순이익률(Return On Assets; ROA)은 기업의 총자산으로 당기순이익이 얼마나 올랐는지 가늠하는 지표이다. 즉, ROE는 투입한 자본 대비 수익, ROA는 부채를 포함한 기업의 총자산을 얼마나 효율적으로 활용해서 이익을 냈는지 알 수 있다.

- 투자자본수익률(Return on Investment; ROI)은 투자 대비 얼마의 이익을 얻었냐는 것이다. 투자금과 비교하면 효율적인 수익성을 높이는 데 사용된다.
- 주가수익비율(Price earning ratio; PER)은 주가를 주당순이익으로 나눈 것이다. 주가가 주당순이익의 배율이 얼마인가를 나타내는 지표이다. 따라서 PER이 낮을 때 해당 회사가 거둔 이익에 비해 주가가 낮고, 그에 따라 기업의 가치에 비해 주가가 저평가되어 있다는 의미로 볼 수 있다. 반대로 PER이 높으면 거둔 이익에 비해 주가가 고평가되었음을 의미한다.
- 주가순자산비율(Price to Book Ratio; PBR)은 주가를 주당순자산으로 나눈 것이다. 만약 주가순자산비율이 1이라면 주가가 순자산의 1배로 팔린다는 의미이며, 주가순자산비율이 100이라면 주가가 순자산의 100배로 팔린다는 것을 의미한다.
- 영업이익률은 매출액에서 발생한 영업수익에 대한 영업이익의 비율로 영업 활동의 수익성을 나타낸다. 총매출액에서 매출원가를 감산한 것이 매출총이익이고, 다시 관리비와 판매비용을 제한 것이 영업이익인데 이의 총매출액에 대한 비율이 영업이익률이다.

(3) 손익계산서를 통한 영업분석

손익계산서의 중점 점검 사항은 총매출에 대비하여 이익이 얼마나 되는지를 파악하여 향후 내·외부적으로 조절 가능한 부분을 찾아내고, 늘일 부분과 줄일 부분을 적절히 조절할 수 있다. 이를 통해 매출 대비 수익성의 극대화를 끌어내 꾸준한 성장을 만들어 낼 수 있다.

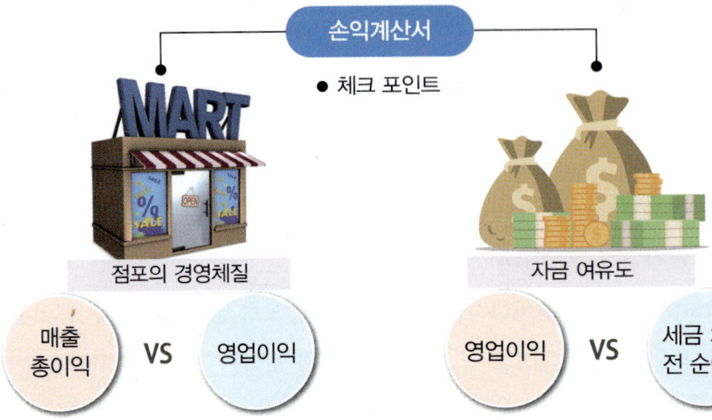

• [그림 4-4] 손익계산서 점검 사항 •

개인 사업자의 경우 법인과 달리 규모의 한계로 인해 회계 정리를 명확히 정리하지 못하는 것이 현실이다. 그러나 매일 매일 수입과 지출을 기재하여 한 달 단위로 모아서 검토하고, 다음 달의 계획을 수립하여 실행하는 것이 중요하다.

뷰티 서비스업을 운영하는 경영자는 매일 임의로 작성하고 있다. 이를 좀 더 자세히 작성하여 일정 기간의 성과를 파악할 수 있으므로 손익계산서를 작성하는 것은 실익이 크다는 것을 알 수 있다.

2. 경영분석의 이해

(1) 고정비(Fixed cost)와 변동비

1) 고정비

고정비는 일정 기간 영업 활동(생산자는 조업도, 판매자는 매출액)과 관계없이 항상 일정액으로 발생하는 원가로 고정자산의 감가상각비나 경영자의 급여, 보험료, 제세공과, 임차료 등이 이에 속한다. 고정비는 일정한 기간 내에 일정한 조업도의 범위 내에서만 고정적이다.

고정비의 경우에 관련 범위 내에서 그 발생액은 항상 일정하므로 판매량(조업도)이 증가하면 할수록 부담되는 단위 원가는 감소하게 된다. 대량생산의 경우 규모의 경제가 있다고 하는 것은 생산량이 증가할수록 생산량 단위당 부담되는 고정비의 크기가 이처럼 감소하기 때문이다. 뷰티 서비스업의 경우 시간당 생산량이 많아지게 되면, 고정비가 감소하여 이익률이 높아지게 된다. 그러므로 직원들의 작업시간을 표준화할 필요가 있다.

2) 변동비

판매량(생산량)의 증감에 따라 변화되어 발생하는 비용을 말한다. 변동비의 주요 항목은 재료비, 부분품비, 위탁가공비 등이 있으며, 뷰티 서비스업에서는 펌, 염색할 때 쓰이는 재료비, 각종 시술을 위해 사용하는 전기요금, 수도요금 등이 된다.

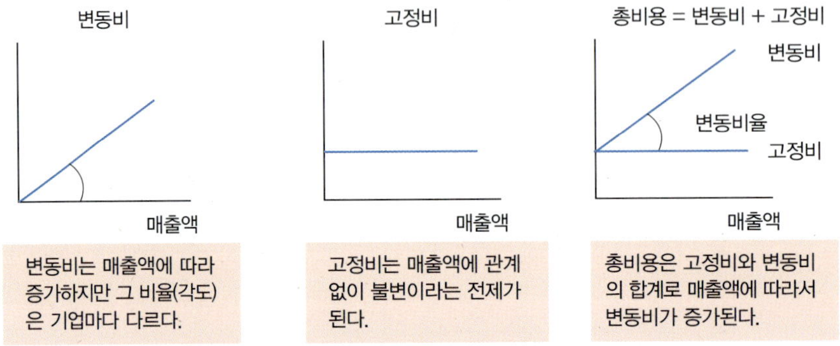

• [그림 4-5] 고정비와 변동비 •

(2) 손익분기점(Break-even point)

일정 기간의 매출액과 그 매출을 위해 소요된 모든 비용이 일치되는 점을 말하며, 투입된 비용을 완전히 회수할 수 있는 매출액이 얼마인가를 나타내는 것이다. 다시 말해 손익분기점은 사업을 하여 일으킨 매출에서 필요비용 등을 제외하고 남은 금액이 없을 시점, 즉 0이 되는 기점을 의미한다(총매출에서 각종 비용과 공제대상 등을 빼고 남는 것이 0일 때 이익도 없고 손해도 없는 지점을 손익분기점이라 한다).

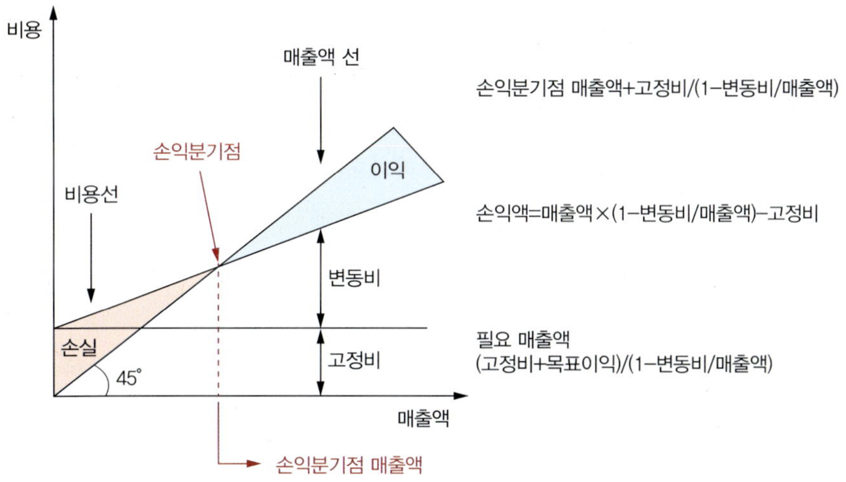

• [그림 4-6] 손익분기점 •

손익분기점 산출 시 비용을 조업도와의 관련에 따라 고정비와 변동비로 구분하는 것이 중요하다. 손익분기점이 주는 의미는 매출액이 손익분기점 이하일 때 기업이 손실을 보게 되는 것이고, 그 이상이면 이익을 보는 것이다. 손익분기점이 낮을수록 수익성이 높아지고 판매가격의 인상과 고객 수의 증가 또는 비용의 절감으로 손익분기점을 낮출 수 있다.

손익분기점에 영향을 주는 요소로는 판매가, 원가요소의 가격, 원가구성, 생산방법 등이 있다.

1) 손익분기점 산출

어느 김밥집에서 김밥 하나만을 판다고 가정해보자. 김밥 한 줄의 판매가격은 1,000원이며, 김밥 한 줄을 만들기 위해 들어가는 비용은 500원(단위당 변동비용)이다. 김밥집은 매월 1,000,000원의 월세(임대료)를 지불한다.

• 풀이 •

김밥을 전혀 팔지 못하면 손실이 100만 원이다. 김밥 1개를 팔면 매출이익이 500원이며, 손실이 99만 9,500원이 된다. 이때 김밥 1개를 팔아서 변동비를 차감하고 남는 이익을 공헌이익이라 한다. 이는 김밥 2,000개를 팔면 매출이익이 "개당 이익 500원 × 2,000개 = 100만 원"이 되어 고정비용을 줄이는 데 공헌한다. 이때의 매출 수량 2,000개가 손익분기점 매출량이며, 손익분기점 매출액은 1,000원 × 2,000개= 200만 원이다.

매출에는 분명 재료비와 비용이 들어가기 때문에 이 부분까지 고려해야 한다. 미용실의 경우 펌 요금에는 재료비, 인건비, 판매이익이 포함되어야 한다. 이처럼 사업소득 금액을 산출하고 그에 따라 손익분기점을 파악하여 일별, 월별 매출액 목표를 설정할 때 기준으로 활용하게 하며, 분기별로 성과를 점검하여 향후 기업의 성장률을 예측할 수 있다.

(3) 공헌이익(Contribution margin)

공헌이익은 판매 수량의 변화에 따라 변하는 총수익과 총변동비의 차이를 의미한다. 공헌이익이 증가함에 따라 점차 고정원가가 회수되어 이익이 증가하게 된다. 즉, 공헌이익이 고정원가보다 크면 이익이 발생하고, 반대로 고정원가보다 작을 때 손실이 발생한다.

- 영업이익 = 총수익 - 총비용
- 총수익 = 단위당 판매가격 × 생산량
- 총비용 = 고정비 + (단위당 변동비 × 생산량)
- 공헌이익 = 매출액 – 변동비
- 순이익 = 총공헌이익 – 고정비

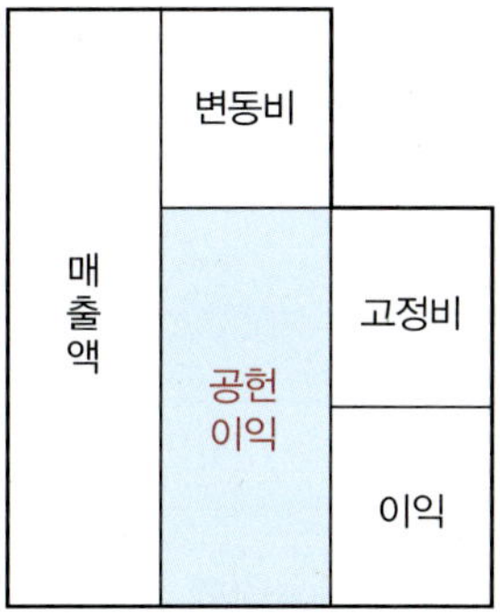

• [그림 4-7] **공헌이익** •

1) 단위당 공헌이익(Unit contribution margin)은 단위당 판매가격에서 단위당 변동비를 차감한 금액으로 판매한 제품 1단위가 고정비를 회수하고 이익을 획득하는 데 얼마나 공헌하였는가를 나타낸다.

$$단위당\ 공헌이익 = 단위당\ 판매가격 - 단위당\ 변동비$$

변동비와 고정비는 매출액의 크기에 비례하여 발생하는 금액이기 때문에 매출이 늘어나면 매출액과 변동비 모두 상승하게 된다. 즉, 많이 팔리는 만큼 부가적으로 들어가는 비용도 늘어나게 된다. 공헌이익에 고정비를 빼면 기업이 얼마를 벌어들였는지 알 수 있는 순이익을 구할 수 있다.

2) 공헌이익률(Contribution margin ratio)은 매출액에 대한 공헌이익의 비율을 말하며, 매출액 중에서 몇 %가 고정비를 회수하고 이익을 획득하는 데 공헌하는가를 나타낸다.

$$공헌이익률 = \frac{공헌이익}{매출} = \frac{단위당\ 공헌이익}{단위당\ 판매가격}$$

3) 변동비율(Variable cost ratio)은 매출액에 대한 변동비의 비율로서, 매출액 중에서 몇 %가 변동비인가를 나타낸다.

$$변동비율 = \frac{변동비}{매출액} = \frac{단위당\ 변동비}{단위당\ 판매가격}$$

4) 공헌이익률 산출

다음 예제를 같이 확인해 보자. 판매가격: 800원, 변동원가: 500원, 고정원가: 450,000원일 때 공헌이익률은 얼마인가?

공헌이익률: (800 - 500)/800 = 0.375(37.5%)

• 설명 •

공헌이익률은 단위당 판매가격에서 단위당 가변비용을 뺀 금액을 단위당 판매가격으로 나눈 값을 의미한다.

❖ 다음 표에 있는 공헌이익을 통한 제품별 매출액과 총매출액을 구해보자.

항 목	A 제품	B 제품	C 제품
단위당 판매가격	₩120	₩100	₩150
단위당 원가변동비	₩72	₩70	₩120
원가 고정비: ₩40,000			
매출 구성 비율	A 제품	B 제품	C 제품
	50%	20%	30%

① **단위당 공헌이익 = 단위당 판매가격 – 단위당 변동비**

② **제품 공헌이익률 = 단위당 공헌이익 / 단위당 판매가격**

③ **가중평균 매출 배합**(Sales mix)은 각 제품의 공헌이익률을 먼저 구하고, 매출액 대비 비율로 곱한 후의 합으로 계산한다.

④ **매출 배합**(Sales mix): 여러 제품을 판매하는 경우 총매출액에서 각 제품 매출액이 차지하는 상대적 비율로 제품마다 공헌이익이 다를 경우 매출 배합에 따라 순이익이 달라진다.

- A 제품 공헌이익률은 48/120 = 40%
- B 제품 공헌이익률은 30/100 = 30%
- C 제품 공헌이익률은 30/150 = 20%
- A 매출 배합은 5/10 = 0.2

• B 매출 배합은 2/10 = 0.06

• C 매출 배합은 3/10 = 0.06

⑤ ABC 제품의 가중평균 매출 배합(Sales mix)은 위 식의 합계 0.32(32%)이다.

⑥ 이익을 달성하기 위한 총매출액은 (총고정비+이익)/가중평균 매출 배합으로 계산한다.
(40,000 + 12,000)/0.32 = 162,500원이다.

⑦ 각 제품의 매출액은 매출구성비로 계산한다.

• A 제품 162,500 × 5/10 = 81,250

• B 제품 162,500 × 2/10 = 32,500

• C 제품 162,500 × 3/10 = 48,750

(4) 감가상각비

감가상각비는 고정비로 어떠한 시설·기계(재화)를 사용함에 따라 가치가 하락하게 되는데, 이를 매달 비용으로 보아 금액으로 환산하여 비용으로 처리한다(손해보험협회에서 뷰티 서비스업의 경우 인테리어 시설과 기자재 등의 사용연한, 즉 수명을 5년으로 간주함으로써 그에 따라 사용연한을 60개월로 보고 계산한다).

총 투자된 시설비와 기자재비용을 매달 1/60을 비용 처리한다. 감가상각비는 비용으로 처리하지만, 외부로 지출하는 것은 아니다. 비용 처리한 부분은 별도로 적립식으로 적립하고 60개월 후 모든 시설과 기자재가 사용연한을 다했을 때 재투자비용으로 사용한다.

> 총시설비 ÷ 60개월(평균 사용수명: 5년)

(5) 금융비(대출금에 대한 이자비용)

은행 대출 시 적용받는 금리(연 %)를 기준으로 계산한다.

예 5,000만 원을 대출할 경우 대출 금리 6%일 때 1년에 300만 원, 대출금에 대한 이자는 300 ÷ 12 = 25만 원이다.
소득산출을 할 때는 한 달로 계산하는데 대출금 총액 × 대출 금리 ÷ 12개월로 계산한다.

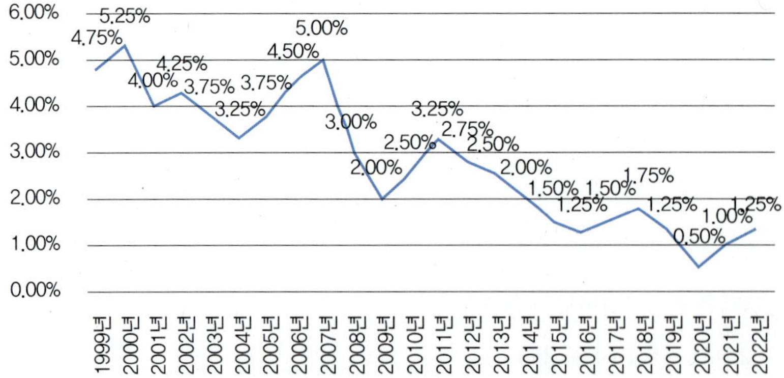

• [그림 4-8] 은행 금리(자료 출처: 한국은행) •

(6) 기회비용

기회비용은 여러 선택 중에서 한 가지를 선택했을 때 포기한 대안 가운데 가장 좋은 한 가지의 가치를 뜻한다. 경영자가 자본을 기업에 투자함으로써 얻어지는 이윤은 기회비용인 예금이자보다 많아야 한다. 만약 반대의 상황이라면 돈을 은행에 예치하는 편이 나을 것이기 때문이다.

경제학에서는 회계비용(Accounting cost)뿐만 아니라 기회비용을 고려하여 반영하여야 한다. 한정된 생산요소를 가지고 다양한 선택의 기회가 존재한다. 예를 들어, 어떤 두 가지 사업계획 중 하나를 선택했다고 가정한다면, 포기한 다른 하나에서 얻을 수 있는 이익의 평가액(기회비용)이라고 한다. 여러 선택방안 중에서 한 가지를 선택했을 때 포기한 대안 가운데 가장 좋은 한 가지의 가치라고 말할 수 있다.

기회비용: 어떠한 기회를 획득하기 위해서 발생하거나 손실되는 부분을 비용으로 처리한다.

• 풀이 •

총자본 3억 원, 차입금 1억 원, 순자본(자기자본) 2억 원, 예금 금리 4%로 가정할 때, 2억 원 × 4%= 800만 원(1年), 800만 원 ÷ 12 = 666,000원은 사업을 하지 않고 내 자산을 은행에 맡겨 놓으면 이자를 보장받지만, 사업을 위해 투자함으로써 은행으로부터 안정적으로 보장받을 수 있는 이자 부분을 포기하였기 때문에 이 부분을 회계상 비용으로 처리하는 것이다. 단, 영업 규모에 따라 생략할 수 있다. 비용으로 처리하지만 외부로 지출되거나 누구에게 지급하는 것이 아니며 통상적으로 별도의 예금으로 적립한다.

(7) 사업소득

사업소득은 단순히 총매출에서 각종 비용을 공제하고, 남은 금액이 아니라 자기 임금까지 공제 후 남은 금액이 사업소득이라 할 수 있다. 이는 사업을 하였기 때문에 얻을 수 있었던 소득이라는 의미이다.

애초에 사업을 하지 않고 직장 생활을 했더라면 벌어들일 수 있는 것은 급여소득일 것이다. 이에 반해 자기자본에 대해서는 기회비용을 상실하지 않게 된다. 예컨대, 은행 등에 예치했다면 시중금리에 해당하는 이자소득은 가능한 것이다. 이러한 보장된 기회를 버리고 사업을 시작할 때 무엇보다 먼저 고려해야 할 것은 수익성이다.

수익성이 보장된다는 것은 원래 얻고 있던 소득을 대신하거나 초과하여야 한다. 그렇지 않다면 굳이 성공할지 실패할지 모르는 불확실성을 가지고 사업을 할 이유가 없는 것이다. 물론 더는 직장을 다니지 못하고, 실직할 상황에 있는 사람이라면 입장은 달라지지만, 이 경우에도 수익성 검증은 반드시 우선되어야 할 것이다.

수익성을 검증하기 위해서는 상권분석, 입지여건분석, 유동인구 조사, 상권 내 거주인구 수, 지역의 소득수준 등을 조사하고 분석하는 것이다. 이러한 절차를 귀찮고 어렵다는 이유로 간과하게 되면 사업에 성공할 확률보다 실패할 확률이 더욱 높아질 것이다.

흔히들 장사는 운이 따라야 한다는 이야기를 많이 한다(운칠기삼, 運七技三). 여기서 말하는 운이라는 것도 철저히 준비한 자에게 따를 수 있는 것이다. 예를 들어, 수익성이 현저히 떨어지는 점포에 입점해 사업을 시작했다면 분명 한계에 부딪칠 것이다.

사업은 시작단계에서부터 면밀한 검토를 통하여 준비해 나가야 할 것이고, 나아가 운영하는 중에도 항상 주기적인 재검토를 통해서 수익성을 극대화할 필요가 있다. 사업소득을 구하는 것이 중요한가를 반문해보면 꼭 그렇지만은 않다. 하지만 정확한 소득을 알고 있어야 경영을 하면서 실현 가능한 목표를 설정하거나 비용 절감 등의 조정을 원활히 할 수 있게 된다.

월간 얼마의 소득을 얻고 있는지, 비용으로는 얼마나 지출되고 있는지, 고객의 수에 따른 직원의 수는 적당한지, 재료비는 적정수준인지 등을 더 쉽게 파악할 수 있어 효율적인 운영이 가능해질 것이다.

① **총매출:** 일일 매출을 한 달 기준으로 결산할 때 한 달간 벌어들인 총수입을 의미한다.

② **비용:** 영업을 하여 매출을 일으키는데 소요되는 모든 것들을 비용이라 하고, 이를 매출에서 공제한다.

③ **고정비:** 고객의 수가 증가하거나 감소하는 것과 관계없이 고정적으로 나가야 하는 비용, 즉 임대료, 인건비, 금융비(대출 이자) 등이 있다.

④ **변동비:** 고객의 수가 증가하거나 감소할 때 그에 따라 변동이 되는 비용이며, 고객의 수나 매출 증감에 따라 달라지는 비용은 공과금, 재료비 등이 있다.

⑤ **자기 임금:** 창업자 스스로가 자신에게 주는 임금을 의미하며, 법인의 경우 법인의 대표자도 회사로부터 급여를 받는다. 이와 마찬가지로 개인사업자도 회사가 대표자에게 급여를 지급하는 형태로 회계 처리를 한다.

뷰티 서비스업의 경우 대부분은 고정비와 변동비를 비용으로 처리하고, 남은 부분을 소득으로 보는 경우가 많다.

1) 사업소득 산출

❖ 다음 문제를 계산해 보자.

총자본금 3억 원, 자기자본금 2억 원, 점포 임대 보증금 1억 5천만 원, 점포 임대료 300만 원, 인테리어 및 집기 1억 원, 인건비(디자이너 3명 각 200만 원, 스텝 3명 각 100만 원), 잡비 250만 원(잡비는 고객접대비와 직원 식대 등을 묶어 산정), 재료비 12%, 재료비는 총매출 대비 10~15%가 적정수준이다. 여기에서는 12%로 정한다.

공과금 150만 원, 공과금은 전기, 수도, 관리비 등이며 매달 다르지만, 편의상 지정한다.

자기 임금 300만 원, 회사로부터 대표가 받는 형태를 취하며 여기에는 통상적인 급여 수준에 경영 인센티브를 더하여 산정한다.

- 시중금리: 예금 4%, 대출 6.5%라고 가정한다.

영업일 수 30일, 일일 매출은 85만 원(천 원 미만 절삭)이다. 먼저 일일 매출 850,000원에 영업일 수 30일을 곱하여 총 매출을 구한다. 850,000 × 30= 25,500,000.

비용은 고정비와 변동비로 나뉘는데 고정비는 영업 시 고객의 수가 많고 적음에 상관없이 고정적으로 지출되어야 하는 것을 말한다. 임대료와 인건비, 차입금이 있다면 그에 따른 금융비가 여기에 속한다. 변동비는 고객 수에 비례하여 많아지거나 적어질 수 있는 것을 말한다. 재료비와 공과금, 잡비는 여기에 속한다.

- 고정비: 인건비 9,000,000, 임대료 3,000,000, 금융비(100,000,000 × 0.5%) ÷ 12 = 541,000.

- 변동비: 재료비(25,500,000 × 12% = 3,060,000), 잡비 2,500,000, 공과금 1,500,000.
- 감가상각비: (100,000,000 ÷ 60 = 1,666,000), 시설과 집기를 사용연한 5년으로 나눠 비용으로 처리하고 적립한다.
- 기회비용: (200,000,000 × 4% ÷ 12 = 666,000), 순수 자기자본에 대한 은행 예금이자에 해당한다.
- 자기 임금: 3,000,000, 통상적인 급여 수준을 책정한다.

위와 같이 각각 구한 금액을 총매출에서 모두 공제해주고 남은 금액이 사업소득이 된다.

- 25,500,000 - 9,000,000 - 3,000,000 - 541,000 = 12,959,000(여기까지 고정비).
- 12,959,000 - 3,060,000 - 2,500,000 - 1,500,000 = 5,899,000(여기까지 변동비).
- 5,899,000 - 1,666,000 - 666,000 - 3,000,000 = 567,000이라는 금액이 사업소득이 된다.

기업의 월간 손익분기점을 구한다면 얼마가 될까? 아주 간단하게 구한다면 총매출에서 위의 사업소득 금액을 빼면 된다. 22,500,000원 - 67,000원= 21,933,000원이 된다. 즉, 이 기업은 한 달간 21,933,000원의 매출을 올려야 최소한 적자가 나지 않는다. 물론 이익도 나지 않지만 적어도 기업을 계속 운영할 수 있는 기본적인 여건은 마련되어 있다고 해석할 수 있다.

(8) 점포의 체질분석

점포의 체질분석, 즉 수익과 비용의 구조 또는 매출 총이익과 영업이익을 통하여 바람직한 영업 방향을 제시하는 방법이다.

① **이익 체질형**은 매출도 높고, 그에 따른 이익도 많은 경우이다. 물론 이러한 점포는 직접 방문해 보면 그럴만한 이유가 분명히 있다. 이런 경우는 소위 돈 잘 버는 점포인 것이다.

② **내부관리형**은 상대적으로 매출은 적지만, 내부적으로 비용의 효율적 배분 등을 통하여 매출 대비 이익을 극대화하는 점포이다. 이러한 점포의 특징은 대표가 관리능력이 탁월한 경우이다. 예를 들어, 은행에서 근무한 경력이 있는 경우 또는 기업의 관리부 또는 총무부에 근무한 경력이 있는 경우가 많다.

③ **방만 경영형**을 보면 매출은 많은데, 실제 이익은 현저히 적은 경우이다. 이런 점포의 특성은 대표의 자금관리능력 부재와 비용의 적정성을 평가해 보지 않는다는 것이다. 이러한 경우는 경영개선을 시급히 해야만 살아남을 수 있는 경우이다. 만약 스스로 해결하지 못한다면 외부에서 전문 컨설턴트의 컨설팅 등을

통해 도움을 받는 것도 아주 유용한 방법이 될 것이다.

④ **만성 적자형**의 경우는 매출도 적고, 이익도 적은 경우이다. 이런 경우는 10중 8~9는 시급히 점포를 정리하는 것이 바람직할 것이다. 외부적인 요소로 인한 매출 부진의 경우, 이를 극복하기가 쉽지 않다. 다만 내부적인 요소로 인한 매출 부진이라면 이를 개선하여 점포를 활성화할 수 있다.

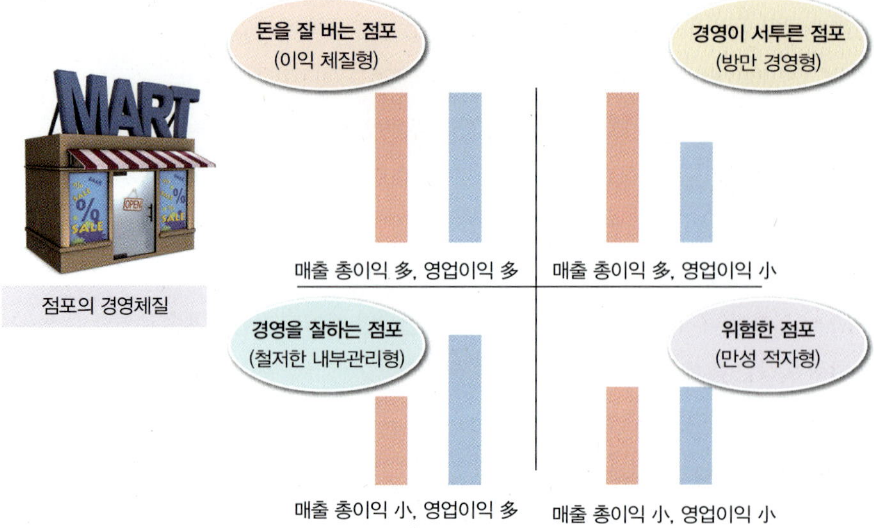

• [그림 4-9] **점포 체질 분석 매트리스** •

(9) SWOT분석

기업의 환경분석을 통해 강점(Strength)과 약점(Weakness), 기회(Opportunity)와 위협(Threat) 요인을 규정하고, 이를 토대로 전략을 수립하는 기법이다. 앞글자를 따서 합성된 단어이며, 다음과 같은 의미를 지닌다.

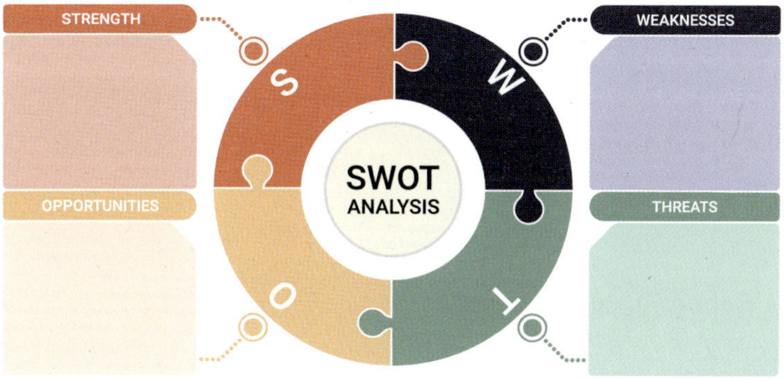

• [그림 4-10] SWOT 분석 매트릭스 •

① **강점**(S): 다른 기업과 차별되는 우위의 내적 역량을 의미한다.

② **약점**(W): 기업의 경쟁업체에 비해 경쟁 열위를 지닌 내적 특성을 의미한다.

③ **기회**(O): 기업에 중요한 편익을 주는 환경과 사건 등을 의미한다.

④ **위협**(T): 기업에 중대한 손상을 주게 되는 환경과 사건 등을 의미한다.

즉, SWOT분석은 환경요인에 대하여 내부 능력요인을 전개함으로써 전략적 대응을 모색하려는 최적의 기법이다.

기업이 당면한 환경 및 상황과 자신의 능력을 파악한 후 대응방안을 모색하기 위한 전략기법이다. 목표와 비전을 함께 고려하여 조직의 강점과 약점, 기회와 위협요인에 대해 지속적으로 분석과 재평가를 하고 반영할 수 있어야 한다.

1) 내부 환경요인

① **강점:** 외부 기회를 이용하거나 위험요소를 최소화하기 위해 사용할 수 있는 보유한 자원 또는 능력을 말한다.

- 다른 기업(또는 경쟁자)과 비교해 월등하게 사업이 확장 가능성이 있는가?

- 리스크를 피하거나 최소화할 전략이 나오는가?

② **약점:** 목표를 달성할 수 있는 능력을 저해하거나 실패를 피하기 위해 극복해야 하는 자원이나 능력의 결핍 등을 의미한다.

- 강점으로 인식되는 것은 무엇인가?
- 약점으로 인식되는 것은 무엇인가?

위의 질문을 통해 요인들을 정리하도록 한다.

2) 외부 환경요인

① **기회:** 기업이나 조직이 사업이나 시장을 확장 또는 개선하기 위해서 조직의 강점을 집중할 수 있는 능력을 말한다.

② **위협:** 경쟁사가 자사의 약점을 이용하기 위해 경쟁사의 장점을 집중할 수 있는 영역을 말한다.

- 유리한 기회의 요인은 무엇인가?
- 불리한 위협의 요인은 무엇인가?

위에 대한 질문을 통해 자사에 영향을 미치는 정보를 기준으로 기회와 위협요인을 구분짓는다.

(10) SWOT분석을 통한 전략 수립

• [표 4-2] SWOT분석의 예시 •

강점 나에 대한 자신의 관점	약점	강점 + 약점에 대한 해결방안
기회 자신이 통제할 수 없는 외부적인 요소	**위험**	**기회 + 위험에 대한 해결방안**
강점 + 기회에 대한 해결방안	**약점 + 위험에 대한 해결방안**	**해결방안**
강점 (예) - 많은 일을 복합적으로 하는 것을 좋아함 - 말솜씨 - 손 압력이 세서 시원함 - 철저한 준비성	약점(예) - 테크닉 미흡 - 손이 차다. - 표정관리가 안 됨	강점 + 약점에 대한 해결방안 - 손을 따뜻하게 하여 고객들이 만족할 수 있게 함 - 언행일치의 노력이 필요 - 테크닉을 키워 더 철저히 준비함
기회(예) - 새로운 아이디어와 많은 홍보 - 재방문 효과 - 시너지 효과 (피부숍 + 웰빙식당)	위험(예) - 경쟁업체끼리 치열한 경쟁 - 불친절한 서비스로 인한 이탈고객 발생 - 비용이 너무 많이 듦	기회 + 위험에 대한 해결방안 - 시너지 효과로 인해 비용이 너무 많이 들므로 최대한 비용 절감 - 고객 확보를 위해 새로운 아이디어를 계획하고 특별한 홍보를 많이 함
강점 + 기회에 대한 해결방안 - 현란한 말솜씨로 재방문하게 함 - 새로운 아이디어와 많은 홍보를 하기 위해서는 철저한 준비가 필요 - 많은 일을 복합적으로 하는 것을 좋아하는 나에게 남들이 하지 않는 시너지 효과를 대체	약점 + 위험에 대한 해결방안 - 표정관리가 되지 않아 이탈고객이 발생할 수 있어 항상 미소를 잃지 않는 표정 유지 - 테크닉도 비슷한 경쟁업체가 많아 경쟁이 치열할 수 있으므로 신기술 연습하기	

1) SO 전략: 공격 전략

강점을 가지고 기회를 살리는 전략, 전략상 가장 유리한 전략이며, 기업이 가진 장점이 있고 외부 환경의 기회를 활용하여 목표를 원활히 달성하는 방안이다.

2) ST 전략: 위험 회피 전략

강점을 활용해 위협을 회피하거나 최소화하는 전략이며, 자신의 강점을 이용하여 시장의 좋지 않은 상태를 극복하는 방안을 말한다.

3) WO 전략: 공격 전략 및 포기 전략

약점을 보완하여 기회를 살리는 전략, 자신이 가지고 있는 불리한 약점을 보완할 것인지 아니면 포기할 것인지에 대하여 결정하는 것이라 할 수 있다. 만약 약점을 보완하는 데 어려움이 있고 그 한계가 있다면 보완을 하기보다 포기하는 것이 효율적이다.

4) WT 전략: 방어 전략

약점을 보완하여 위협을 회피 또는 최소화하는 전략과 약점을 강점으로 최대한 커버하여 위협을 회피하는 전략을 말한다.

위 내용을 중심으로 전략을 수립하고, 각 요인 간의 관계와 중요도를 파악하고 구체적인 전략을 수립할 수 있다. 최종적인 전략선택에서 고려되어야 할 부분은 전략적 중요도가 높고 긴급하게 추진해야 한다. 전략적 중요도가 높고 자원투입 정도가 낮은 전략을 선택하는 것이 바람직하다.

5) SWOT분석 시 3가지 오류

① 기회와 위협 요소에 내부 환경을 포함하는 경우, 기회와 위협은 우리가 통제할 수 없는 요소와 통제할 수 있는 내부 환경을 포함해서는 안 된다.

② 4가지 요소에 가정적인 시나리오를 포함한 경우, IF~~~ (만약~~~한다면)를 가지고 분석하지 말아야 한다.

③ 경쟁 우위적 요소가 아닌 능력을 강점에 포함한 경우, 회사가 잘하고 있는 점, 잘할 수 있는 점을 강점으로 보기는 힘들다.

SWOT분석이 잘못된다면 엉뚱한 방향으로 자원이 집중되고 바람직하지 않은 결과를 가져올 수 있다.

3. 경영분석 실무

(1) 일별 매출분석

살롱을 운영하면서 가장 중요한 것은 자금관리라고 하여도 과언은 아닐 것이다. 기업 활동을 하며 발생하는 매출에 관련된 분석, 그에 따른 영업 활동으로 인하여 발생하는 비용, 재료비, 인건비의 효율성과 생산성 등을 정확하게 분석하고, 관리하는 것은 살롱의 성장에 매우 중요하다.

매출관리는 수입과 지출의 흐름을 알고 영업의 방향과 마케팅 전략을 수립하는 데 있어 가장 기본이 된다.

[매출분석의 예]

총매출이 100,000원, 시술 서비스 매출이 70,000원이며, 리테일 매출은 20,000원, 직원 제품사용은 10,000원, 현금 매출은 시술 서비스 50,000원, 리테일 매출은 15,000원, 나머지 금액은 카드 매출이며, 직원 제품사용은 현금수입이다. 지출금액은 택배비 2,000원, 재료비 30,000원, 제세공과금 15,000원, 직원급여 30,000원, 직원 회식비 8,000원이다. 총매출과 현금잔액 그리고 부가가치세는 얼마인지 구하시오.

1. 시술 총매출 + 점판(리테일) = 총매출액
2. 시술 카드 매출 + 점판(리테일) 카드 매출 = 총카드매출액
3. 지출금액
4. 현금잔액 = 총수입금액 – 총카드매출 - 현금지출 = 현금잔액
5. 부가가치세(VAT)는 얼마인지 구하시오.

(2) 직원별 매출분석

매출에서는 향후 매출의 증감 정도를 예측하여 문제를 분석하는 것이 매우 중요한 부분이라고 생각해야 한다. 매출실적과 매출품목별, 고객 수별 분석을 통한 직원의 문제 원인을 파악하여 개선하는 데 목적이 있다.

[문제 1] 살롱의 디자이너별 고객 수 및 매출액

구분	A 디자이너		B 디자이너		합계	
	고객 수	매출액	고객 수	매출액	고객 수	매출액
커트	5명	2,500	5명	2,500	10명	5,000
드라이	3명	900			3명	900
염색	4명	12,000	3명	9,000	7명	21,000
매니큐어			2명	6,000	2명	6,000
일반 펌	3명	4,500			3명	4,500
세팅 펌	1명	2,000	2명	6,000	3명	8,000
디지털 펌	2명	6,000	2명	6,000	3명	12,000
매직 S/T	1명	3,000			4명	3,000
일반 S/T			2명	3,000	1명	3,000
모발 케어	1명	2,000	2명	4,000	2명	6,000
두피 케어			2명	6,000	3명	6,000
합계	20명	32,900	20명	42,500	40명	75,000

① 서비스 매출품목별 점유비율의 분석하시오.

- 커트: 커트 매출액 5,000 / 총매출액 75,400 = 6.6%
- 드라이: 드라이 매출액 900 / 총매출액 75,400 = 1.1%
- 염색: 염색 매출액 21,000 / 총매출액 75,400 = 27.8%
- 매니큐어: 매니큐어 매출액 6,000 / 총매출액 75,400 = 7.9%
- 일반 펌: 펌 매출액 4,500 / 총매출액 75,400 = 5.9%
- 세팅 펌: 세팅 펌 매출액 8,000 / 총매출액 75,400 = 10.6%
- 디지털 펌: 디지털 펌 매출액 12,000 / 총매출액 75,400 = 15.9%
- 매직 S/T: 매직 S/T 매출액 3,000 / 총매출액 75,400 = 3.9%
- 일반 S/T: 일반 S/T 매출액 3,000 / 총매출액 75,400 = 3.9%

- 모발 케어: 매출액 6,000 / 총매출액 75,400 = 7.9%
- 두피 케어: 매출액 6,000 / 총매출액 75,400 = 7.9%

② **직원별 매출 점유비율을 분석하시오.**

- A 디자이너의 매출 점유비율: 디자이너 매출액 32,900 / 총매출 75,400 = 43.6%
- B 디자이너의 매출 점유비율: 디자이너 매출액 42,500 / 총매출 75,400 = 56.4%

(3) 직원별 고객증감률 분석

신규에서 고정고객으로 고정고객에서 충성고객, 즉 소개고객을 많이 만들어 주는 충성고객으로 만들어가는 것이 살롱을 경영하는 입장에서 매우 중요할 것이다. 고정고객 수가 증가하고, 이탈고객 수가 감소하는 것은 고객만족과 직결하기 때문일 것이다.

[문제 2] 살롱의 직원별 고객 추이

구분	A 디자이너	B 디자이너	C 디자이너	D 디자이너	E 디자이너	합계
	고객 수	고객 수	고객 수	고객 수	고객 수	고객 수
신규고객	5명	8명	0명	4명	30명	47명
고정고객	25명	18명	30명	20명	13명	106명
유동고객	4명	8명	4명	7명	7명	30명
소개고객	12명	3명	26명	10명	2명	53명
합계	46명	37명	60명	41명	52명	236명

살롱의 현재 고객흐름도이다. 위의 자료를 보고 전체 고객 대비 신규, 고정, 유동, 소개고객 비율을 분석하고, 각 디자이너의 고객 유형별 점유비율을 구하고, 신규, 고정, 유동, 소개고객의 최고치에 해당하는 디자이너를 찾고, 최고치와 최저치에 대한 이유를 분석하시오.

① **매장의 총고객 수 대비 고객 유형별 점유비율을 분석**

- 신규고객 점유비율: 신규고객 수 47명 / 총고객 수 236명 = 19.9%
- 고정고객 점유비율: 고정고객 수 106명 / 총고객 수 236명 = 44.9%

- 유동고객 점유비율: 유동고객 수 30명 / 총고객 수 236명 = 12.7%
- 소개고객 점유비율: 소개고객 수 53명 / 총고객 수 236명 = 22.5%

② 매장의 총고객 수 대비 디자이너별 점유비율을 분석

- A 디자이너 고객 점유비율: 고객 수 46명 / 총고객 수 236명 = 19.5%
- B 디자이너 고객 점유비율: 고객 수 37명 / 총고객 수 236명 = 15.7%
- C 디자이너 고객 점유비율: 고객 수 60명 / 총고객 수 236명 = 25.4%
- D 디자이너 고객 점유비율: 고객 수 41명 / 총고객 수 236명 = 17.4%
- E 디자이너 고객 점유비율: 고객 수 52명 / 총고객 수 236명 = 22%

③ 매장의 총고객 수 대비 A 디자이너의 고객 유형별 점유비율을 분석

- 신규고객 점유비율: 신규고객 수 5명 / 총고객 수 236명 = 2.1%
- 고정고객 점유비율: 고정고객 수 25명 / 총고객 수 236명 = 10.6%
- 유동고객 점유비율: 유동고객 수 4명 / 총고객 수 236명 = 1.7%
- 소개고객 점유비율: 소개고객 수 12명 / 총고객 수 236명 = 5.1%
- 고객 점유비율: 19.5%

④ 매장의 총고객 수 대비 B 디자이너의 고객 유형별 점유비율을 분석

- 신규고객 점유비율: 신규고객 수 8명 / 총고객 수 236명 = 3.4%
- 고정고객 점유비율: 고정고객 수 18명 / 총고객 수 236명 = 7.6%
- 유동고객 점유비율: 유동고객 수 8명 / 총고객 수 236명 = 3.4%
- 소개고객 점유비율: 소개고객 수 3명 / 총고객 수 236명 = 1.3%
- 고객 점유비율: 15.7%

⑤ 매장의 총고객 수 대비 C 디자이너의 고객 유형별 점유비율을 분석

- 신규고객 점유비율: 신규고객 수 0명 / 총고객 수 236명 = 0%
- 고정고객 점유비율: 고정고객 수 30명 / 총고객 수 236명 = 12.7%
- 유동고객 점유비율: 유동고객 수 4명 / 총고객 수 236명 = 1.7%
- 소개고객 점유비율: 소개고객 수 26명 / 총고객 수 236명 = 11%
- 고객 점유비율: 25.4%

⑥ 매장의 총고객 수 대비 D 디자이너의 고객 유형별 점유비율을 분석

- 신규고객 점유비율: 신규고객 수 4명 / 총고객 수 236명 = 1.7%
- 고정고객 점유비율: 고정고객 수 20명 / 총고객 수 236명 = 8.5%
- 유동고객 점유비율: 유동고객 수 7명 / 총고객 수 236명 = 3%
- 소개고객 점유비율: 소개고객 수 10명 / 총고객 수 236명 = 4.2%
- 고객 점유비율: 17.4%

⑦ 매장의 총고객 수 대비 E 디자이너의 고객 유형별 점유비율을 분석

- 신규고객 점유비율: 신규고객 수 30명 / 총고객 수 236명 = 12.7%
- 고정고객 점유비율: 고정고객 수 13명 / 총고객 수 236명 = 5.5%
- 유동고객 점유비율: 유동고객 수 7명 / 총고객 수 236명 = 3%
- 소개고객 점유비율: 소개고객 수 2명 / 총고객 수 236명 = 0.8%
- 고객 점유비율: 22%

4. 생산성관리

생산성은 생산량을 산출하기 위해 투입된 노동의 양과 생산량의 관계를 값으로 측정하기 위한 지표이다. 노동생산성은 생산된 부가가치의 총합인 국내총생산(GDP)을 전체 고용자 수로 나눠 산출한다. 예컨대, 노동자 한 명이 얼마를 버는지를 확인하는 척도이다.

산업에서는 산업생산지수 / 노동시간으로 측정한다. 또한 기업에서 생각하는 노동생산성은 생산량에 대한 각종 지표 / 노동시간으로 측정한다. 이 지표에는 매출, 영업이익, 생산량 등이 들어갈 수 있다.

(1) 과학적 관리법(Scientific management)

산업의 발전 초기 생산우위의 시대에서 기업은 생산을 극대화하려는 방법을 모색하였다. 이러한 현상은 경영학의 발전을 가져오는 계기가 되었다.

과학적 관리법은 테일러 시스템(Taylor system)이라고도 한다. 작업과정의 능률을 최고로 높이기 위하여 시간연구와 동작연구를 기초로 노동의 표준량을 정하고, 임금을 작업량에 따라 지급하는 등 여러 가지 합리적인 방법을 연구한다. 이러한 과학적 관리법은 미국의 F.W. Taylor에 의하여 처음으로 제창되었다.

Taylor에 의한 과학적 관리법은 근로자의 노동력에 의존하던 작업관리를 경영자의 과학적인 과업설정이라는 계획적 관리로 전환해서, 노동생산성을 높이고 조직적 태업을 방지하며, 임금문제 해결을 위하여 과학적·객관적인 표준작업량을 설정하여 고효율과 노무비의 절감효과를 만들게 되었다.

Taylor는 생산성 향상을 할 수 있는 기준으로서 과업제도를 구상하였다. 과업제도는 하루의 작업량을 설정하여 작업표준을 결정하는데 기준이 되었다. 또한 성과급제도를 도입하여 과업을 달성할 수 있게 통제를 할 수 있었다. 예컨대, 노동생산성 향상에 따라 근로자는 고임금을 받게 되는 동시에 기업주는 일정 금액에 대한 생산량 증가에 따른 저 노무비의 혜택을 받게 되는 것이다.

Taylor의 과학적 관리법을 발전시킨 H. L. Gantt, H. B. Emerson, Gilbreth 등에 의해 과업의 과학적 설정에 필요한 동작연구, 시간과 동작을 결합한 작업연구, 표준원가에 의한 통제기능의 강화 등 많은 발전이 이루어지게 되었다. 이는 작업자의 노동력을 기계화하여 노동생산성을 높이는 데 지대한 공헌을 이루게 되었다. 그러나 과학적 관리법에 대하여 여러 가지 비판이 나오고 있다. 그 비판들의 중심 내용은 경영철학이다.

Taylor는 노사 간의 문제를 기업 내부의 문제만 해결하면 된다고 보았다는 것과 인간적 측면을 무시하였다는 점이다. 즉, 작업자의 노동력을 기계화하여 노동생산성을 높이는 데 치중하였다는 것이다. 즉, 인간의 심리적, 생리적, 환경적 측면에 대하여 고려하지 않았다는 점이다.

• [그림 4-11] 작업 분업(자료 출처: 방송대 강의 영상) •

과학적 관리법이 생산성 측면에서의 연구라면 이와 반대되는 인간관계와 작업자의 감정, 환경에 의한 관리 이론이 등장하게 되었다.

(2) 호손실험(Hawthorne experiment)

G. E. Mayo(1880~1949) 교수는 호손전기회사 공장에서 일하는 근로자를 대상으로 작업능률 향상에 관한 연구를 하였는데, 이것을 호손실험이라 한다. 연구결과 작업능률을 향상하는 요인들은 작업환경과 임금뿐만 아니라 작업자와의 인간관계임을 확인하게 되었다. 호손실험을 계기로 인간관계에 관한 연구가 이루어지게 되었고, 이후 인간관계론으로 발전, 최근에 와서는 인간행동을 종합적 사고로 연구하는 행동과학으로 발전하고 있다.

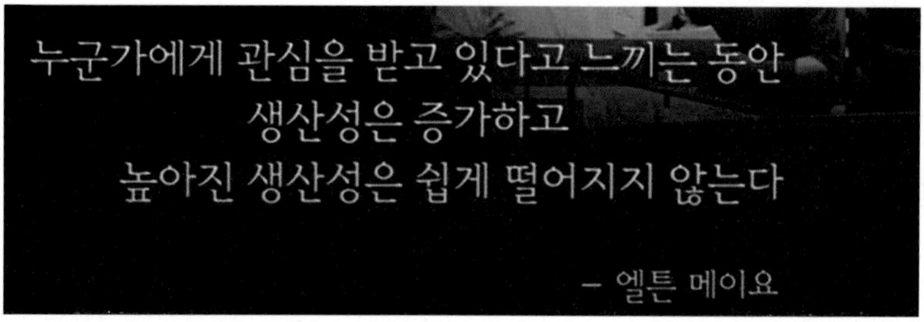

• [그림 4-12] 호손실험(자료 출처: 방송대 강의 영상) •

호손실험은 조명실험, 조립작업실험, 면접실험 등으로 진행하였고, F. Rethlisberger 등이 발표한 것에서도 생산성을 좌우하는 것은 작업시간, 조명, 임금과 같은 과학적 관리법에서 중시한 것이 아니고, 근로자가 자신이 속하는 집단에 대해서 갖는 감정, 태도, 심리조건, 사람과 사람과의 관계, 즉 비공식적인 작용이므로 노동생산성을 향상하기 위해서는 인적 환경을 개선하는 것이 필요하다는 것이다. 그러므로 숙련도라는 것의 이면에는 사람에 의해 서비스가 제공되는 것이므로 작업자의 기분과 감정 상태, 작업장의 환경 등 후생요인이 중요하다는 것을 생각해야 할 것이다. 그 외에도 직원의 직무만족도가 고객서비스에 상당한 영향을 미치게 된다.

(3) 인간관계론

인간관계론(Human relation theory)은 미국의 경제 대공황 이후 과학적 관리론의 한계로 1930년대 경제학에서 개발된 조직이론으로 인간관계론에 공헌한 학자는 행동과학이론의 M. P. Follett이다. 그러나 인간관계론을 처음 제시한 학자는 하버드대학의 경영학 교수인 G. Elton Mayo에 의해 진행된 호손실험을 통해 본격적으로 이론적 틀이 마련되었다.

인간을 기계적으로만 취급하는 것이 아니라 조직 구성원들의 사회적·심리적 욕구와 조직 내 비공식집단 등을 중요하게 생각하며, 조직의 목표와 조직 구성원들의 목표 간의 균형 유지를 지향하는 조직이론으로 참여적 관리방식을 의미한다.

인간관계론은 조직 구성원의 생산성은 물질적인 요인으로만 자극받는 것이 아니라 감정인 사회적, 심리적 요인에 의해서도 영향을 받는다. 이러한 비경제적 보상을 위해서는 대인관계나 비공식적 자생집단 등을 통한 소속감과 같은 사회심리적 욕구 충족이 중요하다.

비경제적 보상을 위해서는 조직 내에서 의사전달 및 참여가 존중되어야 한다. 인간중심적 관리를 중요하게 생각한 인간관계론은 현대 조직이론인 조직인도주의(Organizational humanism)와 행태과학(Behaviorism) 등의 이론적 발전에 영향을 주었다.

(4) 분석기법을 활용한 생산성관리

생산성은 자원이나 노동력 등의 여러 생산요소가 투입된 양과 그것을 이용하여 생산된 산출량의 비율을 나타낸다. 일정한 자원에서 얼마나 많은 부가가치를 낼 수 있는 측정법과 일정한 부가가치를 얼마나 적은 자원으로 낼 수 있는 측정법이 있다.

• [표 4-3] 생산성 진단분석 방법 •

생산성 진단분석의 방법	
직원 1인당 월평균 생산성	매출액 / 직원 수 = 월평균 직원 1인당 생산성(원)
평균 객단가	매출액 / 총 객 수 = 월평균 객단가(원)
직원 1인당 처리객 수	총 객 수 / 직원 수 = 월평균 1인당 고객 처리객 수(인)
월평균 시간당 생산성	매출액 / 영업시간 = 월평균 1인 시간당 생산성(원)
좌석당 시술 매출액	매출액 / 좌석 수 = 월평균 좌석당 매출액(원)
월평균 노동생산성	매출액 / 직원 수 = 월평균 1인당 생산성(원)
매출 대비 사용제품 효율성	사용제품액 / 매출액 = 매출 대비 사용제품 효율성(%)
매출 대비 운영비 효율성	운영비용 / 매출액 = 매출 대비 운영비 효율성(%)
매출 대비 인건비 효율성	인건비 / 매출액 = 매출 대비 인건비 효율성(%)
매출 대비 재료비 효율성	재료비 / 매출액 = 매출 대비 재료비 효율성(%)

생산성은 효율성과 효과성을 함께 추구함으로써 조직이 목표로 하는 성장과 구성원의 행복을 가져오는 개념이다. 효율성은 최소의 투입으로 최대의 산출을 지향하는 양적 측면이며, 효과성은 원하는 목표에 얼마나 도달했느냐는 질적 측면이다.

뷰티 서비스업의 생산성과 효율성을 높여 보다 많은 고객에게 양과 질 좋은 서비스를 제공하여 가성비를 높여야 한다. 이는 살롱으로 방문한 고객에게 서비스를 제공하지 못하거나, 필요 이상의 많은 직원으로 매출 이익에 영향을 미칠 수 있기 때문이다.

(5) 숙련도 분석을 통한 생산성관리

뷰티 서비스업의 경우 살롱에서 작업하는 데 있어 숙련도라는 것은 매우 중요한 것이다. 숙련도는 기술적으로 얼마나 완성도를 높여 고객에게 서비스를 제공하였는가의 결과이자 고객의 만족과 연관이 있기 때문이다.

숙련도 측정에 있어서 가장 중요한 것은 측정 구간을 어디서 어디까지 측정하여 산출할 것인지가 중요하다. 즉, 시술을 다 한 시점으로 할 것인지 스타일의 마무리를 다 한 시점 혹은 고객의 배웅까지의 시점인지를 설정하여 직원별 평균 시술시간을 산출한 후 평균시간의 총합에 총직원 수로 나누어 평균시간을 산출한다.

1) 품목별 산출

커트 Medium의 고객서비스 준비에서 스타일 마무리까지의 시간을 기준으로 산출한다고 가정하여 5명의 디자이너에게 같은 스타일과 작업조건을 주고 측정한다. 이때 평가자는 작업시간과 작업과정의 숙련도, 결과물의 완성도를 평가한다.

① A 디자이너 - 20분 ② B 디자이너 - 25분 ③ C 디자이너 - 15분

④ D 디자이너 - 30분 ⑤ E 디자이너 - 25분

시술 총 시간- 115분/ 5명= 23분의 평균 시술 시간이 산출되었다. 직원 중 평균시간의 이하는 A와 C 직원이 해당되고, 나머지 직원은 숙련도에서 떨어지므로 작업숙련도 향상을 위한 교육이 필요하다.

(6) 매출원가분석을 통한 생산성관리

매출원가에는 고정비, 변동비, 재료비 등 다양한 것이 포함되나, 매출 대비 재료비가 차지하는 비율을 통해 적정하게 재료를 사용하고, 제공되는가에 관해 분석하고자 한다. 재료의 낭비는 매출이익에 직접적인 영향을 주고, 적게 사용하는 경우는 제공되는 결과물에 영향을 미치기 때문이다.

[문제 1] 고객의 시술은 염색이며, 시술 때 사용량은 염모제 60g 사용, 매출금액은 50,000원을 받았다. 염모제의 단가는 50g 기준 6,600원이다. 매출원가와 재료비 비율을 산출하시오.

• 풀이 •

① 6,600 / 50g = 1g당 132원, 사용량 60g × 132원= 7,920원, 매출원가는 총매출금액 - 매출원가, 50,000 - 7,920= 42,080원, 재료비 비율은 재료비 / 매출금액, 7,920 / 50,000= 0.1584원(약 16%)을 차지한다.

[문제 2] 고객의 시술은 염색이며, 시술 때 사용량은 열펌 90g 사용, 매출금액은 70,000원이지만 할인해서 55,000원을 받았다. 펌제의 단가는 200g 기준 8,000원이다. 매출원가와 재료비 비율, 할인율을 산출하시오.

• 풀이 •

② 8,000 / 200g= 1g당 40원, 사용량 90g × 40원= 3,600원, 매출원가는 총매출금액 - 매출원가, 55,000 - 3,600 = 51,400원, 재료비 비율은 재료비 / 매출금액, 3,600/ 55,000= 0.065원(약 6.5%)을 차지한다. 할인율은 실매출액 / 원매출액, 55,000/ 70,000= 0.7857(약 21.4%)의 할인율을 차지한다.

(7) 경영분석과 생산성분석

1) 소득금액 산출 문제의 예시

- 총자본금 2억 5천만 원
- 자기자본금 1억 8천만 원
- 점포 임대보증금 1억 2천만 원
- 점포 임대료 300만 원
- 인테리어 및 집기 1억 1천만 원
- 시술 좌석 수 6대
- 잡비 230만 원
- 재료비 15%, 디자이너 3명, 스텝 3명, 직원 인건비 830만 원
- 공과금 130만 원, 공과금은 전기, 수도, 관리비 등이며, 매달 다르지만 편의상 지정한다.
- 자기 임금 300만 원
- 시중 금리: 예금 3.8%, 대출 5.8%, 총고객 수 905명, 영업이익률은 40%이다.
- 영업일 수 30일, 영업시간 10시간, 하루 매출 88만 원(소수점 미만 절삭)

1. 고정비 항목을 모두 쓰시오.

- 임대료, 인건비, 자기 임금, 금융비, 감가상각비, 기회비용

2. 변동비 항목을 모두 쓰시오.

- 재료비, 공과금, 잡비

3. 차입금을 구하시오.

- 총자본 - 자기자본금= 차입금
- 250,000,000 - 180,000,000 = 70,000,000원

4. 금융비를 구하시오.

- 차입금 × 대출 금리 / 12 = 이자비용
- 70,000,000 × 5.8% / 12 = 338,333원

5. 감가상각비를 구하시오

- 인테리어비용 / 5년(60개월) = 감가상각비
- 110,000,000 / 60 = 1,833,333원

6. 기회비용을 구하시오.

- 자기자본 × 예금 금리 / 1 = 기회비용
- 180,000,000 × 3.8% / 12 = 570,000원

7. 사업소득금액을 구하시오.

- 일일 매출 880,000원에 영업일 수 30일을 곱하여 총매출을 구한다.
- 80,000 × 30 = 26,400,000원

다음 비용을 계산하시오. 비용은 고정비와 변동비로 나뉘는데 고정비는 영업 시 고객 수가 많고 적음에 상관없이 고정적으로 지출되는 것을 말한다. 임대료와 인건비, 차입금이 있다면 그에 따른 금융비가 여기에 속한다. 변동비는 고객 수에 비례하여 많아지거나 적어질 수 있는 것을 의미한다. 재료비와 공과금, 잡비가 여기에 속한다.

- 고정비: 인건비 8,300,000원, 임대료 3,000,000원, 금융비 70,000,000 × 5.8% / 12 = 338,333원, 감가상각비 110,000,000 / 60 = 1,833,333원, 자기 임금 3,000,000원, 기회비용 180,000,000 × 3.8% / 12 = 570,000원
- 변동비: 재료비 (26,400,000 × 15% = 3,960,000), 잡비 2,300,000원, 공과금 1,300,000원
- 위와 같이 각각 구한 금액을 총매출에서 모두 공제해주고 남은 금액이 사업소득이 된다.
  880,000 × 30 = 26,400,000 - 고정비 합계 17,041,666 - 변동비 합계 7,560,000 = 1,798,334원

8. 손익분기점을 구하시오.

• 총매출에서 각종 비용과 공제대상 등을 빼고 남는 것이 0일 때 이익도 없고 손해도 없는 지점을 손익분기점이라 한다. 총매출(26,400,000) – 사업소득 금액(1,798,334) = 24,601,666원

9. 직원 1인당 월평균 생산성을 구하시오.

• 26,400,000 / 6 = 4,400,000원

10. 평균 객단가를 구하시오.

• 26,400,000 / 905 = 29,171원

11. 직원 1인당 처리 객수를 구하시오.

• 905 / 6 = 150명

12. 1인당 1시간당 생산성을 구하시오.

• 4,400,000 / 300 = 14,667원

13. 좌석당 시술 매출액을 구하시오(좌석 수 6개).

• 26,40,000 / 6 = 4,400,000원

14. 월평균 노동생산성을 구하시오.

• 10,560,000 / 6 = 1,760,000원

15. 매출 대비 운영비의 효율성을 구하시오.

• 24,601,666 / 26,400,000 = 0.931, 93%

16. 매출 대비 인건비 효율성을 구하시오.

• 8,300,000 / 26,400,000 = 0.314, 약 31%

17. 매출 대비 재료비 효율성을 구하시오.

• 3,960,000 / 26,400,000 = 0.15, 15%

5. EXCEL을 활용한 경영분석

엑셀(Excel)은 데이터를 분석하고 보다 풍부한 정보를 바탕으로 비즈니스 결정을 내리기 위해 통합 문서를 만들고, 해당 서식을 지정할 수 있다. 마이크로소프트 엑셀을 사용하면 데이터를 추적, 데이터 분석을 위한 모델을 만들 수 있고, 해당 데이터에 대한 계산을 실행하기 위한 수식을 작성하며, 다양한 방식으로 데이터를 피벗하고, 전문가 수준의 도표에 데이터를 나타내는 등의 작업을 실행할 수 있다.

엑셀은 1993년부터 비주얼 베이직에 기반해 엑셀에서의 작업 자동화와 워크시트에서의 사용자 지정 함수(User defined function; UDF) 사용을 가능하게 한 사용자 프로그래밍 환경(Visual Basic for Application; VBA) 언어를 포함했다. 이후의 버전에서 통합 개발 환경(Integrated development environment; IDE)을 제공한 VBA는 프로그램에 매우 큰 강점이 되었다. 사용자의 움직임을 재수행할 수 있는 매크로 녹음 기능은 일반적인 작업의 자동화를 가능하게 했다.

비주얼 베이직 기반의 사용자 프로그래밍 환경(VBA)은 사용자와 대화할 수 있는 형식(Form)과 워크시트 내 조절(Control)을 생성할 수 있게 한다. 이 언어는 ActiveX(COM)와 동적 연결 라이브러리의 사용을 지원하며, 이후의 버전에서는 기본적인 객체지향 프로그래밍 기술을 사용할 수 있도록 클래스 모듈을 지원한다.

엑셀의 특징은 사용자 프로그래밍 환경을 지원한다. 사용자 프로그래밍 환경(VBA)을 이용하면 엑셀 내부의 동작을 내 마음대로 조작하는 것이 가능해서 프로그램이 지원하는 것 이외의 기능을 만들 수가 있다.

다양한 데이터관리를 위해 엑셀을 사용한다. 엑셀 파일을 기반으로 게임 내 테이블을 관리하는 경우가 거의 100%라고 해도 과언이 아니다. 각종 사용자 프로그래밍 환경(VBA)을 데이터관리 도구까지 만들어 엑셀 파일 내에 포함해 쓰는 경우도 많다. 이 때문에 Excel과 VBA는 게임 기획자에게는 필수로 익혀야 할 과정이다.

엑셀은 많은 사용자 인터페이스를 조정할 수 있는 기능을 제공하지만, 사용자 인터페이스의 핵심은 최초의 스프레드시트인 비지캘크로 셀들은 행과 열로 구성되고, 다른 셀들에 대한 상대 또는 절대적인 참조와 함께 데이터와 수식을 담을 수 있다.

엑셀은 스프레드시트의 글꼴, 글자 속성 및 셀 외양 등을 사용자가 지정할 수 있게 한 최초의 스프레드시트였다. 또한 기존의 스프레드시트 프로그램들이 매번 또는 사용자의 명령이 있을 때만 재계산을 했던 것에 비해 연관된 셀들에 대해서만 재계산을 수행하는 기능이 있으며, 방대한 그래프 기능도 갖고 있다.

(1) 엑셀 수식 연산을 활용한 경영분석

엑셀의 꽃은 함수인데 합계를 구하는 SUM부터 부분합을 구하는 SUBTOTAL까지 함수의 수가 300개가 넘을 정도로 엄청난 수를 자랑한다. 보통 함수라고 하면 중·고등학교 시절 수학에서의 함수 때문에 어려워하는 학습자들이 많은데, 전혀 그렇지 않다. 엑셀의 함수는 간편하며, 함수 각각의 설명이 잘 되어 있어서 사용하기 편리하다.

[실습과제 1] 다음 시트를 엑셀에 옮겨 수식을 활용한다(붉은색의 결과와 같이 연산을 통해 만들어 보자).

이름	국어	영어	수학	합계	평균	순위	등급	합격여부	80점 이상 합격	
김갑동	85	96	74	255	85	4	B	합격	90점 이상	A
장우성	96	78	99	273	91	3	A	합격	90점 ~ 80점	B
정봉휘	100	99	98	297	99	1	A	합격	70점	C
정연희	98	99	89	286	95.333	2	A	합격	60점	D
김동휘	89	58	78	225	75	5	C	불합격	60점 이하	F

김갑동	^^	If(and)함수
장우성	최고	평균이 90점 이상이고, 수학이 90점 이상이면 최고 아니면^^로 두세요.
정봉휘	최고	
정연희	^^	
김동휘	^^	

- =SUM(B2:D2): B2~ D2까지의 합을 구하는 함수
- =COUNTA(A2:A14): A2~ A14까지의 전체 수를 세는 함수
- =COUNTIF($B$2:$B$21:B23): B2~ B21까지 기준에 해당하는 수를 세는 함수
- =RANK(E2,$E$2:$E$14): E2~ E14에 절대값을 지정하여 순위를 매기는 함수
- $$: 절대값을 연산을 드래그 복사 시 행의 연산이 변하지 않는 함수
- =IF(AND(B5>=400,C5>=20,D5>=5), "심각", "조금 심각"): B5>=400,C5>=20,D5>=5 해당하는 항목이 지정하는 조건에 충족되면 심각, 충족되지 않으면 조금 심각을 계산하게 하는 함수
- =AVERAGE(B1:B7): B1에서부터 B7까지 전체의 평균을 구하는 함수

- =MAX(B1:B7): B1에서부터 B7까지 최대값을 구하는 함수
- =MIN(B1:B7): B1에서부터 B7까지 최소값을 구하는 함수

[실습과제 2] 다음 시트를 엑셀에 옮겨 수식을 활용한다(붉은색의 결과와 같이 연산을 통해 만들어 보자).

출원번호	상태	공개일자	left, mid, right 함수			data 함수
1020040079507	등록	20060411	2006	04	11	2006-04-11
1020080054472	거절	20091216	2009	12	16	2009-12-16
1020130047459	공개	20141107	2014	11	07	2014-11-07
1020130102851	공개	20150310	2015	03	10	2015-03-10
1020060094678	소멸	20130109	2013	01	09	2013-01-09
1020130109324	등록	20070827	2007	08	27	2007-08-27
1020090024173	등록	20100929	2010	09	29	2010-09-29
1020120042796	등록	20070827	2007	08	27	2007-08-27
1020120149165	등록	20141105	2014	11	05	2014-11-05
1020110064129	등록	20130109	2013	01	09	2013-01-09
1020100129169	등록	20120626	2012	06	26	2012-06-26
1020110029313	등록	20130109	2013	01	09	2013-01-09
1020060104632	등록	20130109	2013	01	09	2013-01-09
1020060104633	등록	20060419	2006	04	19	2006-04-19
1020120095856	등록	20140310	2014	03	10	2014-03-10
1020060021312	등록	20060419	2006	04	19	2006-04-19
1020120071832	거절	20140113	2014	01	13	2014-01-13
1020040082606	소멸	20060419	2006	04	19	2006-04-19
1020070010941	등록	20080806	2008	08	06	2008-08-06
1020130046798	거절	20141105	2014	11	05	2014-11-05

=SUM, =COUNTA, =COUNTIF 함수를 통한 엑셀 활용 실무

countif 함수	등록	13
등록과 거절, 취하, 소멸의 합을 구하시오	공개	2
	소멸	2
	취하	0
	거절	3

countif 함수	2006	4
등록 연도별 합계를 구하시오	2007	2
	2008	1
	2009	1
	2010	1
	2011	0
	2012	1
	2013	4
	2014	5
	총합계	19

학습정리

· 손익계산서(Profit and loss statement)는 한 회계 기간에 발생한 비용 항목과 수익 항목을 기재하여 당해 기간의 손익을 표시한 재무제표이다. 대차대조표가 일정 시점에서 기업의 정적 상태, 즉 정태적 재무제표라면, 손익계산서는 일정 기간 기업의 동적 상태를 표시한 동태적 재무제표라고 할 수 있다.

· 손익계산서의 중점 점검 사항은 총매출에 대비하여 이익이 얼마나 되는지를 파악하여 향후 내, 외부적으로 조절 가능한 부분을 찾아내어 늘일 부분과 줄일 부분을 적절히 조절할 수 있다. 이를 통해 매출 대비 수익성의 극대화를 끌어내 꾸준한 성장을 만들어 낼 수 있다.

· 손익분기점(Break-even point)은 일정 기간의 매출액과 그 매출을 위해 소요된 모든 비용이 일치되는 점을 말하며, 투입된 비용을 완전히 회수할 수 있는 매출액이 얼마인가를 나타내는 것이다. 다시 말해 손익분기점은 사업을 하여 일으킨 매출에서 필요비용 등을 제외하고 남은 금액이 없을 시점, 즉 0이 되는 기점을 의미한다(총매출에서 각종 비용과 공제대상 등을 빼고 남는 것이 0일 때 이익도 없고 손해도 없는 지점을 손익분기점이라 한다).

· 고정비는 일정 기간 영업 활동(생산자는 조업도, 판매자는 매출액)과 관계없이 항상 일정액으로 발생하는 원가로, 고정자산의 감가상각비나 경영자의 급여, 보험료, 제세공과, 임차료 등이 이에 속한다. 고정비는 일정한 기간 내에 일정한 조업도의 범위 내에서만 고정적이다.

· 변동비는 판매량(생산량)의 증감에 따라 변화되어 발생하는 비용을 말한다. 변동비의 주요 항목은 재료비, 부분품비, 위탁가공비 등이 있으며, 뷰티 서비스업에서는 펌, 염색할 때 쓰이는 재료비, 각종 시술을 위해 사용하는 전기요금, 수도요금 등이 해당된다.

· 감가상각비는 고정비로 어떠한 시설 · 기계(재화)를 사용함에 따라 가치가 하락하게 되는데 이를 매달 비용으로 보아 금액으로 환산하여 비용으로 처리한다(손해보험협회에서 뷰티 서비스업의 경우 인테리

어 시설과 기자재 등의 사용연한, 즉 수명을 5년으로 간주함으로써 그에 따라 사용연한을 60개월로 보고 계산한다).

· 기회비용은 여러 선택 중에서 한 가지를 선택했을 때 포기한 대안 가운데 가장 좋은 한 가지의 가치를 뜻한다. 경영자가 자본을 기업에 투자함으로써 얻어지는 이윤은 기회비용인 이자보다도 많지 않으면 안 된다. 그렇지 않다면 기업소유자로서는 돈을 빌려주는 편이 나을 것이기 때문이다.

· 사업소득은 단순히 총매출에서 각종 비용을 공제하고 남은 금액이 아니라 자기 임금까지 공제 후 남은 금액이 사업소득이라 할 수 있다. 이는 사업을 하였기 때문에 얻을 수 있었던 소득이라는 의미이다.

· 과학적 관리법은 테일러 시스템(Taylor system)이라고도 한다. 작업과정의 능률을 최고로 높이기 위하여 시간연구와 동작연구를 기초로 노동의 표준량을 정하고, 임금을 작업량에 따라 지급하는 등 여러 가지로 합리적인 방법을 연구한다.

· Mayo 교수는 호손실험을 통해 작업능률을 향상하는 요인들은 작업환경과 임금뿐만 아니라 작업자와의 인간관계임을 확인하게 되었다. 그 후 인간관계론으로 발전되었고, 최근에 와서는 인간행동을 종합적 사고로 연구하는 행동과학으로 발전하고 있다.

PART

5

마케팅 실무

학습개요

마케팅 전략과 홍보·판촉 전략에서는 마케팅 전략, 마케팅 커뮤니케이션, 통합적 마케팅 커뮤니케이션의 개념을 통한 4P 전략, 홍보·판촉 전략에 관하여 학습하며, 시장세분화 전략을 통하여 목표시장을 선정하고 소비자의 정보처리과정을 이해하여 소비자를 설득하고 행동하게 만드는 과정을 파악하는 설득 커뮤니케이션에 관하여 학습한다. 또한 SNS, 블로그 등을 통한 다양한 마케팅 기법과 마케팅을 시행하기 전 마케팅조사방법론, 시장수요예측에 관하여 학습한다.

BEAUTY SERVICE MANAGEMENT

CONTENTS

PART 5. 마케팅 실무

학습목표

- 마케팅 전략의 이해를 통해 시장을 분석하고 전략을 수립하여 경쟁우위 전략을 수립할 수 있다.
- STP 전략의 개념을 이해하여 시장과 고객을 분석하고 마케팅 전략을 수립해 적용할 수 있다.
- 브랜드 관여도 경로 모형을 통한 차별화 전략을 수립할 수 있다.
- 온라인 마케팅 기법을 통해 온라인 마케팅 활동을 기획하고 적용할 수 있다.
- 마케팅조사의 개념적 이해를 통해 마케팅 의사결정에 영향을 미치는 여러 요소에 대한 정보를 수집 및 분석하여 마케팅 의사결정에 활용할 수 있다.
- 마케팅조사를 시행한 후 시장수요예측을 통해 마케팅 기회를 확인, 시장의 기회와 규모, 성장 및 어익 잠재성을 측정하고 예측할 수 있다.

주요용어

마케팅(Marketing), 마케팅 커뮤니케이션(Marketing communication), 통합적 마케팅 커뮤니케이션(Integrated marketing communication), 촉진(Promotion), 제품(Product), 가격(Price), 유통(Place), 판매 전략(4P 전략), 홍보·판촉 전략, 광고(Advertising), PR(Public relations), 인적판매(Personal selling), 판매촉진(Sales promotion), 시장세분화 전략(STP 전략), 설득 커뮤니케이션, 관여도, 마케팅조사, 탐색적 조사, 기술적 조사, 인과적 조사, 시장수요예측

생각하기

- 여러분이 생각하는 마케팅은 무엇이며, 왜 마케팅 활동을 해야 하는지를 토의한다.
- 여러분이 생각하는 뷰티 서비스업에서 활동하는 마케팅 활동에 대해 토의한다.
- 여러분이 생각하는 온라인 마케팅 활동 방법과 사례에 대해 토의한다.
- 여러분이 생각하는 마케팅 활동 전 파악해야 할 내용에 대해 토의한다.
- 여러분이 생각하는 경쟁우위 전략을 수립하기 위한 사전 준비 단계에서 파악해야 할 내용에 대해 토의한다.

1. 마케팅 활동

(1) 마케팅의 개념

마케팅(Marketing)은 19세기 후반에서 20세기 초반에 미국을 중심으로 사용되기 시작하였다. 자사의 제품이나 서비스가 경쟁사보다 소비자에게 먼저 선택될 수 있게 하도록 행하는 모든 제반 활동들을 의미한다. 마케팅에서 가장 기본적으로 갖는 개념은 소비자의 니즈(Needs)와 원츠(Wants)이다. 즉, 마케팅은 소비자의 필요(Needs)와 원하는(Wants) 것을 파악하여, 고객의 요구를(Demands) 충족시켜 주기 위한 기업의 제반 활동을 다루는 학문이다.

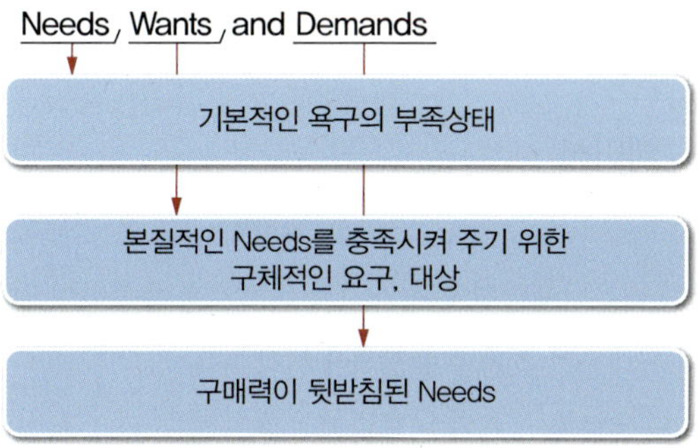

• [그림 5-1] 고객의 수요(자료 출처: Kotler, 1991) •

미국마케팅학회(AMA)에서 정의한 마케팅에 대한 정의는 생산자로부터 소비자 또는 사용자에게로 제품 및 서비스가 흐르도록 관리하는 제반 기업 활동의 수행이다. 마케팅은 개인이나 조직의 목표를 충족시켜 주는 교환을 창조하기 위해서 아이디어, 제품, 서비스의 창안, 가격절충, 촉진, 유통을 계획하고 실행하는 과정이다.

마케팅은 조직과 이해관계자들에게 이익이 되도록 고객가치를 창출하고, 의사소통을 전달하며, 고객관계를 관리하는 조직기능이자 프로세스의 집합이다. 즉, 마케팅은 제품의 판매를 활성화하는 기법으로 고객가치를 창조하고, 이를 효과적으로 전달하여 고객을 확보, 유지 및 증대하는 활동을 의미한다.

고객가치(Customer value)는 고객이 지출한 비용보다 효익을 더 높은 것을 의미한다.

① 고객중심적이다. 즉, 고객의 수요를 감지하고 대응하는 것이다.

② 고객을 찾는 대신에 고객을 가꾸고 돌보는 것이다.

③ 시장을 분석하고, 수요를 예측하여 시장성 있는 기술을 고안하는 기술기획 단계도 중요하다.

④ 판매 이후의 활동도 매우 중요한 요소이다.

(2) 마케팅 커뮤니케이션

마케팅 커뮤니케이션(Marketing communication)은 판촉(Promotion)이라는 용어에서 나아가 좀 더 포괄적인 의미의 용어이다. 촉진(Promotion), 제품(Product), 가격(Price), 유통(Place)과 함께 판매 전략(4P)의 한 요소로, 고객의 구매 활동에 있어 제품을 알리고 구매하도록 설득하며, 구매를 유도하도록 유인책 등을 제공하는 전반적이고 공격적인 활동을 의미한다. 이러한 관점에서 최근에는 판촉을 통합적 마케팅 커뮤니케이션의 관점에서 마케팅 커뮤니케이션이라 말하고 있다.

(3) 통합적 마케팅 커뮤니케이션

통합 마케팅 커뮤니케이션(Integrated Marketing Communication; IMC)은 전통적 프로모션관리에 대한 새로운 접근 방법으로, 전통적 마케팅 커뮤니케이션 믹스와 새로운 요소를 통합하여 일관성 있고, 명확하며, 이해 가능한 커뮤니케이션을 통하여 최대한의 효과를 달성해야 한다.

미국광고대행사협회(1989)는 통합적 마케팅 커뮤니케이션을 광고, DM, 판매촉진, PR 등 다양한 커뮤니케이션 수단들의 전략적인 역할을 비교, 검토하고, 명료성과 정확성 측면에서 최대의 커뮤니케이션 효과를 거둘 수 있도록 이들을 통합하는 총괄적인 계획의 수립과정으로 정의하고 있다. 이는 광고 이외의 촉진 활동의 중요성 증가와 소비자와 매체 시장의 세분화 현상이 나타나고 있으며, 데이터베이스 마케팅의 등장으로 고객들과 개별적인 관계 구축이 절실해졌기 때문이다.

IMC는 강력하고 통일된 브랜드 인지도를 구축하고 소비자를 구매 행동으로 이끌기 위해, 광고와 같은 단일 커뮤니케이션 수단 외에 표적 청중에게 도달하는 데 있어 가장 효과적일 수 있는 매체나 접촉 수단을 적극적으로 활용한다. 또한 지속적으로 소비자와의 관계 구축을 통해 반복구매와 브랜드 선호도를 실현할 수 있다.

(4) 마케팅 커뮤니케이션 믹스의 유형과 특징

일반적으로 마케팅 커뮤니케이션은 광고, PR, 인적판매, 판매촉진을 통하여 수행되고 있다. 이 4가지의 수단을 마케팅 커뮤니케이션 믹스(Marketing communication mix)라고 하며, 이러한 촉진 도구를 통한 효과적인 커뮤니케이션에 달성하는 것이 중요할 것이다.

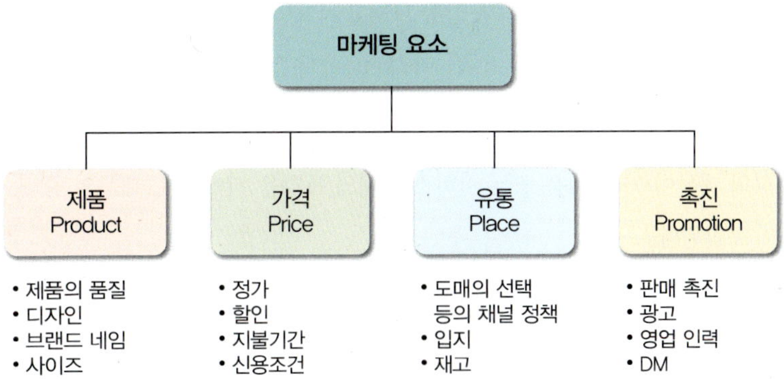

• [그림 5-2] 마케팅 요소 •

2. 4P 전략

마케팅 믹스(Marketing mix)는 기업의 목표에 따라 표적 시장 또는 진입 시장에서 마케팅 활동을 집중시키기 위해 사용하는 모든 투입변수를 기업의 환경과 상황 그리고 마케팅 효과가 최대화되도록 조합하는 마케팅 전략이다. 판매 전략(Marketing mix)은 제품(Product), 가격(Price), 유통(Place), 촉진(Promotion)의 4가지 P를 모아서 4P 전략이라 한다.

① **제품**은 마케팅의 대상이 되는 제품 또는 서비스 자체의 특징을 의미한다. 제품의 품질, 서비스, 디자인, 보증기간 등이 포함된다.

② **가격**은 제품 또는 서비스에 표시된 가격, 할인조건 등이다.

③ **유통**은 제품의 유통경로와 거래처 등을 말한다.

④ **촉진**은 판매촉진 행사와 광고 전략 등을 말한다.

4P 전략을 수립하는 이유는 경쟁기업과의 경쟁에서 제품의 품질 및 가격이 뒤처지지 않고, 빠르게 공급하며, 유통과정에서 최선의 유통망 확보로 원가를 절감하여 소비자를 대상으로 원활한 판매를 촉진하기 위한 것이다.

3. 홍보·판촉 전략

(1) 홍보 전략의 개념

홍보 전략의 핵심인 광고는 제조업자에게는 제품 판매 수단으로, 고객에게는 정보의 원천으로서 서로 중요한 역할을 하고 있다.

(2) 홍보 전략의 목적

고객에게 정보를 전달하고 정보전달과 동시에 구매를 자극하여 설득하고, 제품이나 브랜드에 대한 우호적인 태도를 형성할 수 있다. 제품을 널리 알림으로써 다른 기업보다 좋은 제품을 개발하도록 동기를 유발해 시너지를 확산시킬 수 있다. 변화의 촉매제 역할을 하며 인식 변화와 생활 방식에 변화를 가져다줄 수 있다.

(3) 판촉 전략의 개념

판매촉진(Sales promotion)은 소비자들의 소비 욕구를 불러일으키고 자극함으로써 판매가 늘어나도록 하는 모든 활동을 의미하는 홍보 전략의 한 요소이다. 또한 서비스 기업의 판매촉진은 마케팅 커뮤니케이션 목적으로 서비스나 제품을 고객들이 구매하도록 유도할 목적으로 해당 제품이나 서비스의 성능에 대해서 고객을 대상으로 정보를 제공하거나 설득하여 판매가 늘어나도록 유도하는 마케팅 노력의 일체를 말한다.

(4) 판촉 전략의 목적

직접 수요를 발생시키는 마케팅 수단뿐 아니라 뷰티 서비스업체의 이미지를 높이거나 긍정적 이미지를 만들어 간접적 이윤을 창출할 때 쓰이는 커뮤니케이션 수단으로도 쓰인다. 판매촉진은 소비자가 서비스 기업에 다가갈 기회를 제공하여 신규고객을 창출하고 기존고객에게는 브랜드 충성도를 강화해 제품의 매출 증대에 이바지한다.

• [그림 5-3] **판촉의 구성요소** •

1) 광고(Advertising)

광고(Advertising)는 광고주가 소비자의 행동과 태도에 영향을 줄 목적으로 신문 혹은 방송 등의 광고매체를 통하여 유료로 정보를 전달하는 활동을 말한다. 광고는 크게 두 가지 관점에서 정의할 수 있다.

마케팅 관점과 커뮤니케이션 관점이다. Kotler는 광고의 목적은 정보를 알리고, 소비자를 설득하여 소비자의 기억 속에 자사의 브랜드를 회상시키는 것이다.

① **마케팅 관점**에서 광고는 광고주에 의해 대가가 지급되며, 제품, 상표, 기업 이미지 등에 관한 의사전달의 전반적인 것을 말한다. 광고는 TV, 라디오, 신문, 잡지, 옥외 광고, 버스, 지하철의 광고 등 다양한 매체를 이용한다. 간혹 과장광고나 허위광고로 인한 소비자의 피해가 발생하기도 한다.

② **커뮤니케이션 관점**에서 과거의 단방향 광고에서 현재는 쌍방향 커뮤니케이션 광고로 변화되는 모습을 볼 수 있다. 예를 들어, 보험광고를 보고 고객센터로 전화하면 소비자의 의문을 즉시 풀어주는 형태로 진화하고 있다.

2) PR(Public relations)

PR은 다양한 이해관계자 간의 신뢰를 구축하는 커뮤니케이션 도구를 의미한다. 이해관계자라고 한다면 종업원, 주주, 소비자, 정부, 민간단체 등을 말한다. PR에 사용되는 종류를 살펴보면 뉴스, 신문 또는 잡지의 기사, 협찬을 통한 자사의 제품 또는 서비스를 알리는 것을 말한다.

대표적으로 영화의 경우 관객의 관심을 높이기 위해 영화가 제작되는 동안에 방송관계자나 기자들을 촬영장으로 초대하여 미리 영화에 대한 정보를 제공하고, 영화의 내용을 신문, 잡지나 방송관계자들에게 보내고, 배우를 토크쇼에 출연시켜 관심도를 높여 영화가 흥행하는 데 도움이 되도록 한다.

3) 인적판매(Personal selling)

판매자가 구매를 유도하기 위해 예상고객과 직접 접촉할 때 판매원이 예상 구매자에게 대면하여 기울이는 커뮤니케이션이다. 인적판매는 고객과 대면하여 이루어지는 상호작용이므로 다른 촉진 수단보다 차이점이 있다. 즉, 쌍방향으로 이루어지는 커뮤니케이션이므로 즉각적인 피드백을 얻을 수 있고 판매의 제안이 얼마나 효과적인지를 쉽게 측정할 수 있다.

인적판매의 종류로는 고객에게 제품의 사용 방법교육과 제품 시연을 통한 제품 판매가 있으며, 대표적인 예로는 방문판매를 들 수가 있다.

4) 판매촉진(Sales promotion)

넓은 의미로는 인적판매, 광고 및 기타의 보조적 판매 활동 등을 뜻하며, 좁은 의미로는 인적판매와 광고를 보완하고 그에 협동함으로써 판매 활동을 지원하는 것이다. Kotler는 소비자나 유통업자가 특정 제품을 더 빨리 또는 더 많이 구매하도록 자극할 수 있는 단기적 수단의 집합으로 정의한다.

판매점의 매출 촉진에 협력하는 것으로서 영업지도, 판매자교육, POP 광고의 배포 및 설치, 홍보용 전단의 배포, 사용 방법의 교육 등을 말할 수 있으며, 소비자에게 하는 촉진으로는 쿠폰, 보너스팩 사은 행사, 경품, 경연, 전시회나 공장견학, 소비자 체험 학습 등이 있다.

4. STP 전략

STP 전략은 시장세분화(Market segmentation), 목표시장(Targeting) 선정, 포지셔닝(Positioning)의 첫 글자를 딴 마케팅 전략 중 하나이다. 제품 범주와 소비자 욕구에 근거하여 동질적인 여러 고객 집단을 나누고, 경쟁 상황과 여러 자원을 고려하여 가장 자신 있는 시장을 선정한다.

① **시장세분화**(Segmentation)는 기업의 제품 또는 서비스를 판매할 특정 시장을 기업의 목표에 맞게 특정한 기준으로 나누는 것을 의미한다. 마케팅에서 가장 기본이 되는 전략 중 하나이다.

② **목표시장**(Targeting)은 시장세분화에서 나눈 계층 중 어떠한 계층을 목표로 할 것이냐는 것이다. 이때 선정한 대상은 꼭 하나이어야 하는 것은 아니다.

③ **차별화**(Positioning)는 목표시장 내에서 고객의 마음속에 자사의 브랜드 또는 제품, 서비스를 어느 위치에 자리 잡게 할 것인가를 의미한다.

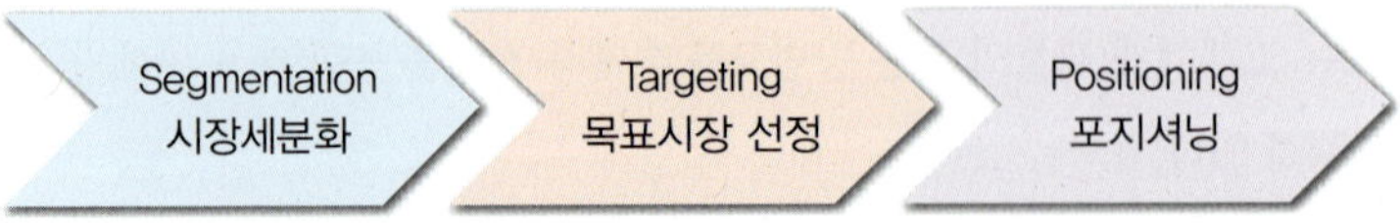

• [그림 5-4] STP 전략 •

(1) 시장세분화

시장세분화(Market segmentation)는 기업이 제품이나 서비스를 판매할 목표시장을 선정하기 위해 구매자 간에 존재하는 고객들의 다양한 욕구, 행동 및 특성 등을 기준으로 전체 시장을 연관된 부문 시장으로 나눔으로써, 효율적인 마케팅 활동을 수행하고자 하는 과정을 말한다. 일정 기간에 걸쳐서 특정 제품의 마케팅 활동에 대한 예상 반응이 유사한 예상 소비자들을 집단화하는 과정을 말하는 것이다.

1) 효과적인 시장세분화가 되기 위한 요건

(가) 측정 가능성(Measurable)

측정 가능성은 세분시장의 규모, 구매력 그리고 특성들을 측정할 수 있어야 한다.

(나) 충분한 규모(Substantial)

세분시장이 판매 전략을 실행할 가치가 있을 만큼 크고, 충분한 수익을 창출할 수 있어야 한다.

(다) 세분시장 내의 동질성(Identifiable)

여러 기준과 변수들에 의해 나누어진 세분시장은 각 세분시장 내에서는 기준과 변수의 측면에서 동질적이야 한다.

(라) 세분시장 간의 이질성(Differentiable)

여러 기준과 변수들에 의해 나누어진 세분시장들 간에 이질적인 특성을 나타내야 한다.

(마) 접근 가능성(Accessible)

세분시장의 고객들과 실제로 접촉할 수 있는가의 문제로, 기업에서 판매 전략의 투입 시 그들과 접근할 수 있는 적절한 수단이 존재해야 한다.

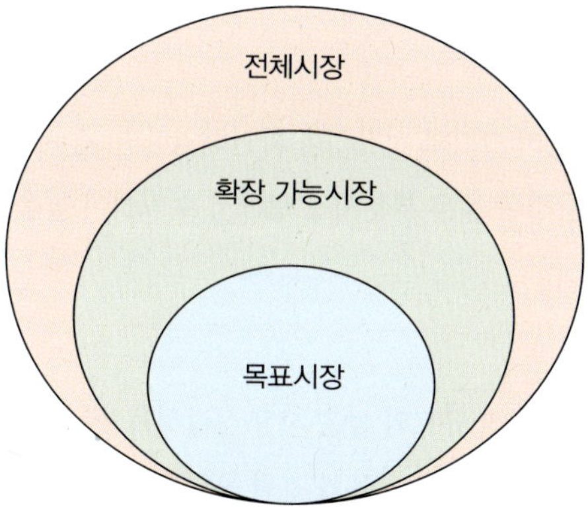

• [그림 5-5] 시장세분화 •

(2) 시장세분화에 따른 마케팅 전략

① **차별적 마케팅 전략**은 둘 이상의 세분된 시장을 목표시장(표적시장)으로 선정하여 특성에 맞도록 각기 다른 판매 전략을 적용하는 것을 의미한다.

② **비차별적 마케팅 전략**은 세분된 시장을 고려하지 않고 전체 시장에 하나의 판매 전략을 적용하는 것을 의

미한다.

③ **집중적 마케팅 전략**은 세분된 시장 중에서 가장 적합한 하나의 시장을 선정하여 전문화된 판매 전략을 수행하는 것을 의미한다.

(3) 목표시장

1) 세분시장의 평가

마케팅 담당자는 목표시장을 선정하는 기준으로 세분된 시장의 크기와 성장성, 장기적인 수익성인 외부 환경과 기업의 목표와 자원인 내부 환경 등을 고려하여 평가하게 된다.

(가) 세분시장의 크기와 성장성

기업은 각 세분된 시장이 자사에 기대한 만큼의 이익과 매출을 실현할 수 있을 정도의 규모인지 파악한다. 이때 마케팅 담당자는 각 세분시장의 현재의 규모뿐만 아니라 미래에 성장할 가능성도 함께 조사해야 한다.

(나) 장기적 수익성

마케팅 담당자는 세분된 시장의 크기와 성장성을 확인하였다면, 각 세분시장의 수익성을 평가하여야 하며, 적정한 크기를 지니고 성장성이 높은 세분시장 중에서 수익성이 높을 것으로 기대되는 세분시장을 선정한다.

(다) 기업의 목표와 자원

세분시장 중 선정한 시장이 충분한 규모와 높은 시장 성장성을 지니고 있고, 더 나아가 높은 수익을 이룰 것이라고 판단하게 되면, 다음으로 마케팅 목표와 자원 등의 평가요인들이 일치하는지를 조사한다.

(4) 타깃 마케팅

타깃 마케팅(Target marketing)은 고객의 여러 가지 욕구 또는 요구 때문에 고객을 세분화하여, 그 그룹에 집중하는 마케팅의 방법을 타깃 마케팅이라고 한다. 매장 또는 제품의 생산자가 특정한 상품에 대하여 판매 전략(Marketing mix)을 수립하고자 할 때 고려하는 방법일 것이다.

① 한 가지의 상품으로 모든 고객을 만족시킬 수 없기에 그것을 필요로 하는 대상을 나누는 것을 의미한다.

② 고객의 기본적 정보를 가지고 성별, 나이, 직업, 가치관, 생활양식 등에 의해 다양한 요구(Needs)를 파악한다.

③ 기업은 다양한 고객의 욕구를 바탕으로 소비자들을 작은 그룹으로 세분화(Segmentation)한다.
④ 마케팅 기업의 영업 활동에 효과적이고, 효율적으로 할 수 있게 만들어 준다.

타깃 마케팅은 특정한 고객과 살롱의 마케팅 전략을 수립하는 데 중요한 요소이며, 고객을 대상으로 세분화한 분석자료는 여러 전략을 수립하는 지표로 활용할 수 있다.

(5) 포지셔닝

1) 포지셔닝의 정의

포지셔닝은 차별화와 같은 의미로 이해할 수 있다. 즉, 특정 브랜드가 경쟁 브랜드들과 비교하였을 때 소비자들의 마음을 차지하고 있는 상대적인 위치를 의미한다. 따라서 고객의 마음속에 기업이 원하는 위치에 기억하게 하는 과정이라 할 수 있다.

자사의 제품 또는 서비스의 인지도를 고객의 마음속에 심어주는 이미지 구축(Image building)이며, 고객에게 경쟁 브랜드들로부터 자사 브랜드 상품을 다르게 인식시키는 차별화(Differentiation)이며, 고객들로부터 전문성이 있다고 인정하는 특화(Specialization)하는 과정이라 할 수 있다.

2) 포지셔닝의 과정

① 경쟁 브랜드를 확인하는 과정으로, 포지셔닝은 경쟁하고 있는 브랜드들과의 상대적인 위치라고 정의한다. 목표시장에서 자신의 브랜드와 경쟁 관계에 있는 브랜드를 파악해야 한다.
② 목표시장에서 자사와 경쟁사들이 차지하는 기존의 상품 위치를 파악한다. 자사의 브랜드와 경쟁사의 브랜드를 목표시장 내의 소비자들이 어떻게 지각하고 있는지를 파악하며, 이때 사용하는 것이 지각도(Perceptual map)이다.
③ 지각도에서 자사와 경쟁 브랜드의 현재 위치를 확인하였다면, 자사 브랜드의 위치가 자사가 바라는 위치 인지를 분석한다.
④ 포지셔닝에 적합한 판매 전략 프로그램을 수립하고 이를 실행한다. 또한 목표고객의 욕구가 변화하거나, 새로운 브랜드가 시장에 진입하여 자사의 상품이 경쟁우위를 잃게 되었을 때, 마케팅 담당자는 자신이 원하는 방향으로 포지션을 이동시킬 수가 있는데, 이를 재포지셔닝(Repositioning)이라 한다.

5. 설득 커뮤니케이션

일반적으로 소비자의 정보처리 과정에 들어가 소비자를 설득하여 행동하게 만드는 과정을 설득 커뮤니케이션이라고 한다. 설득 커뮤니케이션은 궁극적으로 고객을 설득하여 태도의 변화를 일으켜 상품 또는 서비스를 판매할 목적으로 하기에 정보처리하는 과정을 살펴보아야 할 것이다.

소비자가 외부의 자극을 받아들여 정보를 처리하는 과정은 노출, 주의, 지각, 이해, 저장의 단계로 진행되며, 이러한 과정을 통하여 잘 이해된 정보는 소비자의 태도에 변화를 준다. 이때 태도의 변화는 정교화 가능성 모델로 설명할 수가 있는데, 이 정교화 가능성 모델은 태도의 변화를 주는데 정보처리 동기에 있어서 관여도의 정도와 중심 단서 또는 주변 단서에의 영향에 따른 태도 변화과정을 알려주는 모형이다. 이러한 경로를 통하여 고객은 중요한 선택에 있어서 결정을 내리는데 관여도가 높은 것에서는 주변의 많은 정보를 활용한다.

미국광고대행사 FCB(Foote, Cone & Belding)에서 만든 광고 전략으로 FCB 그리드 모형(Foote, Cone & Belding grid model)을 가지고 관여도를 평가하여 마케팅 전략을 수립할 수 있다. 이는 관여도를 저관여와 고관여로 구분하고, 구매동기를 이성적, 감성적 동기로 구분하여 모두 4가지 구매 유형으로 분류하여 마케팅 전략을 세우게 된다.

Vaughn(1980)은 제품의 유형과 소비자의 구매 의사결정 방식에 따라 전략이 달라져야 한다고 주장하였다. Kotler(1965)는 소비자 구매 행동 모델(Buying model)을 참고로 구매 행동 패턴을 크게 두 가지로 구분하였다.

첫째, 소비자가 경제적인 관점에서 최대의 효용을 얻기 위해 정보를 수집, 합리적으로 구매하는 경우이다.

둘째, 제품 속성보다 제품의 상징적 가치가 소비자의 감성적인 욕구를 자극하여 구매가 일어나는 경우이다.

구매 의사결정은 이 두 가지 패턴에 따라 광고 전략을 다르게 해야 한다. 이는 소비자가 정보추구를 하지 않고 구매를 할 때, 광고에서 정보를 전달하는 데만 신경쓰면 안 되기 때문이다. FCB 그리드 모형에서 다루는 다른 한 가지의 중요한 변인은 관여도(Involvement)이다.

관여도는 다양하게 정의되지만, 제품구매와 관련하여 관여도가 높다는 것은 대개 제품에 대한 지식과 흥미가 높거나, 구매 경험이 많거나 가격이 비싸서 구매를 위해 주의를 많이 할당하는 경우를 의미한다. 반면 관여도가 낮은 제품은 습관적으로 구매하거나 구매결과에 대한 위험이 적을 경우를 의미한다. 이러한 관여도는 제품의 구매 의사결정과정과 상호작용하여 창조적(Creative) 전략에 큰 영향을 준다.

예를 들면, 고가의 자동차를 구매하는 경우 우리는 판매자의 이야기를 참고만 하고 곧바로 구매하지는 않을 것이다. 주변에서 이야기하는 차량의 성능과 기능 외적인 미관과 사항을 종합하여 비슷한 종류의 차량을 비교하고 신중하게 구매를 결정하게 된다. 즉, 직접 경험해볼 수는 없지만 다른 경험자의 이야기를 들으면서 간접경험을 하는 것이다. 그만큼 신중히 처리한다는 것이다. 그 이유는 자칫 판단을 한 번 잘못하면 그 판단 오류로 인한 손실이 클 것을 인지하고 있기 때문일 것이다.

관여도가 낮은 제품의 구매에서는 광고, 홍보, 판촉으로 쉽게 구매하여 사용해보고 만족도가 높으면 지속적으로 사용하게 된다. 그러나 비슷한 종류의 제품이 다른 변수가 발생되면 구매가 다른 제품으로 바뀌게 되는데, 예를 들면 껌을 사려고 하는데 번들상품(묶음상품) 판촉 행사를 하는 제품을 보았을 때 구매 심리가 바뀌는 경우를 볼 수 있다. 이것은 판단하여 구매하였다가 그 결과가 예상과 달리 실패하였다 하더라도 그에 대한 손실이 미미하기 때문일 것이다. 즉, 이러한 소비자의 행동들은 마케팅 전략을 세우기 위해서 반드시 고려해야 할 요소이다.

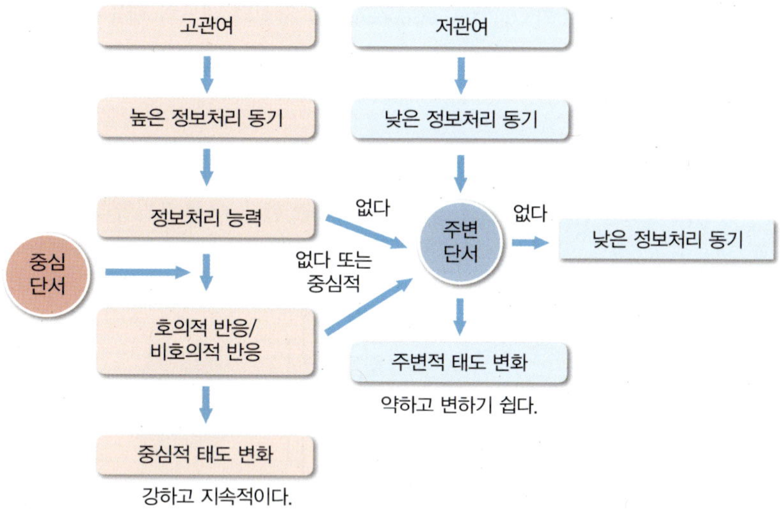

• [그림 5-6] 정교화 가능성 모델 •

(1) 통합적 관점의 태도이론

광고에 노출 시 소비자의 관여도 정도는 고정적인 것이 아니므로 관여도 상황을 통합한 이론인 Greenwald(1968)의 인지반응이론과 Petty & Cacioppo(1983)의 정교화 가능성 모델이 등장하였다.

인지반응이론은 외부 정보를 기존의 태도에 비추어 생각하는 활동에 따라 결정된다. 즉, 인지반응이란 커뮤니케이션 동안에 나타나는 능동적인 사고과정의 결과를 말한다. 따라서 사고를 할 때 기준이 되는 개인의 태도, 스키마가 중요하다. 사람들은 메시지에 담긴 정보를 처리하면서 자신의 스키마와 잘 들어맞는지 그렇지 않은지를 평가하여 메시지를 지지하거나 반대할지, 태도를 결정한다(Greenwald, 1968).

스키마(Database schema)는 데이터베이스에서 자료의 구조, 자료의 표현 방법, 자료 간의 관계를 형식 언어로 정의한 구조이다.

정교화 가능성 모델(Elaboration likelihood model; ELM)은 태도의 변화를 설명하는 이중과정이론이다. 정교화 가능성 모델은 자극을 처리하는 다양한 방법, 사용 이유 및 태도 변화에 관한 결과를 설명하는 것을 목표로 하고 있다.[179] 정교화 가능성 모델은 태도의 변화 또는 설득을 위한 주요 경로를 중앙 경로(Central route)와 주변 경로((Peripheral route) 두 가지로 제안하고 있다(Petty & Cacioppo, 1983).

Leon Festinger(1957)는 인지 부조화(Cognitive dissonance)를 자신의 태도와 행동이 일관되지 않고 모순되어 양립할 수 없는 상태로 설명하였다. 즉, 자신의 태도와 행동이 서로 모순되어 양립할 수 없다고 느끼는 불균형 상태를 의미한다.

사람들이 자신의 태도와 행동 등이 서로 모순되어 양립될 수 없다고 느끼는 불균형 상태가 되었을 때, 이를 해소하기 위해서 자신의 태도를 변화시켜 조화 상태를 유지하려 한다. 이를 자기합리화라고 한다.

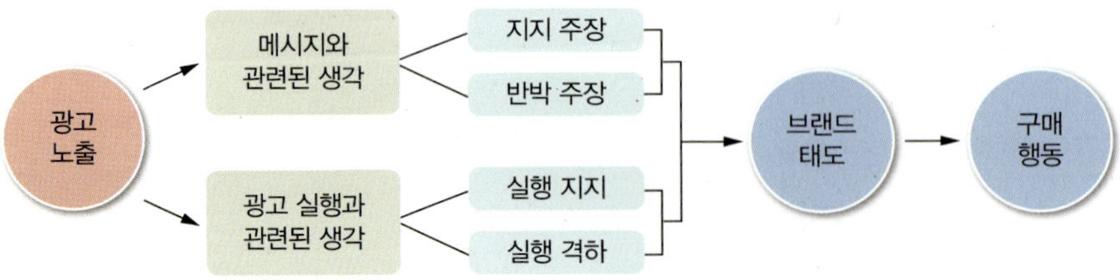

• [그림 5-7] 인지반응 모델(자료 출처: 김재휘, 2009)[180] •

(2) 브랜드 선택과 관여도

고객이 좋아하는 브랜드를 반복 구매하는 경우 자동차와 같은 고관여인 제품에서는 브랜드 충성도라고 평가하고, 신라면 같은 저관여 제품에서는 습관, 관성이라고 표현한다.

1) 고관여의 경우

브랜드 간에 차이가 클 때 혹은 작을 때에도 복잡한 의사결정을 한다. 의사결정을 할 때는 물론 고민이 되지만 브랜드 간에 차이가 작을 때에는 A를 선택해서 B에 대한 부조화가 감소한다.

① "A 제품보다 더 좋은 건 없어"라고 생각하는 것과 같다.

② 부조화는 제품을 구매한 후 종종 후회하는 마음이 생기는 등 심리적 불균형을 느끼게 된다. 이러한 상태를 인지적 부조화라고 하며, 고관여 상황에서 훨씬 많이 나타나게 된다.

2) 저관여의 경우

브랜드 간에 차이가 크면 소비자의 취향이 허용하는 범위 내에서 자신이 마음에 드는 대안들을 번갈아 구매하는 다양성 추구가 보인다고 한다. 반면에 브랜드 간에 차이가 적으면 쓰던 것을 쓴다는 관성적 구매를 한다.

(3) 저관여 구매와 전략적 이슈

저관여는 앞에서도 말했듯이 체계적인 효과계층 모델을 거치지 않는다. 신념 〉 평가 〉 구매 결정이 아닌, 신념 〉 구매결정 〉 평가의 단계를 거치는 경우가 많다.

저관여 브랜드의 경우, 선발 브랜드가 이미 시장에서 확고한 인지도를 세우고, 시장 점유율을 높여 놓았을 때 소비자들의 관성적 소비 행동이 선발기업에는 유리하지만, 후발기업에게는 불리하다. 이때 후발기업은 마케팅 전략이 절실히 필요할 때인 것이다.

(4) 저관여 제품에 대한 후발 브랜드의 전략

1) 관여도를 높이는 방법

- 선발 브랜드에 대한 대안으로 인지도를 구축한다.
- 제품에 관련된 문제와 연결한다.
- 제품과 관련된 가치나 상징성에 연결한다.
- 제품과 관여되는 상황에 연결한다.
- 제품에 새로운 특성을 도입한다.
- 기존 속성에 대한 중요도의 변화: 콜라 - 사이다

2) 관성적 구매를 다양성 추구 구매로 바꾼다.

- 판매촉진의 사용: 초기 예산이 많이 들고, 시장 전체의 수익성을 크게 떨어뜨리는 결과가 나타날 수 있으므로 판매촉진은 적용하기 어려운 부분이다.
- 부분적인 상황이나 문제와 연결한다.

3) 시장세분화를 통한 틈새시장에 전념한다.

6. 온라인 마케팅 전략

온라인 마케팅은 웹 기반 채널을 활용하여 기업의 브랜드, 제품 또는 서비스에 대한 메시지를 잠재고객에게 전파하는 방법이다. 온라인 마케팅의 목표는 사람들이 쇼핑, 글 읽기, 영상 시청 등의 다양한 활동을 하는 온라인 채널을 통해 표적고객이나 잠재고객에게 도달하는 것이다.

(1) 온라인 마케팅의 중요성

온라인 마케팅은 기업의 광고 전략을 지배하고 있다고 해도 과언이 아닐 것이다. 2020년 1인당 전 세계 인터넷 하루 평균 사용 시간은 6시간 43분으로 나타났으며, 우리가 깨어 있는 시간의 약 40%를 인터넷에 사용한다는 것이다.[181)]

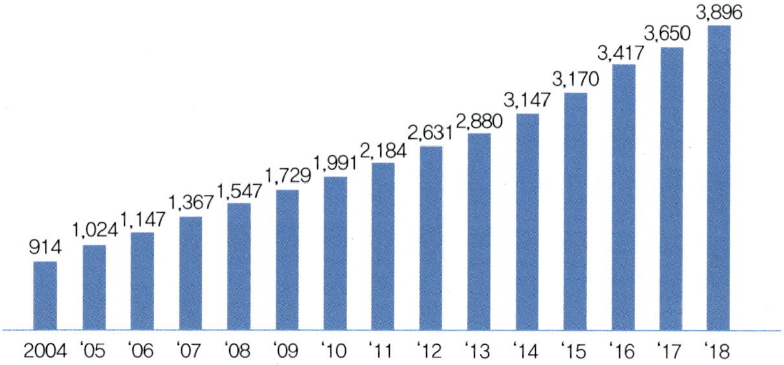

• [그림 5-8] 전 세계 인터넷 사용자 수(자료 출처: Statista) •

2018년 약 39억 명이 사용하였고, 이러한 상황은 꾸준히 증가하는 추세로 미래에는 인터넷 사용자가 더 많이 증가할 것이다. 인터넷 사용의 증가로 오프라인 위주의 비즈니스가 점차 온라인으로 방향을 전환하고 있으며, 자연스럽게 온라인 마케팅의 중요성 또한 커지고 있다.[182)]

(2) 온라인 마케팅이 주는 장점

① **비용이 저렴하다.** 즉, 오프라인 마케팅에 비해 온라인 마케팅이 더 저렴한 경향이 있다. 예산이 적은 새로운 브랜드나 업체들은 소셜미디어를 이용하여 완전히 무료로 사용할 수 있으므로 목표고객에게 쉽게 도달할 수 있다.

② **성과측정 및 분석이 쉽다.** 이는 구글 애널리틱스와 같은 분석 도구를 이용하면 온라인 광고 및 마케팅의 실적을 추적할 수 있다. 분석을 통해 대상을 정의하거나 퍼포먼스가 좋은 콘텐츠 종류를 알아낼 수 있고, 더욱더 효율적인 결과를 얻는 방법으로 마케팅 전략을 수정할 수 있다.

③ **장기적인 노출이 가능하다.** 이는 검색엔진 최적화(Search Engine Optimization; SEO) 및 일부 스폰서 광고를 포함하여 특정 유형의 온라인 마케팅을 오랜 기간 지속할 수 있다. 초기 비용으로 많은 결과를 얻을 수 있으므로 가성비가 매우 좋다.

④ **많은 잠재고객에게 도달할 수 있다.** SEO와 소셜미디어 마케팅, 광고 등의 방법을 통해서 많은 수의 사람들에게 도달할 수 있다. 특히 소셜미디어에서 사람들이 참여할 수 있는 콘텐츠를 만들면 생각보다 더 많이 퍼질 수 있다.

⑤ **고객과의 관계를 구축할 수 있다.** 목표고객이 온라인에서 광고를 계속해서 다시 보게 될 가능성이 크다. 브랜드 인지도가 높아질수록 그들은 브랜드를 빨리 인식하기 시작하며, 그들이 특정 브랜드를 더 많이 볼수록 더 많이 신뢰하게 될 것이다. 결과적으로 온라인 마케팅은 고객과 브랜드와의 관계를 강화한다.

(3) 온라인 마케팅 전략에 영향을 주는 요소

최근 기업의 마케팅 활동을 살펴보면 오프라인 마케팅 활동은 전혀 없이 온라인에서만 마케팅을 진행하는 중소규모 기업들을 많이 찾아볼 수 있다. 마케팅에 관한 의사결정에 영향을 주는 요소들은 많으며, 사업이나 예산, 인적자원 등의 요소가 필요하다. 온라인 마케팅 전략에 영향을 주는 5가지 요소는 다음과 같다.

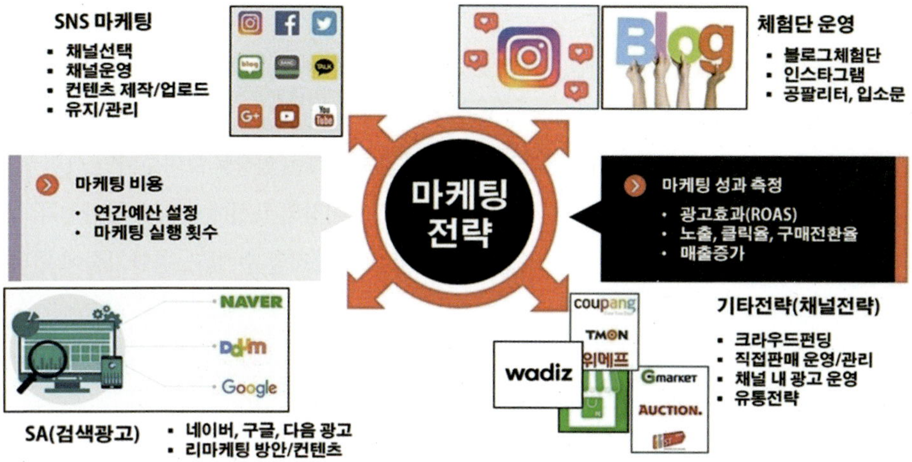

• [그림 5-9] 온라인 마케팅의 영향 요소(자료 출처: 마켓기어팀 ㈜날리지바인) •

1) 사업의 본질

비즈니스의 본질적인 성격은 온라인 마케팅의 필요성을 판단하는데 가장 중요한 요소이다. 최근 모든 사업에 있어 온라인 활동은 매우 중요한 마케팅 활동으로 자리 잡고 있다. 이는 음식점, 카페, 이·미용 등 온라인 마케팅 활동을 통해 목표고객과 잠재고객에게 필요한 정보를 제공함으로써 유입을 유도하기 때문이다.

사업 규모와 본질적 속성과는 관계없이 온라인 마케팅 활동은 경쟁력을 얻는 데 필요하다. 또한 온라인 마케팅 활동은 사업의 특성을 통해 범위를 어떻게 설정해야 하는지가 중요하다. 예컨대, 소규모 미용실을 운영한다면 검색엔진 최적화(SEO)를 고려하고, 모바일 사용자 인터페이스를 제공하는 고급스러운 웹사이트를 만들 필요는 없다. 이는 투자수익률(ROI)을 고려할 때 웹사이트 관리에 사용되는 비용이 그만큼의 수익을 가져다주기 힘들기 때문이다.

웹사이트를 만드는 대신 미용실을 홍보하는데 유용한 소셜미디어 계정을 만들고 운영하는 것이 더 좋다. 최근 유행하는 소셜미디어의 추세를 고려하여 계정을 개설하는 것이 좋은 선택이 될 것이다.

2) 목표시장의 이해

마케팅 활동을 오프라인과 온라인 중 어디에 치중해야 할지를 결정하기 위해선 목표시장을 정확히 이해하는 것이 매우 중요하다.

기업과 기업(B2B) 간의 사업을 운영한다면, 마케팅은 주로 개별고객과의 관계나 입소문에 의하여 결정되기 때문에 오프라인 활동이 중요하다. 이런 환경에서 온라인 마케팅은 여러분의 제품 및 서비스에 대한 설명이 담긴 간단한 웹사이트를 구축하여 고객들에게 기업이 제대로 된 회사라는 인상을 보여주기만 하면 된다.

기업과 소비자(B2C) 간의 사업을 운영한다면, 온라인 활동은 목표시장의 특성에 따라서 달라진다. 목표고객들의 나이가 많을 때는 오프라인 활동과 전통적인 접근방식이 더 효과적일 수 있고, 첨단기술에 민감한 젊은 층을 대상으로 할 때는 온라인 마케팅이 매우 중요한 요소이다.

3) 마케팅 예산의 선정

기업에 있어 마케팅 예산은 대부분 큰 제약 요소이다. 특히 투자수익률이 주요 핵심 성과지표(Key Performance Indicator; KPI)로 고려된다면 마케팅 활동마다 필요한 시간과 비용이 가치가 있는지 여러 번 검토해야 한다.

온라인 마케팅도 대부분의 작은 회사들은 검색 광고 등의 온라인 광고는 물론이고 웹사이트 구축 및 관리를 위한 비용을 부담하기 어렵다. 그러나 잠재고객을 위한 유용한 정보를 제공함으로써 트래픽, 매출 증대를 이끌 수 있다. 오프라인이나 전통적인 마케팅과는 반대로 비용 지출 없이도 이런 결과를 얻을 수 있다.

4) 소비자의 기대 변화

목표시장과 비슷한 측면에서 소비자의 기대치와 행동을 이해하는 것은 마케팅 접근방식을 결정하는데 큰 지침이 된다. 소비자들이 카페를 떠올리면 자신들이 원하는 음료를 편안한 분위기에서 마시길 기대하는 것처럼 소비자들은 어떤 회사, 비즈니스에서든 자신들이 얻기 원하는 최소의 기대치가 존재한다. 작은 미용실이라면 선진 기술을 고려한 웹사이트가 필요 없지만, 소비재나 서비스를 판매하는 회사가 온라인 활동을 하지 않는 것은 고객의 신뢰를 얻기 힘들 뿐 아니라 회사 비즈니스의 흥망에 영향을 줄 수 있다.

5) 지정학적 제한 요소

오프라인 마케팅은 기업이 위치한 지역으로 활동 반경이 제한된다. 그러나 온라인 마케팅은 더욱 넓은 범위에서 고객들에게 접근할 수 있다. 한국에 기반을 두고 있는 사업체도 미주, 유럽 시장을 공략할 수 있으며, 특히 여러분의 비즈니스가 서비스가 아닌 재화의 형태로 전 세계의 소비자들에게 판매된다면 온라인 마케팅은 가장 좋은 마케팅 옵션이 될 수 있다.

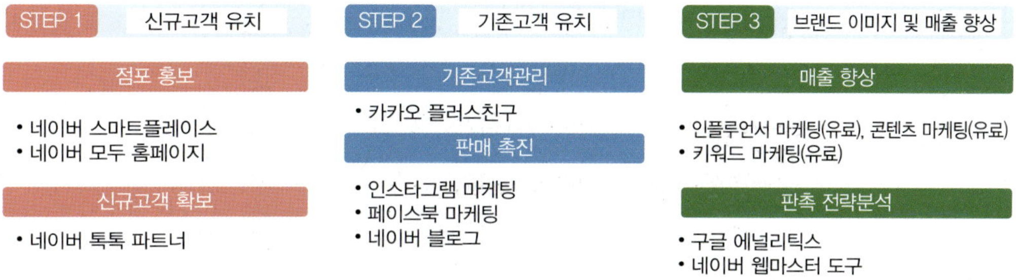

• [그림 5-10] 온라인 마케팅 로드맵 •

(4) 온라인 마케팅의 종류

1) 콘텐츠 마케팅(Content marketing)

콘텐츠 마케팅은 잠재고객을 유치하고 궁극적으로 수익성 있는 행동을 유도하기 위해 관련성이 높고 가치 있는 일관된 콘텐츠를 만들고 배포하는 마케팅 전략이다. 콘텐츠 마케팅은 인터넷이 보급되기 전부터 존재하던 개념이다. 이는 재미있는 동영상이나 사진 등이 소비자의 시각을 훨씬 더 잘 사로잡기 때문이다.

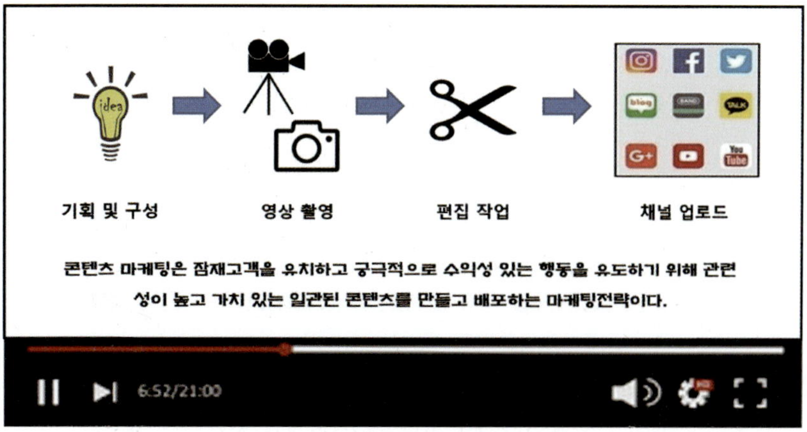

• [그림 5-11] 콘텐츠 마케팅 •

콘텐츠 마케팅의 사례로 대표적인 기업이 레드불이다. 레드불을 구매하는 고객 모두가 극한 스포츠(Extreme Sports)를 직접 즐기진 않는다. 그러나 많은 소비자가 이러한 스포츠를 관람한다는 심리를 잘 이해하고 있으므로 가능한 마케팅이다. 레드불은 모든 미디어인 동영상, 소셜미디어, 블로그, 이미지, 잡지, TV 등을 통해 고객의 관심사를 콘텐츠로 제작해 제공한다.

콘텐츠 마케팅을 오랜 시간 꾸준하게 진행할 경우 많은 양의 콘텐츠가 쌓이게 되므로 이는 곧 브랜드의 자산이 된다. 또한 고품질의 콘텐츠는 목표고객에게 쉽게 노출되고, 공유되어 비즈니스에 매우 긍정적인 영향을 미친다. 예컨대, 소비자의 흥미를 유발하고 관심을 끌게 하는 콘텐츠는 사용자에게 더 많은 검색을 촉진하고, 온라인상에서 상위에 노출될 수 있는 상황을 만든다. 따라서 온라인 마케팅의 가장 기본적인 활동이라 할 수 있다.

2) 검색엔진 최적화 마케팅(Search Engine Optimization marketing)

SEO(Search Engine Optimization)는 검색엔진 최적화라고 불리는 디지털 마케팅의 종류 중 하나이다. 인터넷이 생긴 이후 가장 먼저 생긴 온라인 마케팅 전략이라고도 할 수 있다. 구글(Google)이나 네이버와 같은 검색엔진의 상단에 자사의 웹사이트를 상위에 노출함으로써 잠재고객에게 자연스럽게 홍보하는 방법이다.

• [그림 5-12] 검색엔진 최적화 마케팅 •

키워드 광고나 구글 디스플레이 네트워크(Google Display Network; GDN), 유튜브 광고 등 흔히 말하는 검색엔진 마케팅(Search Engine Marketing; SEM)이나 페이 퍼 클릭(Pay-Per-Click; PPC)의 경우 검색엔진에 광고비용을 지불하여 광고비를 소진하면서 인위적으로 노출시키는 방식이지만, SEO의 경우 검색엔진 고유의 알고리즘을 활용하여 노출하는 것이므로 근본적인 접근방식 및 효과가 다르다고 할 수 있다.

온라인 광고 네트워크 치티카(Chitika)사의 연구결과, 검색 트래픽(Traffic)의 92%가 첫 번째 페이지에 집중되어 있고, 두 번째 페이지의 경우 트래픽이 95% 감소했다. 이는 자연스럽게 검색 클릭의 53%가 첫 번째 링크로 연결된다. 특히나 한국의 경우 2020년부터 구글이 네이버의 점유율을 급격하게 따라잡고 있어 경쟁이 포화되기 전에 빠르게 선점하는 것이 기업 성공의 중요한 요소로 떠오르고 있다.

다만 SEO는 다른 마케팅 전략보다 결과를 보기까지 시간이 오래 소요되는 작업이며, 장기적인 마케팅 전략이다. 홈페이지분석부터 키워드분석, 경쟁사분석 등 내부 최적화 및 외부 최적화 전반에 걸쳐 다방면으로 관리해야 하며, 시시각각 변하는 구글 알고리즘에 맞춰 각각의 비즈니스마다 전략을 유동적으로 바꿔야 하기 때문이다. SEO는 온라인 마케팅의 종류 중 이메일 마케팅과 더불어 가장 투자수익률(ROI)이 높은 전략 중 하나이다.

트래픽(Traffic)이란 서버와 네트워크 장치에서 일정 시간 내에 흐르는 데이터의 양을 말한다. 웹사이트에 트래픽이 많다는 것은 사용자 접속이 많아서 전송하는 데이터의 양이 많다는 것을 뜻한다.

3) 소셜네트워크 서비스 마케팅(SNS marketing)

소셜네트워크 서비스(Social Networking Service; SNS) 마케팅은 광고 마케팅과 콘텐츠 마케팅 두 가지로 나눌 수 있다. 광고 마케팅의 경우 성별, 나이, 주거지, 직업 등과 사용자 성향에 기반하여 표적화를 할 수 있는 것이 특징이다.

콘텐츠 마케팅의 경우 특성상 기술적인 마케팅 전략보다는 콘텐츠의 질이 전략의 성패를 좌우한다. 텍스트, 이미지, 비디오 등의 콘텐츠를 통해 자사의 마케팅 목표를 달성하는 방법으로 사용한다. 주요 채널로는 페이스북, 인스타그램, 트위터 등이 있으며, 각각의 SNS 채널마다 주요 사용 연령층 및 비즈니스 모델 및 업종에 따라 적절하게 사용할 수 있다.

스마트폰과 결합하면서 모바일 접속이 가능해졌고, 통화, 회의, 쇼핑 등 다양한 기능이 SNS에 부가되었다. 특히 SNS는 일반 검색을 통해 찾는 정보보다 친구의 추천으로 공유하는 정보가 신뢰성이 높고, 또 간결하게 전달되는 특징이 있는데, 바로 이 점이 기업들이 SNS를 마케팅에 활용하는 이유라 할 수 있다. 또한 기업이 SNS 마케팅 활동을 활발히 펼치는 이유는 고객에게 친근감을 조성할 수 있으며, 기업이나 제품, 브랜드에 관한 고객들의 이야기가 온라인상에서 확산할 수 있는 도구이기 때문이다.

• [그림 5-13] 소셜네트워크 서비스 마케팅 •

4) 바이럴 마케팅(Viral marketing)

바이럴 마케팅은 온라인상에서 누리꾼이 이메일이나 다른 전파 가능한 매체를 통해 자발적으로 어떤 기업이나 기업의 제품을 홍보하기 위해 널리 퍼뜨리는 마케팅 기법으로, 컴퓨터 바이러스처럼 확산한다고 해서 이러한 이름이 붙었다.

바이럴 마케팅은 2000년 말부터 확산하면서 새로운 인터넷 광고 기법으로 주목받기 시작하였다. 기업이 직접 홍보하지 않고 소비자의 이메일을 통해 입에서 입으로 전해지는 광고라는 점에서 기존 광고와 다르다. 입소문 마케팅과 일맥상통하지만, 전파하는 방식이 다르다. 입소문 마케팅은 정보 제공자를 중심으로 메시지가 퍼져 나가지만, 바이럴 마케팅은 정보 수용자를 중심으로 퍼져 나간다.

기업은 유행이나 풍조 등 현실의 흐름을 따라가면서 누리꾼 입맛에 맞는 엽기적인 내용이나 재미있고 신선한 내용의 웹애니메이션을 제작, 인터넷 사이트에 무료로 게재하고 그 사이에 기업의 이름이나 제품을 넣어 간접적으로 광고하는 방식이다.

누리꾼은 애니메이션 내용이 재미있으면 이메일을 통해 다른 누리꾼에게 전달하고, 이러한 과정이 반복되다 보면 어느새 누리꾼 사이에 화제가 됨으로써 자연스레 마케팅이 이루어지는 것이다. 일부 바이럴 마케팅 광고는 제품정보를 알려 준 사람에게 보상을 주는 접근법을 쓰기도 한다.

바이럴 마케팅은 웹애니메이션 기술을 바탕으로 이루어지고, 파일 크기가 작아 거의 실시간으로 재생할 수 있으며, 관련 프로그램만 이용하면 누구나 쉽게 제작할 수 있다. 또한 기존 텔레비전이나 영화 등 필름을 이용한 광고보다 훨씬 저렴한 비용이 들기 때문에 빠른 속도로 확산하고 있다.

5) 인플루언서 마케팅(Influencer marketing)

인플루언서는 사회에 미치는 영향력이 큰 사람을 의미하며, 특히 웹상에서의 인물을 의미한다. 이러한 인물이 전달하는 정보를 기업이 활용하여 홍보하는 것을 인플루언서 마케팅이라고 한다. 인터넷이 발전하면서 소셜미디어의 영향력이 크게 확대되었다. 현재는 소셜미디어를 통해 일반인들이 생산한 콘텐츠가 기업에서 게시하는 TV 광고와 유사하거나 또는 그 이상의 영향력을 가지게 되었다.

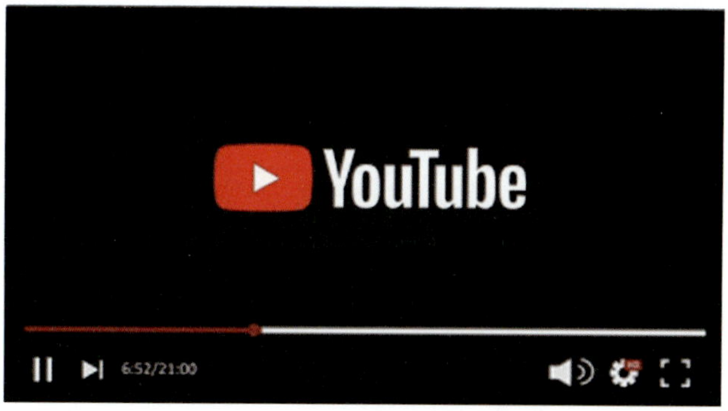

• [그림 5-14] 인플루언서 마케팅 •

인플루언서(Influencer)는 SNS를 통해 공유하는 특정 제품 또는 특정 브랜드에 대한 의견이나 평가는 콘텐츠를 소비하는 이용자들의 인식과 구매 결정에 커다란 영향을 미친다. 이는 연예인처럼 외모나 퍼포먼스로 인기를 얻지 않음에도 불구하고, 자신들이 자체적으로 생산해내는 콘텐츠를 통해 큰 파급력을 가진다는 특징이 있다.

인플루언서 마케팅은 바로 사람들의 이러한 심리를 이용한 마케팅 기법이라고 볼 수 있으며, 이는 각 연령층에서 효과가 나타나지만, 특히 각종 SNS에 쉽게 노출되어 있는 10~30대에게 가장 효과적인 마케팅 전략이라고 볼 수 있다.

인플루언서 마케팅 사례로는 인스타그램 사용자에게 제품 및 서비스 협찬, 유명 유튜버를 통한 광고, 스타를 광고모델로 기용하거나 블로거 후기 남기기 등이 있다.

6) 어필리에이트 마케팅(Affiliate marketing)

어필리에이트 마케팅(Affiliate marketing; 제휴 마케팅)은 매우 다양한 의미로 해석될 수 있으나, 인터넷 마케팅에서는 매체사의 실적에 따라 광고비를 지급하는 마케팅 방식을 말한다. 매체사에 배너를 게재했다고 바로 광고비를 내지 않고, 배너광고를 통해서 고객이 회원가입을 하거나 실제 물품을 구매하는 등의 실적을 나타냈을 때 수수료를 내는 성과보수형 광고 방식이다. 이 방식은 광고주는 광고비를 미리 지급하지 않고 게재한 광고의 실적이 발생했을 때만 소정의 수수료를 지급하게 되므로, 광고비 지급에 대한 초기 부담이 적게 광고를 집행할 수 있다는 장점이 있다.

어필리에이트 마케팅은 사용자가 다른 잠재고객에게 제품이나 서비스를 추천하고 그에 따른 수수료, 포인트, 제품 등을 받는 마케팅 방법이다. 고객 개개인이 기업의 영업사원이 되는 것과 같다. 이러한 마케팅의 대표적인 사례로 쿠팡 파트너스가 있다.

파트너스에 회원가입한 후에 쿠팡의 링크를 여기저기 공유하고, 누군가 내가 공유한 링크를 통해 제품을 구매하면, 수수료가 지급되는 방식이다. 이러한 제휴 마케팅은 구매가 이루어져야 정산하는 전제가 있어 기업으로서도 효율적인 마케팅 기법이라 할 수 있다.

7) 소셜커머스

소셜커머스(Social commerce)는 상거래 서비스에 소셜네트워크적인 요소가 있거나 판매 자체를 소셜네트워킹 서비스(Social Network Service; SNS) 내에서 하는 등 전자상거래를 위해 SNS를 활용하는 것을 의미한다.

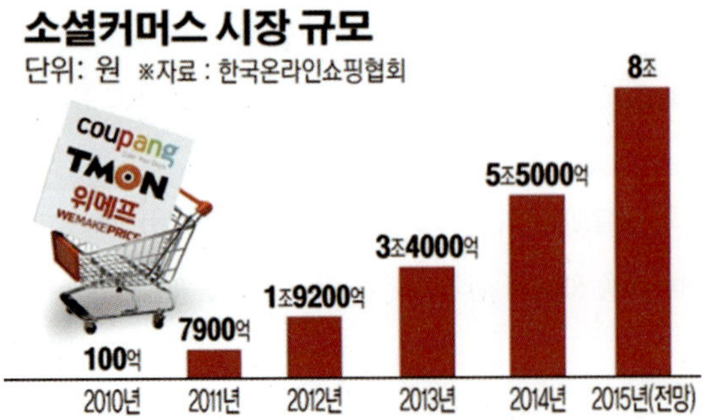

• [그림 5-15] 소셜커머스 시장 규모(자료 출처: 이투데이, 2015) •

최근 가장 활발하게 활용되는 대표적인 소셜커머스는 3가지 유형이 있다.

① 공동구매 방식으로 하루에 제한된 수량의 제품 및 서비스를 판매하고 일정 조건이 충족될 경우 구매단가를 대폭 할인해주는 방식이다. 예컨대, 특정 상품을 1,000명이 구매하게 되면 50%를 할인해주는 것인데,

위메프, 티켓몬스터 등이 이에 해당한다.

② 공동구매보다 SNS를 더욱 적극적으로 활용하는 방식으로 기존 이커머스(E-commerce) 사이트와 연계하는 방식이다. 이는 특정 사이트에서 이루어진 구매, 평가, 리뷰 등의 활동이 구매자의 소셜네트워크와 직접 연동하여 공유되는 방식이다.

단순히 커머스(상거래) 사이트에 페이스북(Facebook)이나 트위터(Twitter)로 이동할 수 있는 링크 버튼을 삽입하기도 하고, 페이스북 플러그인(Facebook Plugin)을 통해 구매 활동이 자동으로 자신의 SNS에 반영되어 지인들과 공유하는 형태를 띠기도 한다.

③ 가장 최근에 나타나고 있는 유형으로 SNS 내에 직접 입점하여 판매하는 방식으로, 이 방식은 탭 또는 애플리케이션의 형태로 SNS 내 쇼핑몰을 추가하는 것이다.

최근에는 쇼핑몰 벤더(업체)를 활용하여 페이스북(Facebook) 내에 쇼핑몰을 오픈하는 업체들이 늘어나고 있다. 이러한 벤더를 사용하면 상품등록, 장바구니, 리뷰 등의 기본적인 구매 기능은 물론 공동구매나 이벤트와 같은 추가적인 기능도 활용할 수 있다(자료 출처: LG경제연구원).

7. 마케팅조사

(1) 마케팅조사의 개념

마케팅조사는 기업이 당면한 특수한 마케팅 문제를 해결하는데 필요한 데이터와 정보를 체계적으로 수집하고, 분석·보고함으로써 의사결정을 지원하는 활동을 의미한다. 효과적인 마케팅조사를 하려면 마케팅 의사결정에 영향을 미치는 여러 요소에 대한 정보를 수집·분석하고, 그 결과를 마케팅 의사결정자에게 제공할 수 있는 마케팅조사 체계가 잘 갖추어져야 한다.

• [그림 5-16] 마케팅조사의 의의 •

과거 마케팅조사는 주로 특정 마케팅 문제에 대한 해결책을 찾기 위해 자료를 정확하고 체계적으로 수집, 분석, 해석하는 것에 초점을 맞춰 진행하였다. 그러나 최근의 마케팅조사는 마케팅 문제가 무엇인지 예측하고, 새로운 사업기회를 포착하는 데 활용하며, 새로운 아이템 혹은 아이디어로 비즈니스 기회를 모색하는 창업기업에 있어 마케팅조사는 마케팅 현실을 정확히 파악하여 올바른 의사결정을 내리는 근간이 되어 준다.

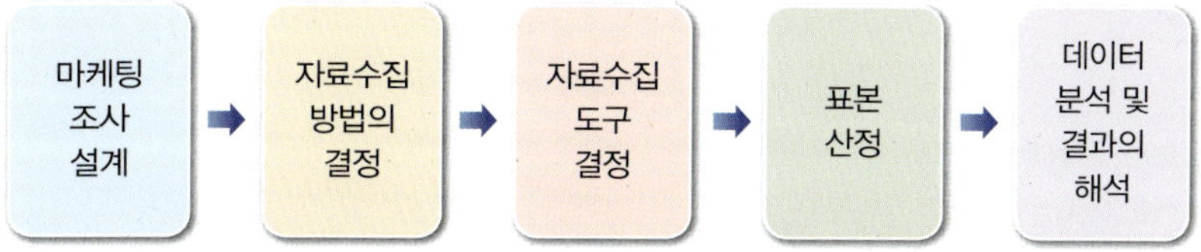

• [그림 5-17] 마케팅조사 진행 과정 •

(2) 마케팅조사설계

마케팅조사설계는 조사 목적을 정의하고, 어떤 정보가 필요한지 파악한 후에 필요한 정보를 수집하기 위한 조사 계획을 구체적으로 세우는 것을 의미한다.

1) 조사의 성격 규정

① 탐색적 조사

탐색적 조사는 마케팅 문제 및 현재 상황을 더욱 잘 이해하기 위해 조사 목적을 명확히 정의하거나 필요한 정보를 분명히 파악하기 위해 시행하는 일종의 예비 조사(사전 조사)적 성격을 지닌다.

② 기술적 조사

현재 일어나고 있는 마케팅 현상을 정확하게 이해하기 위하여 수행하는 조사를 의미하며, 어떤 특정 상품 또는 서비스에 대한 소비자의 사용 행동이나 태도 등을 설문 조사하는 것을 의미한다.

③ 인과적 조사

어떤 마케팅 현상의 원인이 무엇인가를 밝혀내기 위한 조사를 의미하며, 일반적인 설문 조사로는 불가능하며, 실험이라는 엄격한 조사를 사용해야 한다.

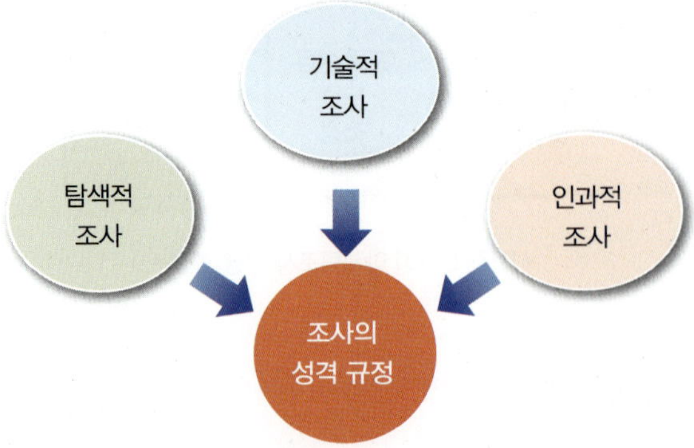

• [그림 5-18] 조사의 성격 규정 •

(3) 자료수집 방법의 결정

① 관찰법

사람들의 행동이나 어떤 사건이 전개되는 과정을 관찰한 다음, 그 결과를 정리하여 데이터를 만드는 조사 방법을 의미한다.

② 설문조사법

설문조사(Survey)란 설문지를 이용하여 조사자와 응답자 간에 질문과 응답을 통해 자료를 수집하는 방법을 의미한다.

(4) 자료수집 도구 결정

① 설문 문항 유형

- 개방식 문항: 다양하고 광범위한 응답이 요구될 때 활용되며, 탐험 조사에 유용하게 활용된다. 결과분석 시 분석자의 전문성이 요구된다.
- 폐쇄식 문항: 면접원 영향, 표현 기피, 자료처리문제를 어느 정도 해소할 방법으로 주로 사용되고 있으며, 응답 내용 간 중복성이 없어야 한다.

② 질문순서

- 질문의 순서는 물 흐르듯 자연스러워야 하며, 특히 앞부분과 끝에 위치해야 좋은 문항들이 있다.

• 도입 부분은 잠재고객에게 응답의 흥미를 유발하고 공감대를 느끼게 하는 내용으로 구성하며, 논리적 흐름과 응답하기 곤란하거나 사적인 질문은 뒤에 넣는다.

③ 질문용어 선택 시 유의사항

• 불명확한 질문은 삼간다.

• 장황한 질문은 주의한다.

• 두 개 이상의 질문은 삼간다.

• 응답 항목의 상호배타성, 포괄성에 유의한다.

• 미리 가치판단 자료를 제시하고 질문을 유도 또는 강요하지 말아야 한다.

(5) 표본산정

1) 표본산정 과정

모집단 정의 → 추출 방법 결정 → 표본 크기 결정 → 표본추출을 진행한다.

① 모집단은 조사대상자의 범위로서 조사 적용 대상이 되는 개체의 집합을 의미한다.

2) 표본추출 방법

표본의 추출 방법은 확률표본추출법과 비확률표본추출법이 있다.

① 확률표본추출법

• 단순무적위법: 제비뽑기식 방법이 있다.

• 체계적 추출법 : 연속선상의 첫 번째 표본을 계속 선택한다.

• 층화추출법: 모집단을 층화시켜 추출한다.

• 군집추출법 : 층화추출사위집단 중 하나를 선택한다.

② 비확률표본추출법

• 편의추출법: 조사의 편의를 위해 추출하며, 편리성과 저비용의 장점이 있다.

• 판단추출법: 연구자 자신의 판단에 근거하여 추출한다.

• 할당법: 몇 가지 할당 기준을 적용하여 추출한다.

3) 표본의 크기 결정

- 의사결정의 중요성: 중요한 문제이거나 많은 정보가 필요하거나 정확도가 높아야 할 때 대규모 표본이 필요하다.
- 조사의 성격: 예를 들어, 탐험 조사의 경우 소규모 표본이 필요하다.
- 변수의 수, 분석의 성격: 변수의 수가 많고 분석이 복잡할수록 대규모 표본이 필요하다.
- 유사조사의 크기: 타 유사조사에서 사용하는 표본 규모를 참조한다.
- 자원의 제약성 등을 고려한다.

(6) 데이터분석 및 결과의 해석

분석(Analysis)은 수집된 자료를 가공, 처리하여 어떤 의미를 전달토록 해주는 것을 의미하며, 해석(Interpretation)은 자료분석결과에서 얻은 정보를 결합하여 연구의 목적에 적합한 새로운 정보를 제공하는 것이다.

1) 수집자료의 정리

수집된 자료의 정리과정은 편집, 코딩, 데이터 파일 구성, 가공 순으로 진행한다.

- 편집: 불완전한 응답 재정비, 무응답 분석, 보완, 틀린 응답처리, 수정작업 등으로 진행한다.
- 코딩: 응답 결과를 숫자나 문자로 변환하여 일정한 값을 부여하는 과정이다.
- 자료입력, 데이터 파일을 구성하고 원하는 정보로 자료를 가공한다.

2) 기술통계분석

- 빈도분석: 평균, 중위값, 표준편차 등 응답의 분포를 계산한다.
- 평균분석: 소집단별 평균, 표준편차를 산출한다.

3) 변수 간의 관계분석

- T-test: 두 집단 간 평균의 차이를 분석하는 방법이다.
- 분산분석: 독립변수가 두 개 이상이고 종속변수가 하나일 때 분석하는 방법이다.
- 판별분석: 둘 또는 그 이상의 집단이 어떤 측면에서 서로 구분되는지 분석하는 방법이다.

- 다차원분석: 제품 등에 관한 인식을 근거로 제품 간의 상대적 위치를 파악하는 방법이다.
- 결합분석: 제품 속성의 조합에 의해 만들어진 여러 제품 대안에 대한 선호도를 분석하는 방법이다.
- 정준 상관관계분석: 회귀분석과 유사하나 종속변수가 여러 개인 경우에 분석하는 방법이다.
- 회귀분석: 종속변수에 영향을 미치는 변수의 영향 정도, 방향을 분석하는 방법이다.

4) 결과의 제시

분석결과를 바탕으로 여러 가지 대안의 장단점을 평가하고 그중에서 가장 나은 대안을 골라서 실행에 옮기도록 제시한다.

8. 시장수요예측

기업이 마케팅조사를 시행하는 이유는 마케팅 기회를 확인·규명하기 위한 목적으로, 마케팅조사가 완료되면 기업은 각 시장의 기회와 규모, 성장 및 이익 잠재성을 측정하고 예측해야 한다.

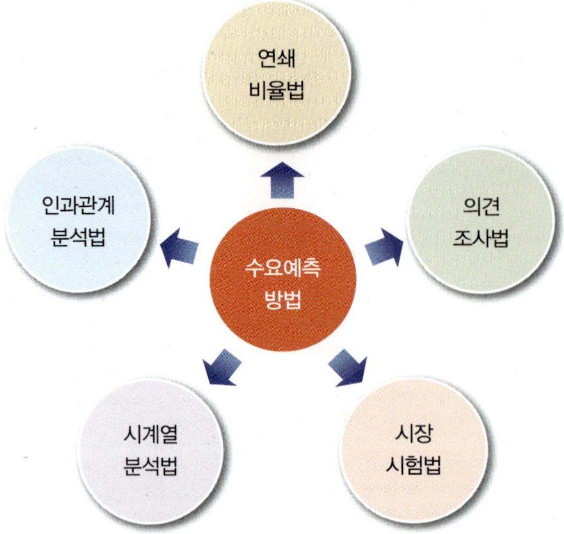

• [그림 5-19] 시장수요예측 방법 •

(1) 수요예측 방법

1) 연쇄비율법

① 시장잠재력 추정은 일정 기간 이상적 조건에서 특정 기업뿐만 아니라 경쟁기업 모두가 달성할 수 있는 최대매출액을 의미한다.

> 시장잠재력 = 잠재구매자 수 × 구매자당 평균 구매량 × 가격

② 잠재구매자의 범위와 크기를 파악해야 한다. 또한 해당 제품 또는 서비스에 대한 욕구와 여건, 능력을 갖추고 있다면 모두 포함해야 한다.

③ 잠재구매자의 구매량을 추정해야 한다. 또한 현재 구매자 또는 사용자의 평균 구매량 추정치가 사용되며, 산업재의 경우 표준산업분류(SIC)를 사용한다.

2) 의견조사법

① 소비자 구매 의도 조사를 한다. 구매 의도분석은 잠재고객을 대상으로 주로 설문 조사를 통해 신제품을 구매하거나 사용할 가능성을 조사한 후 이를 신제품 구매확률로 환산하는 것을 의미한다.

② 판매원 또는 유통업자의 의견을 통합한다. 구매자를 직접 면접하기 어려운 경우 자사 영업사원이나 유통업자를 대상으로 조사하여 수요를 예측할 수 있다

③ 전문가 의견을 수렴한다. 특정 제품, 기술 또는 산업 분야에 능통한 전문가들을 대상으로 예측치를 수집한 다음 이를 평균하는 방법으로 델파이법이 대표적이다.

- 델파이법은 집단토의와 개별 측정을 통합하는 방식으로 3차 이상의 수정 반복을 통하여 의견일치를 추구하는 방법을 말한다.

3) 시장시험법

① 소비재 시장시험은 잠재구매자들에게 신제품을 직접 사용해보도록 한 다음, 이들의 반응을 조사하고, 이 결과를 기초로 매출액이나 시장점유율을 예측하는 방법이다.

- 산업재 시장시험은 고가의 산업재나 새로운 기술제품은 기업 내의 알파테스트(Alpha test)나 외부고객을 대상으로 베타테스트(Beta test)를 진행하는 방법이다.

4) 시계열분석법(Time-series analysis)

① **시계열분석법**은 과거 실적을 바탕으로 미래 수요를 예측하는 방법으로 분석 시 매출액에 더 높은 가중치를 부여하는 방법이다.

② **시계열분석법**의 요건은 시계열 자료가 있어야 하고, 미래는 과거와 유사하다는 가정이 성립되어야 하며,

과거 자료에서 패턴을 추출할 수 있어야 한다.

③ **시계열분석**은 과거의 시계열 자료를 추세, 주기, 계절적 요인, 불규칙한 사건 등 네 가지 구성요소로 분리한 후 이를 이용하여 미래의 매출액을 도출한다.

- 추세: 시간 경과에 따른 매출실적의 변화를 파악하기 위한 것이다.
- 주기: 매출실적의 변동을 가져오는데 이바지한 경기 순환적 요소를 파악하기 위한 것이다.
- 계절적 요인: 계절에 따라 변하는 패턴을 초래하는 요소를 파악하기 위한 것이다.
- 불규칙 요인: 수요에 영향을 미치는 예측 불가능한 요소로 과거 자료로부터 불규칙 요소들에 의한 수요변동을 제거하기 위한 것이다.

5) 인과관계분석법

① 인과관계분석법은 매출액과 상관관계가 높은 변수들을 이용하여 미래 매출액을 예측하는 방법으로 회귀분석법과 선행지수법을 사용한다.

- 회귀분석법은 매출액에 영향을 주는 변수들과 매출액 간의 통계적인 함수관계를 이용하여 매출액을 예측하는 방법이다. 이는 이론적 근거를 토대로 매출액에 영향을 주는 변수들을 선정한 다음, 회귀분석을 통하여 회귀식을 도출하고, 독립변수들의 값들은 회귀식에 대입하여 구한다.
- 선행지수법은 특정 제품의 수요 변화를 예측하기 위하여 그 제품의 수요 변화에 선행되는 변수들을 이용하는 방법을 말한다.

(2) 시장수요에 영향을 미치는 요소

① **제품요인**: 제품 자체의 특성으로 기능, 성능, 가격, 용도, 규격, 상표, 디자인, 이미지 등이 있다.

② **공급요인**: 수요자가 신제품에 접근할 기회의 정도로서 생산량, 공급량, 지역, 경로 등이 있다.

③ **정보요인**: 수요자의 신제품정보 접촉 기회의 정도로 광고, 홍보, 인적, 매체 등이 있다.

④ **경쟁요인**: 경쟁품, 대체품의 유무, 가격, 용도, 규격, 보급상황 등이 있다.

⑤ **소비자요인**: 수요자의 소득, 구매패턴, 연령, 직업, 생활양식 등이 있다.

⑥ **기타 요인**: 사회, 문화, 기술, 법, 제도, 경제 등 거시적 환경 및 기타 요인 등이 있다.

(3) 시장수요의 발생구조(신제품 수용 과정)

① **인지단계**: 신제품 관련 정보에 처음 노출되어 인식하는 단계이다.

② **관심단계**: 신제품에 대해 정보를 적극적으로 탐색하는 단계이다.

③ **평가단계**: 신제품을 기존 제품과 자신의 욕구, 기대, 동기 등에 비추어 비교·평가하는 단계이다.

④ **사용단계**: 신제품을 한 차례 시험적으로 구매하여 사용해보는 단계이다.

⑤ **수용단계**: 신제품을 지속적으로 구매하기로 하는 단계이다.

학습정리

· 마케팅은 자사의 제품이나 서비스가 경쟁사의 그것보다 소비자에게 먼저 선택될 수 있게 하도록 행하는 모든 제반 활동들을 의미한다. 마케팅에서 가장 기본적으로 갖는 개념은 소비자의 니즈(Needs)와 원츠(Wants)이다. 즉, 마케팅은 소비자의 필요(Needs)와 원하는(Wants) 것을 파악하여 이를 충족시켜 주기 위한 기업들의 제반 활동을 다루는 학문이다.

· 미국마케팅학회(AMA)의 마케팅에 대한 정의는 생산자로부터 소비자 또는 사용자에게로 제품 및 서비스가 흐르도록 관리하는 제반 기업 활동의 수행이다. 마케팅은 개인이나 조직의 목표를 충족시켜 주는 교환을 창조하기 위해서 아이디어, 제품, 서비스의 창안, 가격절충, 촉진, 유통을 계획하고 실행하는 과정이다.

· 마케팅 커뮤니케이션은 프로모션이라는 용어에서 나아가 좀 더 포괄적인 의미의 용어이다. 촉진(Promotion), 제품(Product), 가격(Price), 유통(Place)과 함께 판매 전략(4P)의 한 요소로 고객의 구매 활동에 있어 제품을 알리고 구매하도록 설득하며, 구매를 유도하도록 인센티브 등을 제공하는 전반적이고 공격적인 활동을 의미한다.

· 일반적으로 마케팅 커뮤니케이션은 광고, PR, 인적판매, 판매촉진을 통하여 수행되고 있다. 이 4가지의 수단을 마케팅 커뮤니케이션 믹스라고 하며, 이러한 촉진 도구를 통한 효과적인 커뮤니케이션에 달성하는 것이 중요할 것이다.

· 광고(Advertising)는 광고주가 소비자의 행동과 태도에 영향을 줄 목적으로 신문 혹은 방송 등의 광고매체를 통하여 유료로 정보를 전달 · 활동하는 것을 말한다. 광고는 크게 두 가지 관점에서 정의할 수 있다.

· PR은 다양한 이해관계자 간의 신뢰를 구축한 커뮤니케이션 도구를 의미하며, 이해관계자라고 한다면 종

업원, 주주, 소비자, 정부, 민간단체 등을 말한다.

· 인적판매(Personal selling)는 판매자가 구매를 유도하기 위해 예상고객과 직접 접촉할 때 판매원이 예상 구매자에게 대면하여 기울이는 커뮤니케이션이다. 인적판매는 고객과 대면하여 이루어지는 상호작용이므로 다른 촉진 수단보다 차이점이 있다.

· 판매촉진(Sales promotion)은 넓은 의미로는 인적판매, 광고 및 기타의 보조적 판매 활동 등을 뜻하며, 좁은 의미로는 인적판매와 광고를 보완하고 그에 협동함으로써 판매 활동을 지원하는 것이다.

· 타깃 마케팅은 고객의 여러 가지 욕구 또는 요구 때문에 고객을 세분화하여 그 그룹에 집중하는 마케팅의 방법을 타깃 마케팅이라고 한다.

· 마케팅 커뮤니케이션은 소비자의 정보처리과정에 들어가 소비자를 설득하여 행동하게 만드는 과정을 설득 커뮤니케이션이라고 한다. 이러한 설득 커뮤니케이션은 궁극적으로 고객을 설득하여 태도의 변화를 일으켜 상품 또는 서비스를 판매할 목적으로 하기에 이것을 정보처리하는 과정을 살펴보아야 할 것이다.

· 마케팅조사는 기업이 당면한 특수한 마케팅 문제를 해결하는데 필요한 데이터와 정보를 체계적으로 수집 · 분석하고 보고하여 의사결정을 지원하는 활동을 의미한다.

PART

6

창업 및 운영관리 실무

학습개요

창업에 있어 비즈니스 모델을 수립하고 이를 통한 사업계획서를 작성하고 사업목표를 설정하는 것은 매우 중요한 지표가 된다. 따라서 창업관리 실무에서는 사업계획서 작성 시 시장조사와 점포입지와 상권분석, 고객 설문조사기법, 창업자의 기업가정신에 관하여 파악하고, 창업에 관한 준비과정에 대하여 살펴보고자 한다. 또한 운영관리 실무에서는 매출관리, 서비스 품질관리, 고용관리, 고객 접점 프로세스 개발인 서비스 청사진과 전략과 품질경영에 관하여 학습한다.

BEAUTY SERVICE MANAGEMENT

CONTENTS

PART 6. 창업 및 운영관리 실무

학습목표

· 비즈니스 모델의 개념과 방법을 파악하고 비즈니스 모델 캔버스를 작성할 수 있다.

· 사업계획서와 시장조사, 상권분석을 통한 창업 준비과정에 적용하고 활용할 수 있다.

· 상권분석과 고객 설문조사기법을 통한 마케팅관리 전략 매뉴얼을 수립할 수 있다.

· 서비스 기준을 설정하고 서비스 성과와 비교하여 서비스 성과를 향상하는 지표로 활용할 수 있다.

· 종업원의 동기부여를 위한 근무 평가 규정을 계획 및 수립, 평가하여 인사고과에 반영할 수 있다.

· 서비스 청사진을 작성하고 서비스 프로세스를 수립, 적용할 수 있다.

· 전략과 품질경영의 개념을 파악하고 서비스품질 향상에 따른 전략을 수립할 수 있다.

주요용어

비즈니스 모델(Business Model), 비즈니스 모델 캔버스(BMC: Business Model Canvas), 사업계획서, 시장조사, 상권분석, 경쟁업체분석, 소비자분석, 점포의 입지, 점포요인, 고객 설문조사기법, 기업가정신(Entrepreneurship), 미디어 파사드란(Media facade), 6시그마(Six sigma), 인적자원관리, 직무분석, 직무평가, 동기부여(Motivation), 서비스 청사진(Service Blue Print), 전략(Strategy), 품질경영(6시그마, Six sigma)

생각하기

· 여러분이 생각하는 창업 전 고려할 사항에 대해 토의한다.

· 여러분이 생각하는 사업계획서는 무엇이며, 왜, 어떻게, 작성하는지 토의한다.

· 여러분의 진로선택에 대해 잘하는 것과 좋아하는 것, 적성 등의 관계를 고려하여 토의한다.

· 여러분이 생각하는 고객의 요구(Needs)를 파악하는 방안에 대해 토의한다.

· 여러분이 생각하는 창업 시 창업자에게 필요한 요소와 효율적인 운영방안을 토의한다.

· 서비스품질 경영을 위한 방안을 토의한다.

1. 서비스 비즈니스 모델

비즈니스 모델(Business Model; BM)은 새로운 아이템과 비즈니스 프로세스를 개발하여 미래의 재무제표를 추정하는 것으로, 미래의 기업 가치를 수립하는 과정이다. 즉, 비즈니스 모델은 가치를 창조하고 전파하여 어떻게 수익으로 변환하는지를 체계적으로 묘사하는 것으로, 돈을 버는 메커니즘의 핵심을 기술하고, 기업의 고객들과의 관계 규명, 자금의 주요 흐름, 주요 효익의 내용으로 구성한다.

(1) 비즈니스 모델의 정의

지속적인 매출과 이윤을 창출하기 위한 기업의 비즈니스 논리로 매출과 이익을 만드는 메커니즘과 이와 관련된 구성요소(Building block) 그리고 구체적인 매출 모델은 어떻게 매출을 만들 것인가를 정의한다.

Timmers(1998)는 다양한 사업 참여자와 그들의 역할을 포함하는 제품 또는 서비스, 정보 흐름의 구조이며, 다양한 참여자들의 잠재적인 이익과 수익 원천을 설명해주는 청사진이다.[183] 또한 고객가치 제안, 수익 공식화, 핵심 자원, 핵심 프로세스 4가지 구성요소가 서로 맞물려 가치를 창출하고 전달하는 것이다.[184]

(2) 비즈니스 모델의 필요성

기업은 고객의 가치를 창조할 수 있는 새로운 수익 모델의 지속적인 개발이 이루어질 때 지속적인 성장이 가능하다. 일반적으로 사업계획서는 미래 재무적 예측자료를 포함한 서류의 형태로 상세한 문서로 작성한다. 그러나 비즈니스 모델은 압축적이고 핵심적인 내용을 간략하게 표현한다.

기업이 수익을 창출하기 위한 구체적인 방법을 서술해야 하며, 누구든지 쉽게 기억할 수 있을 정도로 충분히 작은 개념으로 표현한다. 서류로 작성된다면 한 페이지면 족하며, 여러 말보다는 하나의 그림으로 표현하는 것이 적합하다.

1) 새로운 경쟁력의 원천

고객이 원하는 가치를 정확히 파악하고 그에 상응하는 제품과 서비스를 제공할 수 있는 비즈니스 모델의 개발은 기업 경쟁력의 핵심 요소를 파악할 수 있다.

2) 고객 지향적인 제품과 서비스 개발

자신이 보유한 기술을 구현하거나 문제해결 중심으로 개발하는 경향보다 고객과 시장이 원하는 시장 지향적인 제품 또는 서비스를 개발할 수 있다.

3) 커뮤니케이션 문제해결

비즈니스 모델은 최고경영자, 중간관리자, 사원 등 모든 구성원이 같은 목표를 가지고 같은 방향으로 조직의 힘을 모을 수 있어 커뮤니케이션 문제를 해결하는 좋은 방안을 제시한다.

(3) 비즈니스 모델 구성요소

성공적인 비즈니스 모델을 수립하기 위해서는 많은 고객을 유인할 수 있어야 하며, 이를 수익과 연결할 수 있을 때 경쟁력 있는 비즈니스 모델이 수립된다. 또한 가치 창출을 위한 활동들이 선순환적인 구조를 형성하여 경쟁자들이 쉽게 모방할 수 없게 설계가 되어야지만 지속성을 확보할 수 있다.

1) 가치 제안

목표고객과 주요 경쟁기업 그리고 자사의 제품 및 서비스의 장점을 포함하여 구체화하는 것이다.

2) 목표고객

시장의 규모와 성장률, 충족되지 않는 고객의 요구, 경쟁제품 혹은 경쟁사의 부재 등을 분석하여 목표고객 계층을 설정하는 것이다.

3) 가치사슬

기업이 제품과 서비스를 만들고 유통하면서 고객들에게 가치를 제공하는데 관련된 활동이다.

4) 전달 방법 설계

자사가 구체화한 고객가치를 어떠한 방법으로 전달할 것인지를 설계하는 것이다.

5) 수익 흐름

비즈니스를 통해 수입을 발생시켜 이윤을 창출하고, 창출된 이윤을 투자하여 높은 수익을 낼 수 있는 시스템을 구축하는 것이다.

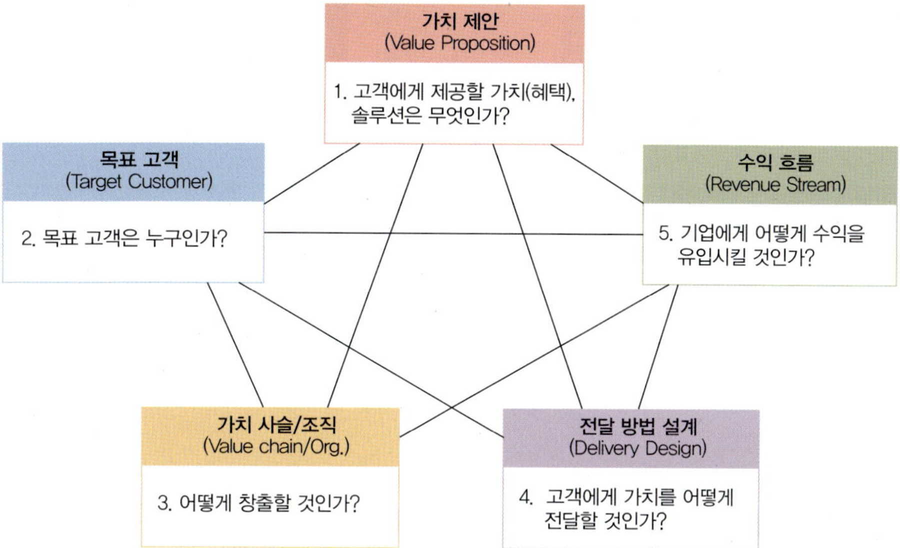

• [그림 6-1] 비즈니스 모델의 구성요소 •

(4) 비즈니스 모델 캔버스

비즈니스 모델 캔버스(Business Model Canvas; BMC)는 제품 또는 서비스를 구성하는 9가지 요소를 포함하고 있다. BMC는 제공가치를 중심으로 가치생산(내적), 고객가치(외적) 두 가지 분야로 구성되어 있다.[185]

고객가치에서는 기업의 외적인 부분으로 자사의 제품 또는 서비스를 어떤 고객을 대상으로 고객 관계를 이루어 가치를 전달하는 경로와 이를 통해 얻는 수익구조를 설정한다. 즉, 고객에게 전달하는 가치를 설계한다.

가치생산 부분은 기업이 어떤 가치를 만드는가를 설계한다. 이 부분은 기업 내에 존재하며 고객에게는 보이지 않는 부분이다. 어떠한 활동을 통해 가치가 만들어지는지 기업의 흐름을 나타낸다.

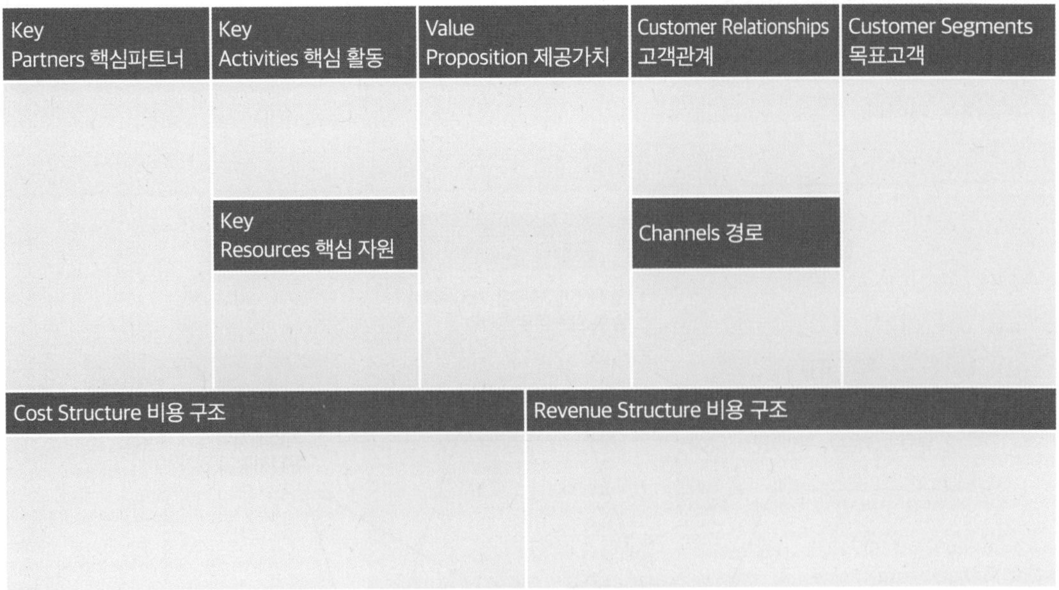

• [그림 6-2] **비즈니스 모델 캔버스** •

1) 고객 세분화(Customer Segmentation; CS)

기업의 판매전략에 반응을 보일 것으로 여겨지는 고객 집단을 분류하는 것으로 고객의 성향과 특성을 파악하여 고객을 분류한다.[186]

(가) 시장 세분화 기준

- 특정한 제품 또는 서비스를 선호하는 그룹으로 분류한다.
- 서로 다른 유통채널을 통해 도달한 그룹으로 분류한다.
- 제품 또는 서비스 제공자와 고객과의 관계 또는 고객 사이의 관계를 다른 그룹으로 분류한다.
- 수익성의 관점에서 완전히 다른 양상을 가지는 그룹으로 분류한다.
- 제품이나 서비스에 지불할 의사가 있지만, 서로 다른 면을 바라보고 지불하려는 그룹으로 분류한다.

2) 가치 제안(Value Proposition; VP)

목표하는 세분화 집단에 가치를 만들어내는 제품 또는 서비스의 총체로 가치 제안에 따른 교환, 고객만족 등

이다. 기업의 성공과 실패를 결정하는 가장 중요한 부분이다.[187)]

(가) 가치

- 기존 제품 또는 서비스와 비교하면 우수한 성능(Performance)을 제공한다.
- 특정 고객을 위한 제품 또는 서비스의 고객화(Customization)를 할 수 있다.
- 기존 제품 또는 서비스를 뛰어넘는 혁신 또는 창조(Innovation)할 수 있다.
- 기존 제품 또는 서비스와 구분되는 탁월한 디자인(Design)을 제공할 수 있다.
- 기존 제품 또는 서비스와 구분될 만큼 싼 가격(Price)에 제공할 수 있다.
- 기존 제품 또는 서비스가 제공하지 못한 편익(Convenience)을 제공할 수 있다.
- 기존 고객에게 비용 절감의 기회(Cost reduction)를 제공할 수 있다.
- 기존 고객에게 위험 회피의 기회(Risk avoidance)를 제공할 수 있다.
- 기존 제품 또는 서비스로 접근이 어려웠던 제품 또는 서비스를 제공할 수 있다.

3) 채널(Channel; CH)

기업이 고객 세분화와 소통을 하면서 동시에 가치 제안을 전달하는 임무를 수행하는 것으로 소통과 유통, 영업 등이 이루어지며, 고객과 기업이 만나는 서비스 접점은 고객 경험에 있어 매우 중요한 역할을 한다.[188)]

(가) 채널의 기능

- 기업의 제품이나 서비스에 대한 이해도와 인지도를 높인다.
- 고객들이 기업의 가치 제안을 평가할 수 있도록 도와준다.
- 고객들이 특정 제품이나 서비스를 구매할 수 있다.
- 고객들에게 가치 제안을 직접 전달할 수 있다.
- 구매 이후의 고객에 대한 지원을 담당한다.

4) 고객 관계(Customer Relationship; CR)

특정 고객 세분화와 기업이 맺는 관계의 유형을 의미한다. 즉, 목표고객에게 어떤 형태로 지속적인 관계를 유지할 것인가를 결정하는 것이다.[189)]

(가) 고객 관계관리

- 신규고객 확보 방안을 수립한다.
- 고객 관계 확대 방안을 수립한다.
- 판매의 확대 방법을 수립한다.

5) 수익구조(Revenue Stream; RS)

매출구조는 각각의 고객 세분화에서 어떻게 돈을 받을 수 있을 것인가를 대표하는 부분으로 각각의 고객 세분화들이 어떨 때 지불할 용의가 있는가를 파악하고, 가능하면 복수의 매출구조를 고객 세분화마다 가질 수 있게 구성한다.[190]

(가) 매출구조 유형

- 물품 판매: 제품의 직접적인 판매를 통해 얻게 되는 수익원이다.
- 이용료: 특정 서비스를 이용하게 됨으로써 발생하는 수익원(정액 이용료 등)이다.
- 가입비: 서비스에 대한 지속적인 이용 권한을 판매함으로써 창출(연간 가입비 등)한다.
- 대여료 및 임대료: 특정한 자산을 일정 기간 이용할 수 있는 권리를 주는 대가로 받는 수수료 등이다.
- 라이센싱: 특허, 저작권 사용에 대한 사용료 등이다.
- 중개 수수료: 중개자와 중개 의뢰인 간에 발생하는 비용으로 매개 역할에 대한 수수료 사용료 등이다.
- 광고: 특정 제품이나 서비스, 브랜드 광고비를 통해 발생하는 수익원이다.

6) 핵심자원(Key Resources; KR)

비즈니스 모델이 동작하는데 필요한 가장 중요한 자산으로 비즈니스 모델에 따라 서로 다른 형태의 핵심자원을 필요로 한다.[191]

(가) 핵심자원

- 물적자원: 공장, 공장설비, 자동차, 기계, 시스템, 물류 네트워크 등이다.
- 인적자원: 생산적인 재능, 기술, 지식을 갖춘 인력 등이다.
- 지적자원: 브랜드, 독점적 지식, 특허나 저작권, 파트너십, 고객 데이터베이스 등이다.
- 재무적자원: 현금, 신용한도, 스톡옵션 등이다.

7) 핵심활동(Key Activities; KA)

비즈니스 모델을 동작시키기 위해 회사에서 반드시 수행해야 하는 일들, 가치상품을 만들고, 시장에 접근해서 고객 관계를 유지하고, 매출구조를 유지하는 데 중요한 역할을 한다.[192]

(가) 비즈니스 모델별 핵심 활동

- 마이크로소프트와 같은 소프트웨어 회사는 소프트웨어 개발이 중요한 핵심 활동이다.
- 인텔과 같은 PC 제조업체는 공급망관리가 중요한 핵심 활동이다.
- 맥킨지와 같은 컨설팅 회사는 주어진 문제를 푸는 것이 중요한 핵심 활동이다.

8) 핵심파트너(Key Partners; KP)

비즈니스 모델을 동작시키는데 필요한 협력 대상들, 최근의 비즈니스 모델에 있어 가장 중요한 부분으로 비즈니스 모델을 최적화하고, 위험을 감소시키며, 없었던 자원을 획득하는 데 매우 중요한 역할을 한다.[193]

(가) 파트너십 유형

- 비경쟁자와의 전략적 제휴 유형
- 경쟁자들과 전략적 파트너십 유형
- 새로운 비즈니스 창출을 위한 조인트 벤처 유형
- 신뢰성 있는 공급을 위한 구매와 공급 관계 유형

9) 비용구조(Cost Structure)

기업이 사업을 운영하면서 발생하는 모든 비용이 어떻게 발생하는지에 대한 부분으로 핵심자원, 핵심활동, 핵심파트너들이 명확해지면 비용을 쉽게 계산한다.[194]

- 비용 주도형: 가격경쟁이 중요한 상품 가치가 되는 비즈니스 모델 유형
- 가치 주도형: 프리미엄 상품의 경우 비용보다는 상품 가치가 더욱 중요한 유형

2. 사업계획서

(1) 사업계획서 의의

사업계획서(Business plan)는 사업에 대한 타당성을 분석하는 설계도이며, 추진하고자 하는 사업을 타인에게 설득하는 중요한 도구이다.

1) 기획은 경영 활동의 핵심 기능

- 경영의 기본 기능을 갖는다.
- 기획은 경영의 기본 기능 중에서도 업무성과에 가장 큰 영향을 미칠 수 있는 핵심 요소이다.
- 효과적인 기획은 목표를 설정하고 달성 수단을 결정하는 과정이다.

2) 사업계획서는 사업 활동의 지침 역할

- 사업계획서는 단순한 연구계획서가 아닌 것을 기억해야 한다.
- 단순한 개발 계획이 아니라 무엇을 어떻게 개발, 생산, 판매해서 이익을 실현할 것인가를 다루어야 한다.
- 아이디어의 기술적 타당성과 시장에서 소비자에게 얼마나 받아들여질 수 있는가를 설명해야 한다.
- 사업계획서의 핵심 내용으로 사업 활동을 기획한 결과로 사업계획서 작성과정을 통해 명확한 사업 타당성분석이 필요하다.

(2) 사업계획서 작성의 목적

① **사업계획서**는 미래의 사업성과를 추정하면서 목표를 설정하는 것으로 창업자 관점에서 자신의 사업 방향을 정하는 나침반이다.

② **사업계획서**는 계획하고 있는 사업과 관련하여 사업목적인 최대의 수익을 창출하기 위해서 투자, 생산, 판매, 재무 등의 추진계획을 정리하여 작성한 보고서이다.

③ **사업계획서**는 사용하고자 하는 상황에 따라 형식이나 내용면에서 차이가 있으므로 그 용도에 따라 작성하는 것이 중요하다.

④ **사업계획서**는 남을 설득하는 것이 가장 큰 목적이다. 설득하려면 논리성을 가지는 것이 필요하다. 논리성을 바탕으로 설득하기 위해서는 사업계획서 작성 시 다음과 같은 원칙들을 고려해야 한다(이해 가능성, 객관성, 일관성, 독창성).

사업계획서 작성을 통하여 부족한 부분이 있다면 반드시 보완하여야 하며, 필요자금은 충분한지를 따져봐야 한다. 이를 간과하게 되면 개점 후 얼마 되지 않아 자금 압박을 받아 사업을 제대로 펴보지도 못하고 폐업을 하는 상황을 겪을 수도 있다. 그리고 창업 시기를 잘 판단해야 한다. 좋은 아이템이라 할지라도 시기를 잘못 선택하여 실패하는 경우도 있다.

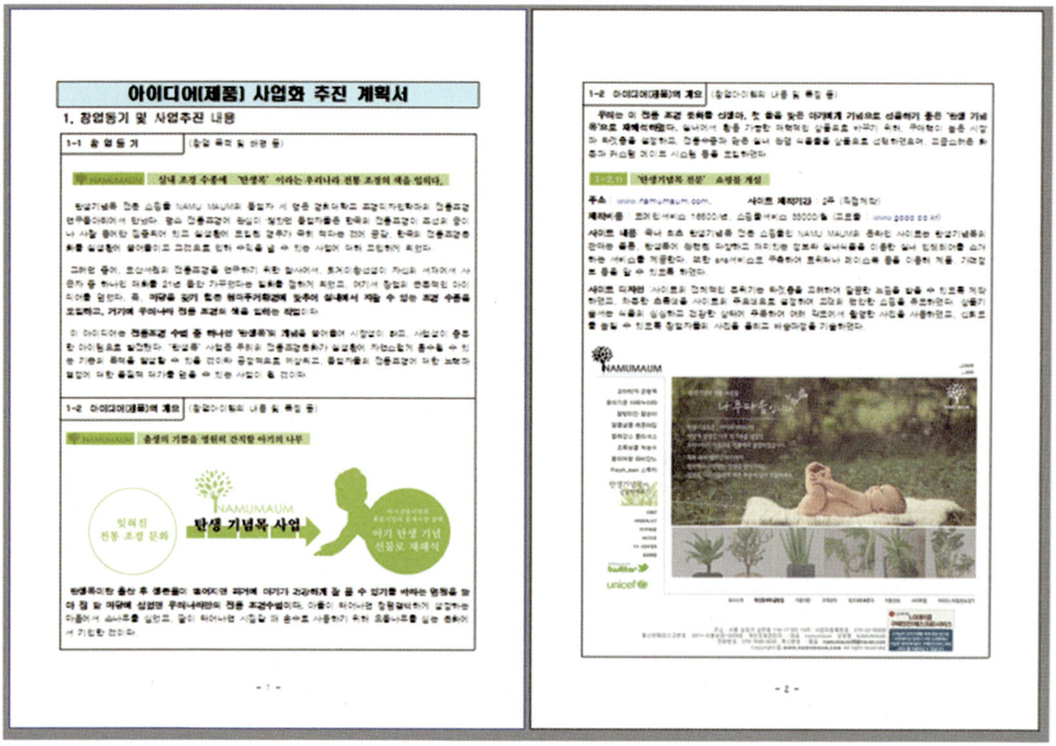
아이디어(제품) 사업화 추진 계획서

1. 창업동기 및 사업추진 내용

1-1 창업동기

1-2 아이디어(제품)의 개요

탄생 기념목 사업

- 1 -

1-2 아이디어(제품)의 개요

- 2 -

• [그림 6-3] 사업계획서 작성의 예 •

(3) 사업계획서의 필요성

1) 감정적 편견을 제거

감상적 아이디어 또는 경험에 의존하는 주먹구구식 계획을 탈피하고 과학적 분석기법의 활용으로 체계적인 사업계획의 수립이 가능하다.

2) 사업에 대한 열정을 파악

창업자가 자기 사업에 대한 상당한 노력과 시간의 투자로 더욱 성공 가능성이 큰 사업계획을 수립한다.

3) 계획 및 실행 방안의 정당성 입증

구체적이고 세부적인 사업계획은 계획 및 아이디어의 정당성을 입증하여 현실감과 실행 가능성을 높여준다.

4) 사업아이디어의 검증

사업계획서를 작성하며 나타날 수 있는 문제를 파악함으로써 중대한 실수를 사전에 점검하도록 하여 사업의 실패 확률을 낮춰준다.

5) 일관성 있는 전략으로 발전

계획을 문서로 작성하는 것은 사업과 관련된 제반 요소를 재검토, 재인식하게 하여 핵심 성공요소들을 끌어내어 전략으로 발전시킬 수 있다.

6) 신뢰성의 향상

사업계획서는 계획적이고 설득력 있게 잘 작성된 문서로 이해관계자의 관심을 유발하고 창업자의 신뢰도를 높여준다.

(4) 사업계획서의 장점

1) 사업계획의 체계화

- 창업 시 사업계획서를 만들게 되면 그것이 장래의 사업계획이 된다.

- 사업아이디어나 아이템을 가지고 직접 사업계획을 수립함으로써 사업을 시작할 수 있다.
- 준비가 많이 필요한 사업일수록 사업계획서는 계획의 체계를 잡아준다.

2) 사업 타당성의 검증

사업아이디어나 아이템을 다양한 방법으로 분석하여 타당성을 검증하고 실질적인 조사를 할 수 있다. 이렇게 하면 사업에 대한 자신감도 생기고 사업의 검증으로 의욕적인 사업을 추진할 수 있다.

3) 사업 방향의 제시

사업을 시작하고 난 후 목표를 잃고 방황하게 되는 경우, 창업 때 작성했던 사업계획서를 통해 회사가 나아가야 할 길을 명확히 알 수 있다.

4) 이해관계자에게 신뢰성 제공

투자자, 투자기관, 금융기관 등 다수의 이해관계에 신뢰성을 부여하고 갈등을 해소하는 역할을 하여 투자유치를 쉽게 할 수 있다.

5) 미래 예측이 가능

사업 타당성 분석을 통하여 향후의 환경 변화를 예측하고 그에 따라서 전략을 수립할 수 있다.

(5) 사업계획서 작성 기본 방향

1) 전략적 측면을 고려해야 한다.

사업아이디어 또는 아이템의 사업 타당성의 유무를 검토하고 전략적 적합성을 갖는 창업 전략을 사업계획서로 구체화해야 한다.

2) 경제적 측면을 고려해야 한다.

적정한 투자 경제성의 확보와 더불어 이를 달성하기 위한 시장성과 재무수익성, 공익성을 만족시킬 수 있는 구체적이고 현실성 있는 방법과 기술의 여부를 검토해야 한다.

3) 요소적 측면을 고려해야 한다.

사업아이디어 또는 아이템이 기업화되기 위해서는 사업화에 필요한 인적 요소(경영자, 창업구성원), 물적 요소(창업자금, 장비 등), 산출 요소(기술, 아이디어)가 적절하게 결합하여 좋은 결과로 도출될 수 있느냐를 검토해야 한다.

(6) 사업계획서 주요 구성

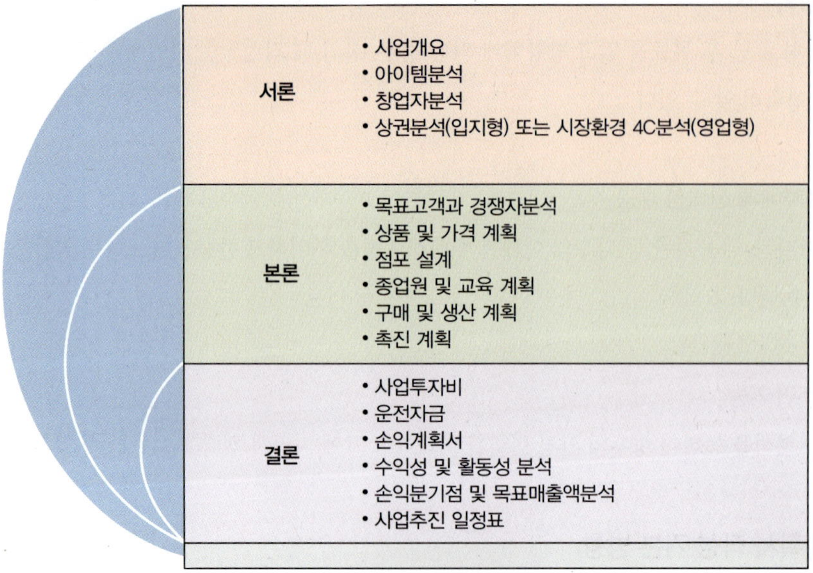

• [그림 6-4] 사업계획서의 구성 •

3. 시장조사

시장조사는 기업이 당면하고 있는 구체적인 상황에 적합한 관련 자료를 체계적으로 설계, 수집, 분석하여 보고하는 것이다. 따라서 시장조사는 고객의 소리(Voice of Customer; VOC)를 반영하여 마케팅 전략의 수립과 결정에 의미 있는 정보를 제공하는 것이 목적이다.

시장조사는 상권분석, 경쟁업체분석, 소비자분석, 점포의 입지와 입지조건분석으로 구분하여 조사한다. 방법으로는 설문기법을 통하여 조사하거나, 대인 인터뷰, 전화 인터뷰, 우편 인터뷰, 전자 인터뷰 등을 통하여 진행하거나 전문 컨설팅 기관, 부동산 업체, 소상공인시장진흥공단의 상권분석 등을 활용하여 조사한다.

(1) 상권분석

창업지역의 상권을 분석하여 적정한 입지를 선택해야 한다. 입지선정에 실패하게 되면 돌이킬 수 없게 된다. 그리고 사업에 대한 타당성 분석과 아울러 수익성 분석을 해보고 그 결과에 따라 사업을 시작할 것인지를 판단해야 할 것이다.

상권분석은 개점하고자 하는 위치에서 거리를 통한 환산과 고객의 유입 수를 통하여 나누는데, 1차 상권은 반경 100~500m 내의 상권으로 유입 고객의 60% 정도가 거주하는 지역, 2차 상권은 500m~1km 내의 상권으로 유입 고객의 25% 정도가 거주하는 지역, 3차 상권은 위의 두 지역에 해당하지 않는 상권을 포괄적으로 말한다. 여러 가지 상권분석 틀을 통해 직·간접적으로 영향을 줄 수 있는 특징과 특성을 분석한다.

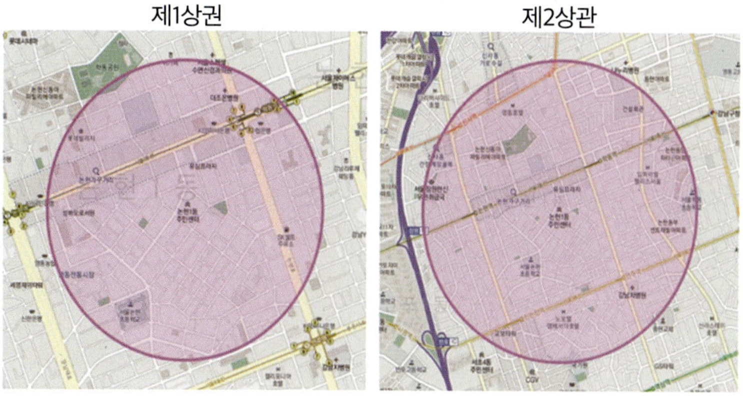

• [그림 6-5] 상권분석의 예(자료 출처: 소상공인시장진흥공단 상권정보) •

1) 인구통계학적 분석

연령, 직업, 인구밀도, 성별, 가족 규모, 혼인 상태, 소득수준, 종교, 가족 생활주기 상태, 학력; 지역, 기후, 주거 형태, 지역의 크기 등 통계적·수량적으로 파악 가능한 부분을 말한다.

상권명	구분	총인구 수	연령대별 인구 수						
			10세 이하	10대	20대	30대	40대	50대	60대 이상
제1상권	전체	19,356 (100.0%)	871 (4.5%)	907 (4.69%)	3,744 (19.34%)	5,224 (26.99%)	3,085 (15.94%)	2,408 (12.44%)	3,117 (16.1%)
	남	8,985 (100.0%)	440 (4.92%)	479 (5.35%)	16,620 (18.1%)	2,344 (26.18%)	1,554 (17.36%)	1,122 (12.53%)	1,393 (15.56%)
	여	10,401 (100.0%)	432 (4.15%)	433 (4.16%)	2,120 (20.38%)	2,875 (27.64%)	1,527 (14.68%)	1,286 (12.36%)	1,728 (16.61%)
제2상권	전체	64,147 (100.0%)	4,119 (6.42%)	4,423 (6.9%)	11,011 (17.17%)	15,368 (23.96%)	11,148 (17.38%)	8,057 (12.56%)	10,021 (15.62%)
	남	30,133 (100.0%)	2,100 (6.97%)	2,282 (7.57%)	4,835 (16.05%)	6,935 (23.01%)	5,587 (18.54%)	3,881 (12.88%)	4,513 (14.98%)
	여	34,011 (100.0%)	2,022 (5.965%)	2,150 (6.32%)	6,172 (18.15%)	8,426 (24.77%)	5,555 (16.33%)	4,173 (112.27%)	5,513 (16.21%)

• [그림 6-6] **상권분석의 예(자료 출처: 소상공인시장진흥공단 상권정보)** •

인구통계학적(Demographics) 분석을 통하여 시장을 세분화하고, 목표고객을 선정하는데 목표고객에 대한 대략적인 정보를 파악하고, 상대적 특성을 확인할 수 있다. 그러므로 살롱의 콘셉트와 인테리어, 마케팅 전략 등을 수립하고 기획한다.

(2) 경쟁업체분석

경쟁자의 강점과 약점을 분석하여 어떠한 전략을 통하여 영업하는지 분석한다. 예를 들면, 경쟁업체가 어떠한 제품과 서비스를 통하여 경쟁하고 있는지, 차후에는 어떻게 상황이 변할 것인지, 앞으로 경쟁상대가 될 가능성은 없는지 잠재적 경쟁자까지 분석해야 한다.

업종	2015년 06월	2015년 12월	2016년 06월	2016년 12월	2017년 06월	2017년 12월
여성미용실	89	118	123	81	81	80
합계	89	118	123	81	81	80

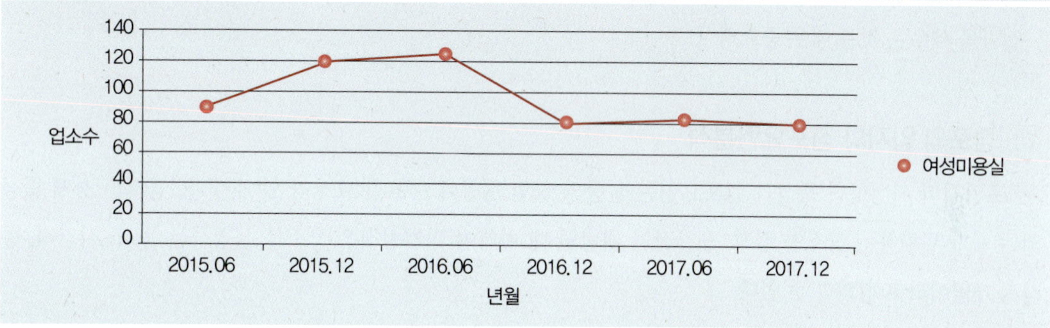

• [그림 6-7] 상권분석의 예(자료 출처: 소상공인시장진흥공단 상권정보) •

상권 내 경쟁업체의 위치와 규모, 직원 수, 영업 현황, 고객의 입소문 등을 분석한다.

(3) 소비자분석

1차, 2차 상권 내에서 유입 가능한 주요 고객의 심리적 특성을 분석한다.

(가) 소비자의 심리학적 분석

고객의 개성이나 욕구, 고객의 편익을 탐색하는 과정 등을 통하여 소비 행동 측면을 분석하는 데 가장 보편적인 것은 소비자의 생활 방식(Life style)이다. 같은 인구통계적 특성에서도 심리적 특성이 다를 수 있고, 다른 인구통계적 특성을 가졌더라도 심리적 특성이 같을 수 있다(광고크리에이티브, 2014).

(나) 소비자 행동에 영향을 줄 수 있는 분석

크리에이티브에서 소비자 행동을 분석한다는 것은 매우 중요하다. 행동관습, 소비패턴, 친구 관계, 의사결정 형태, 의사결정의 영향자, 여가 활동, 매체 이용 형태 등을 파악한 다음, 그 제품이 왜 필요하며, 왜 그 제품을 좋아하는지 등 소비자 행동을 상호 밀접하고 유기적으로 종합·분석하고 평가해야 한다.

제품과 서비스를 소비하는 계층과 소비 행동, 소비 행동까지의 의사결정과정, 소비 행동에 영향을 미치는 요소 등을 파악한다. 여기서는 소비자들의 동기와 성향을 유추할 수 있고, 행동의 유사성을 통해 소비자의 공감을 끌어낼 수 있다(광고크리에이티브, 2014).

소비자분석을 통해 고객의 특성을 파악하여 경영 전략에 장점과 약점을 파악하고, 강점은 유지·발전시키며, 약점을 보완하는 전략이 필요하다. 또한 고객들의 구매 행동을 분석하여 고객의 특성에 따라 마케팅 전략을 세우는 것은 매우 중요하다.

(4) 점포의 입지와 점포요인분석

점포입지의 지정학적 특성과 점포요인은 살롱의 창업 성공에 중요한 요소라 할 것이다. 입지는 경제 활동의 주체가 위치하는 장소인 정적, 공간적인 개념인 데 비하여 입지선정은 장소를 선정하는 동적, 시간적, 공간적 개념이라고 정의할 수 있다.

1) 넬슨(Nelson)의 점포입지 8가지 원칙

① 현재 상권 잠재력의 타당성 → 향후 발전 가능성에 관한 잠재력을 분석한다.

② 상권에의 접근 가능성 → STP 모델을 활용한 고객 접근성을 분석한다.

③ 성장 가능성 → 호재 및 성장 요인의 분석과 예측을 한다.

④ 중간 저지성 → 기존 점포와 고객과의 사이에 새로운 점포가 입점하여 기존 점포로 접근하는 고객을 중간에서 차단시킨다.

⑤ 누적적 흡입력 → 시간이 지날수록 고객 유입이 누적되는가에 관한 타당성을 분석한다.

⑥ 양립성 → 보완 관계에 있는 업종 간 두 점포가 인접하면 유리하다.

⑦ 경쟁 회피성 → 같은 상권 내 동종 업계 점포가 적으면 유리하다.

⑧ 입지의 경제성 → 보증금, 임대료, 기타 권리금 등이 적으면 투입 자금 부담이 적으나 상대적으로 열악한 상권일 수 있다(NCS이·이용학습모듈, 2016).

● 직장인구 현황

상권명	총인구 수	성별 인구 수		연령대별 인구 수				
		남	여	20대	30대	40대	50대	60대 이상
제1상권	31,943 (100.0%)	16,563 (51.85%)	15,440 (48.34%)	5,608 (17.56%)	11,435 (35.8%)	7,909 (24.76%)	3,870 (12.12%)	3,121 (9.77%)
제2상권	174,252 (100.0%)	88,746 (50.93%)	85,961 (49.27%)	31,165 (17.89%)	61,429 (35.25%)	43,842 (25.16%)	21,659 (12.43%)	16,157 (9.27%)

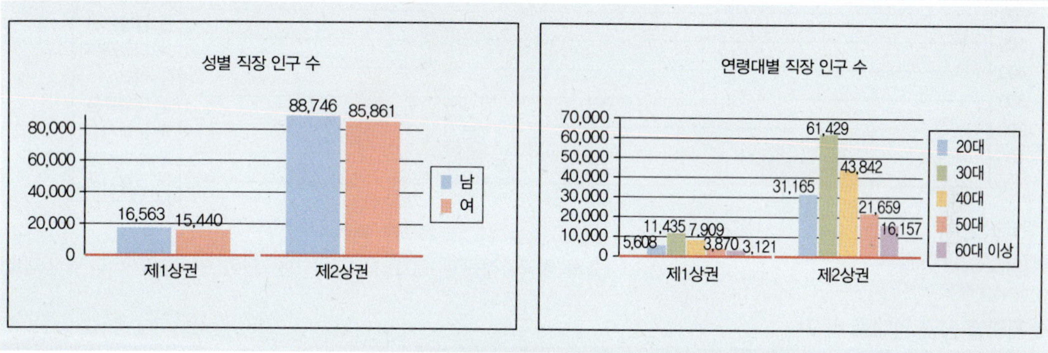

• [그림 6-8] 상권분석의 예(자료 출처: 소상공인시장진흥공단 상권정보) •

상권 내의 유동인구와 유입고객을 발굴해야 하므로 주변에 관공서, 백화점 등 인구 밀집이 가능한 입지조건과 대중교통 이용의 편리성과 주변 주차시설, 편의시설 등을 분석하여 평일과 주말 그리고 시간대별 고객의 유동과 유입을 추정한다.

초기 자본의 양은 사업체가 추진하고자 하는 사업의 크기와 추진 전략과 밀접한 관련이 있다. 따라서 많은 자본을 확보하여 효율적으로 활용한다는 것은 필요한 경영 활동에 적절한 자금을 적절한 시기에 투입할 수 있고, 이는 곧 사업체의 경쟁력을 높여 성공 가능성을 높이는 것이다. 또한 많은 초기 자본은 사업체가 사업을 추진하거나 문제점들을 극복하고 생존하는데 많은 시간적 여유를 제공한다.

주요집객시설

(출처: 각급기관, 2017년 06월 기준)

● 주요/집객시설 현황

상권명	주요 시설				접객 시설			
	공공기관	금융기관	의료/복지	학교	대형유통	문화시설	숙박시설	교통시설
제1상권	2	18	81	10	84	5	6	0
제2상권	26	140	629	20	325	17	41	0

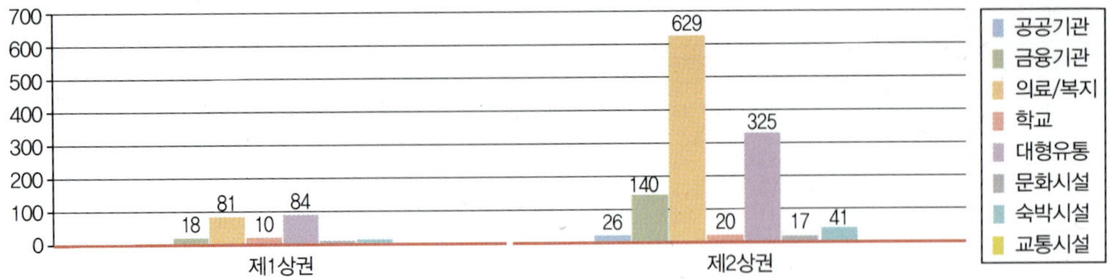

점포임대시세

(출처: 한국감정원 등, 2016년 12월 기준, 단위: 원, 제곱미터당 월 임대료)

● 지역별 평균 임대료 비교

지역	활성화 지역			비활성화 지역		
	지하	1층	2층 이상	지하	1층	2층 이상
강남구	27,097	37,612	34,159	20,815	32,340	27,301
서울	21,671	31,922	24,864	13,829	17,867	15,439
전국	13,006	17,480	12,025	9,427	13,336	7,783

● 인근 주요 상권 점포평균 임대시세

급지 구분	층수	면적	보증금(만원)	임대료(만원)	전세환산가(만원)	제곱미터당 월임대료(원)
활성화	지하	33.058m^3	785	75	8,285	25,233
	1층	33.058m^3	1,302	102	11,502	37,422
	2층 이상	33.058m^3	1,120	87	9,820	29,202
비활성화	지하	33.058m^3	656	62	6,856	18,449
	1층	33.058m^3	1,215	81	9,315	27,439
	2층 이상	33.058m^3	986	67	7,686	26,619

• [그림 6-9] 상권분석의 예(자료 출처: 소상공인시장진흥공단 상권정보) •

4. 설문조사기법

고객 설문조사는 살롱의 서비스 전반과 시술의 결과를 알아볼 수 있는 매우 중요한 평가이다. 이것은 고객의 직접적인 참여를 통해 평가하기 때문에 객관성과 고객의 니즈를 알아볼 수 있는 중요한 기법이다.

(1) 서베이(Survey)의 장단점

1) 장점(Advantage)

① 대규모 조사를 진행할 수 있다.

② 자료의 코딩, 분석이 용이하다.

③ 대규모 표본으로 조사결과를 일반화할 수 있다.

④ 직접 관찰할 수 없는 동기, 개념을 측정할 수 있다.

⑤ 계량적 방법으로 분석하여 객관적으로 해석할 수 있다.

2) 단점(Weakness)

① 응답률이 낮다.

② 설문지 개발이 쉽지 않다.

③ 조사에 오랜 시간이 소요된다.

④ 깊이 있고 복잡한 질문을 하기가 어렵다.

⑤ 부정확하고 성의 없는 응답을 할 가능성이 있다.

(2) 대인 인터뷰법

대인 인터뷰법은 비용이 들더라도 신뢰성이 가장 높은 것 길다. 접촉할 수 있는 범위가 한정적인 것이 단점이긴 하나, 대상이 한정적일 때 단점으로 느껴지지 않는다(예: 상가이용 고객 대상 인터뷰, 백화점 고객 대상 인터뷰 등).

1) 장점(Advantage)

① 응답률이 높다.

② 시각적인 자료를 통해 진행할 수 있다.

③ 질문이 길거나 복잡해도 진행할 수 있다.

④ 응답자가 질문을 이해하지 못하였더라도 면접원이 자세히 설명할 수 있다.

2) 단점(Weakness)

① 비용이 많이 든다.

② 접촉할 수 있는 범위가 한정적이다.

③ 면접원에 의한 오류가 발생할 수 있다(통제의 문제 포함).

(3) 전화 인터뷰법

내방고객을 대상으로 만족도조사를 파악하기 위하여 전화를 많이 사용한다. 업무를 하면서 이메일(e-mail)도 많이 사용하지만, 전화로 직접 요청하거나 요청받는 경우가 많다. 여론조사의 경우 전화 인터뷰를 통해서 진행되는 경우가 많다(예: 선거 후보자 선호도 인터뷰, 고객만족도 인터뷰 등).

1) 장점(Advantage)

① 조사가 신속하게 이루어진다.

② 상대적으로 비용이 저렴하다.

③ 면접원의 통제가 용이하다.

④ 접촉범위가 대인 인터뷰보다 넓게 진행할 수 있다.

2) 단점(Weakness)

① 시각자료를 사용할 수 없다.

② 면접원에 의한 오류가 발생할 수 있다.

③ 길거나 복잡한 질문을 조사하기 어렵다.

(4) 우편조사법

우편을 이용하여 설문지를 주고받는 방법이다. 현재는 전자통신의 발달로 인하여 이용자가 많이 감소하긴 하였으나, 일부 특정 대상의 고객을 대상으로 이용되고 있다.

1) 장점(Advantage)

① 면접원의 오류가 없다.

② 익명성이 보장된다.

③ 조사의 접촉범위가 넓다.

④ 응답자가 자신만의 속도로 응답할 수 있다.

2) 단점(Weakness)

① 응답률이 낮다.

② 조사의 회신 기간이 오래 걸린다.

③ 질문을 잘못 이해할 경우 설명할 수 없다.

④ 응답자가 질문에 대한 순서를 무시할 가능성이 있다.

(5) 전자 인터뷰법

데이터베이스와 연계되어 자동으로 처리되는 웹서베이 기법으로 현재는 고객관리 프로그램의 고객 데이터를 바탕으로 신규고객 또는 특정 계층고객에게 고객만족도 조사 등에 사용되기도 한다.

1) 장점(Advantage)

① 익명성이 보장된다.

② 면접원의 오류가 없다.

③ 조사의 접촉범위가 넓다.

④ 조사가 신속하게 이루어진다.

⑤ 응답자가 자신만의 속도로 응답할 수 있다.

⑥ 자료의 수집과 분석이 동시에 자동으로 이뤄진다.

2) 단점(Weakness)

① 응답률이 낮다.

② 면접원에 의한 오류가 발생할 수 있다.

③ 질문을 잘못 이해할 경우 설명할 수 없다.

④ 인터넷 사용에 익숙한 집단만 응답한다(패널조사에 용이).

위와 같은 여러 설문조사기법을 활용하여 현재 뷰티 서비스업체의 문제점과 개선점을 파악하는 자료로 사용할 수 있다. 상담 내용에는 고객의 컴플레인과 칭찬 및 개선의 요소 등 고객의 관점에서 나오는 모든 내용을 기술한다.

동간척도의 기법으로 고객만족도의 수치를 일정 간격을 주어서 고객의 만족도를 측정할 수 있다.

매우 불만(1) — **불만**(2) — **보통**(3) — **만족**(4) — **매우 만족**(5)

5. 창업자의 기업가정신

(1) 기업가정신의 의미

기업가정신(Entrepreneurship)은 새로운 조직의 창조와 혁신적 활동으로 기업 활동 대부분에 직접적인 연관성이 있다.[195] 기업의 목표는 경영자의 목표이며, 전략은 비전을 실현하기 위한 하나의 도구이다. 경영성과는 경영자의 성과를 측정하는 기준이 되기도 한다. 또한 불확실한 환경에서 지속적으로 변화하여 새로운 사업의 기회를 창출하고, 그 과정에서 발생하는 다양한 위험을 감수하며, 새로운 가치를 창조하려는 정신 및 행동으로 정의한다.[196]

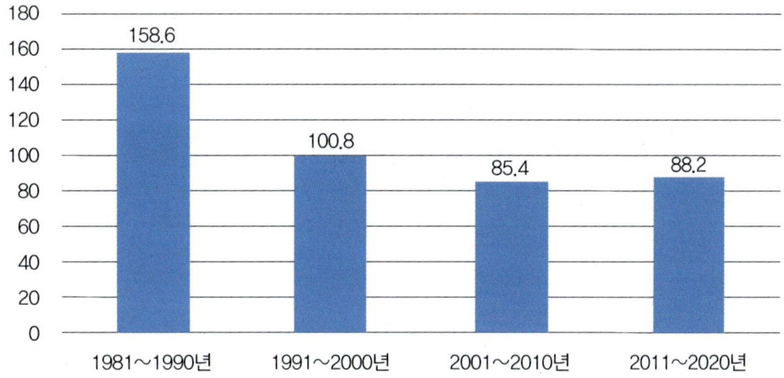

• [그림 6-10] 기업가정신 지수 변화 추이(자료 출처: 통계청) •

(2) 기업가정신의 필요성

뷰티 서비스산업은 과도한 경쟁으로 인하여 생산성이 감소하고 있으며, 규모와 매출의 양극화 현상이 나타나고 있다. 이러한 양극화 현상은 영세한 미용 서비스업체의 인적자원관리 및 개발을 통한 서비스품질의 향상과 고객 관계관리 등 경쟁력을 강화하지 못하여 양극화 현상이 더욱 심화한다.[197] 이를 극복하기 위해서는 서비스 기업의 혁신이 필요하다.

혁신은 서비스 제공자, 서비스 기업, 고객 등에 의해서 서비스 혁신이 시작된다. 고객은 서비스 혁신의 중요한 동기를 제공한다. 이는 고객의 요구를 만족시키기 위해서 혁신이 시작된다고 볼 수 있다. 또한 서비스 제공자 또한 혁신에 큰 역할을 담당한다. 예컨대, 고객과의 상호작용을 통해 서비스를 제공함으로써 고객에게 최선의 서비스를 제공하기 위해 서비스 기업에 필요한 아이디어를 제공하게 되므로 상당 부분 혁신에 참여한다.[198]

뷰티 서비스업의 종업원은 고객의 요구를 직접 받아들여 자신이 업무를 수행하는 과정을 통해 필요한 정보를 수집하여 전달함으로써 혁신에 참여할 수 있다. 혁신과정에서 이들의 아이디어나 의견은 거의 모든 과정에서 중요한 참고가 된다. 또한 종업원의 능력에 맞는 적절한 임무를 부여하는 것은 종업원들의 능력을 최대화할 수 있으므로, 서비스 혁신에 있어 중요한 역할을 한다. 이러한 혁신의 주체는 뷰티 서비스업체의 경영자이며, 경영자는 혁신을 위한 기업가정신이 필요하다.[199]

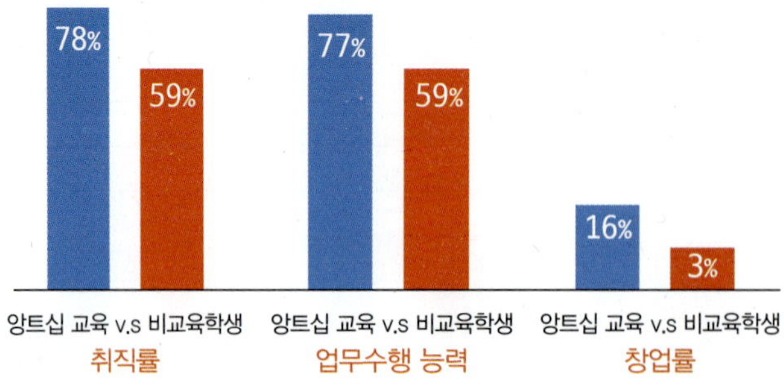

• [그림 6-11] 기업가정신 교육을 통한 성과(자료 출처: 교육부 국립특수교육원, 2016)[200] •

(3) 기업가정신의 구성요소

Miller(1983)가 제시한 기업가정신은 혁신성(Inovativenes), 진취성(Proactivenes), 위험 감수성(Risk-Taking) 등이다.[201]

1) 혁신성

혁신성은 새로운 결합이라는 의미로 새로운 생산 방법, 신제품 개발, 기술향상 등을 목적으로 인적·물리적 요소를 결합하는 것을 의미한다.[202] 혁신성은 경쟁력 강화를 위해 독창적인 아이디어를 장려하여 적극적으로 연구·개발함으로써 새로운 제품과 서비스를 출시 또는 유연한 프로세스 적용과 통합 등과 같이 혁신을 지향하는 자세이다.[203]

2) 진취성

진취성은 목표지향적이며, 미래지향적으로 행동하려는 경향으로 경쟁 환경에서 경쟁업체보다 우수한 성과를 창출하려는 의지이다. 따라서 경쟁자보다 경쟁우위를 선점하기 위해 직접적이고 강도 높게 도전하려는 자세라고 할 수 있다.[204] 즉, 진취성은 시장에서 주도적으로 경쟁우위를 선점하기 위해 새로운 성장 기회를 모색하여 경쟁자보다 먼저 새로운 제품 및 서비스를 개발하는 능동적이며, 적극적인 행동이다.[205]

3) 위험 감수성

위험 감수성은 사업의 성공에 확신이 없을지라도 과감하게 활동하여 새로운 사업의 기회를 포착하는 능력을 의미한다.[206] 위험 감수성은 유지적 측면보다 성장을 추구하는 것으로 불안정한 시장 환경에서 새로운 사업에 진출하여 불확실한 결과에 대한 위험을 감수할 뿐만 아니라 기회에 대담한 행동을 취하고자 하는 태도이다.[207]

뷰티 서비스업은 영세한 소상공인 자영업으로 경영자의 의사결정에 의해 사업의 성패가 좌우된다. 따라서 이러한 의사결정에 있어 경영자의 기업가정신이 필요하다. 예컨대, 경쟁력 강화를 위해 독창적이고 창의적인 아이디어를 통한 새로운 제품 또는 서비스를 제공하려는 혁신성과 경쟁업체보다 시장에서 주도적으로 경쟁우위를 선점하기 위해 새로운 성장기회를 모색하려는 진취성 그리고 불안정한 시장의 상황과 결과에 대한 위험을 감수할 뿐만 아니라 기회에 대담한 행동을 취하고자 하는 위험 감수성 등이 뷰티 서비스업의 경영자에게 매우 필요한 요소이기 때문이다.[208]

기업가정신은 외부환경 변화에 민감하게 대응하면서 항상 기회를 추구하며, 그 기회를 잡기 위해 혁신적인 사고와 행동, 시장에 새로운 가치를 창조하고자 하는 생각과 의지를 의미한다. 창업자에게 기업가정신은 기업을 혁신시키고 대외 경쟁력을 향상하게 되며, 종업원의 생산성과 사기를 높이므로 궁극적으로 경영성과를 개선하게 된다.[209]

6. 진로선택이론

(1) 진로선택이론(Career choice theory)의 개념

진로(Career)는 사람의 일생을 통하여 생활, 학습, 일의 분야와 관련한 자신의 경로 또는 성장(Course or Progress)으로 정의한다. 진로선택의 좁은 의미는 특정 훈련 또는 공식적 교육을 해야 하는 산업군 또는 분야의 직업들을 뜻한다. 진로선택의 넓은 의미는 개인이 장차 생활하고 학습하고자 하는 전공 영역, 일하면서 살고자 하는 직업 분야의 선택이 될 것이다. 진로선택은 개인에게 가장 중요한 문제이고, 그만큼 고민과 스트레스의 원인이 되기도 한다. 또 진로선택은 비록 청소년기에 본격적으로 시작되나 반드시 특정 시기에 한정되지 않고, 많은 경우 생애 전체에 걸친 선택의 문제이다.[210)]

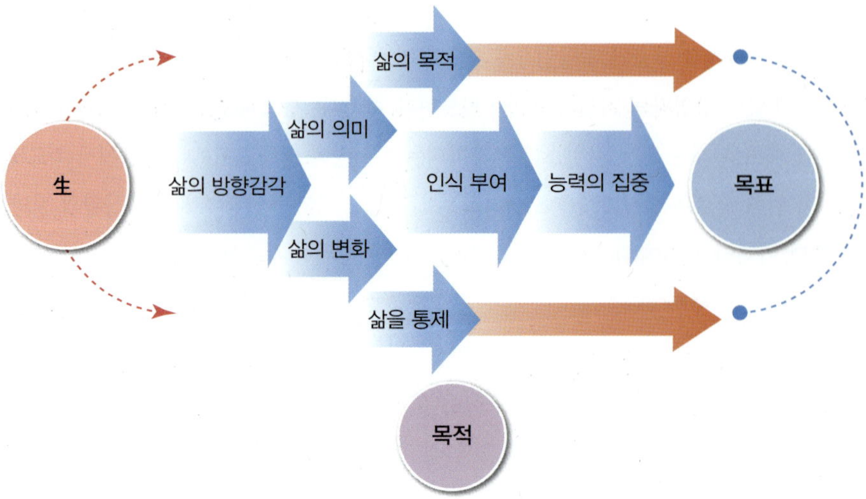

• [그림 6-12] 진로선택 시 고려사항 •

진로의 선택(Career choice)은 자신의 생활, 지식, 기술의 학습, 자신이 일할 분야를 고르는 것으로, 미래 직업, 일(Works) 분야의 선택이며, 무엇을 하면서 생활을 할 것인가의 결정이다. 이러한 진로선택은 궁극적으로 직업 생활, 인간관계, 개인의 사회·경제적 지위, 정신 및 신체적 건강 등 생활의 거의 모든 측면으로 나아가 삶의 질과 인생을 결정한다고 해도 과언이 아니다.[211)] 따라서 자신의 능력, 잠재력이나 적성, 취미 등에 비추어 자신이 어떤 분야에서 가장 잘할 수 있고, 무엇을 좋아하는지 등을 고려한 진로의 선택이 중요하다. 능력이나 적성에 기초한 진로선택은 그만큼 능력을 발휘할 수 있어 직업 만족과 성취를 제공한다.[212)]

(2) 특성요인이론

특성요인이론(Trait and Factor theory)은 직업선택과정을 설명하기 위한 이론으로 Parsons(1909)에 의해 제시되었으며, Williamson(1939)에 의해 정교화되었다. 특성요인이론은 개인의 흥미, 능력 또는 직업에서 요구되는 특성과 관련된 개인의 특성에 초점을 맞추고 있는데, 이러한 개인의 특성은 청소년기 후기 이후에도 좀처럼 변하지 않은 흥미, 능력, 성격과 같은 안정적인 특징을 가지고 있다고 가정한다. 따라서 개인이 가지고 있는 특성을 심리검사 등과 같은 객관적인 수단으로 밝히고, 각 직업에서 요구되는 요인을 분석하여 각 개인이 자신의 특성에 적합한 직업을 선택하도록 해야 한다.

Parsons(1909)는 직업선택과 관련된 세 가지 주요 요인을 다음과 같이 제시하였다.[213)]

① 자기 자신(흥미, 능력, 적성 등)에 대해 명확한 이해를 필요로 한다.

② 직업에 대한 지식(자격요건, 근무환경, 장단점, 보수, 취업기회 등)을 필요로 한다.

③ 개인의 특성에 관한 자료와 직업에 관한 자료를 중심으로 직업 선택을 필요로 한다.

(3) Holland의 인성(성격)이론

Holland(1985)의 인성(성격)이론은 개인의 행동을 그 사람의 인성과 환경 간의 상호작용에 의한 것으로, 자신이 가지고 있는 인성적 특성의 표출을 허용하는 직무환경을 택할 것으로 사람과 환경 간의 일치점을 강조한다. 사람들은 자신과 유사한 직업적 흥미와 성격을 가진 사람들이 일하고 있는 직업 분야를 선택하려는 성향이 있어서 자신의 소질과 흥미, 환경 여건 등을 고려하여 직업을 선택하게 된다.[214)]

Holland는 직업적 성격 유형을 실제형(Realistic; R), 탐구형(Investigative; I), 예술형(Artistic; A), 사회형(Social; S), 기업형(Enterprising; E), 관습형(Conventional; C) 등 여섯 가지로 가정하였다. RIASEC 모형은 여섯 가지 성격 유형의 구조적 배열을 R-I-A-S-E-C의 육각형으로 나타내었다.[215)]

Holland의 육각형 모형은 진로나 직업과 같은 환경을 특정하는데 이용되고 있고, 개인 및 조직의 특성을 평가하는 데 적합한 도구로 추천되고 있으며, 실제로 교육상담, 진로 및 직업상담 분야에 매우 유용한 도구로 적용되고 있다.

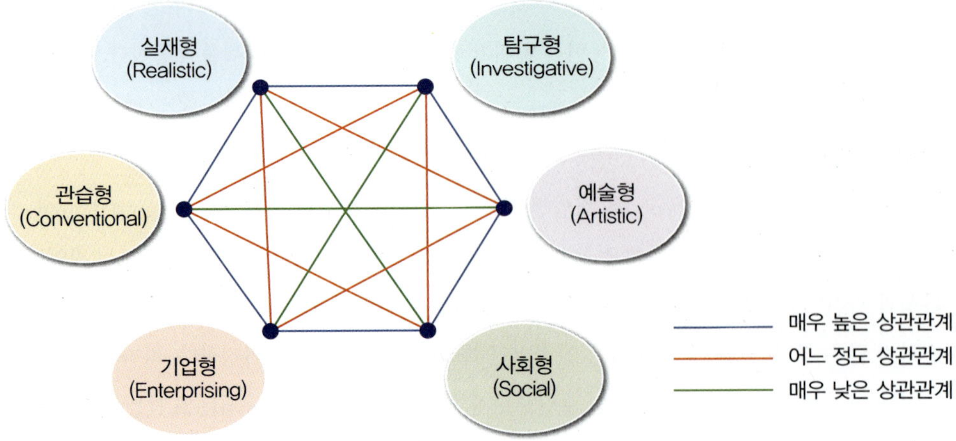

• [그림 6-13] Holland의 육각형(R-I-A-S-E-C) 모형[216] •

Holland 이론의 핵심적 가정은 사람들이 자신의 직업적 성격 유형과 유사한 환경을 찾고, 행동은 성격 유형과 환경 간의 상호작용 때문에 결정된다는 것이다. 개인의 직업적 성격 유형과 직업 환경에 RIASEC 분류 체계를 이용하여 직업적 성격 유형과 직업 환경 간의 연계를 구체화하였다. 즉, 사람들은 자기와 유사한 직업적 성격을 가진 사람들이 일하고 있는 직업 분야에 종사하려는 성향이 강하며, 이에 따라 사람들은 자신의 소질과 흥미, 환경 여건 등을 고려하여 직업을 선택하게 된다는 것이다.[217]

(4) 진로디자인

1) 특성요인이론을 통한 진로설계 시 장점

① 개인의 특성인 지식, 적성, 흥미, 포부, 학업성취, 환경 등을 이해하려고 한다.

② 일생의 어느 특정한 시기에 의사결정을 하려고 할 때 도움을 줄 수 있다.

③ 개별적이고 과학적인 방법인 표준화 검사측정과 평가결과해석으로 개인과 직업을 연결한다.

④ 직업선택에서 개인의 적성을 고려하도록 한다.

2) Holland 인성이론을 통한 진로설계 시 장점

① 사람과 환경 간의 일치점을 강조한다.

② 개인의 행동을 그 사람의 인성과 환경 간에 상호작용한다.

③ 자신의 직업적 흥미와 성격을 가진 사람들이 일하고 있는 직업 분야를 선택하려는 성향이 있으므로 자신의 소질과 흥미, 환경 여건 등을 고려하여 직업을 선택한다.

④ 직업적 흥미는 일반적으로 성격의 일부이기 때문에 개인의 직업적 흥미에 대한 설명은 곧 개인의 성격에 대한 설명이다.

7. 뷰티 서비스 창업

(1) 창업 진행 준비

기존의 창업 형태와 같아서는 고객들에게 감동(특별함)을 줄 수 없다. 누구나 하는 것보다는 나만이 할 수 있는 것이 유리하고, 같은 것일지라도 나만의 특별한 가치를 제공할 수 있어야 한다.

특별한 가치는 고객을 배려하는 섬세한 배려에서 시작된다. 이것이 차별화이며, 차별화된 것은 경쟁을 회피할 수 있으므로 성공할 가능성이 크다고 할 수 있다. 따라서 잘할 수 있는 것과 잘하는 것에 집중하는 것이 바람직하다.

- 1단계는 창업자의 환경분석으로 창업자의 내적 요인과 자금 및 개업 시기 등으로 구성된다.
- 2단계는 입지선정, 상권분석, 사업 타당성분석을 통한 구체적 실행을 계획한다.
- 3단계는 선정된 점포의 개업에 필요한 인테리어 및 기자재 등을 준비하는 단계이다.
- 4단계는 개점을 위한 가격정책, 인력계획, 서비스 운영계획, 홍보판촉계획 등을 수립하여 경쟁우위 전략을 수립한다.

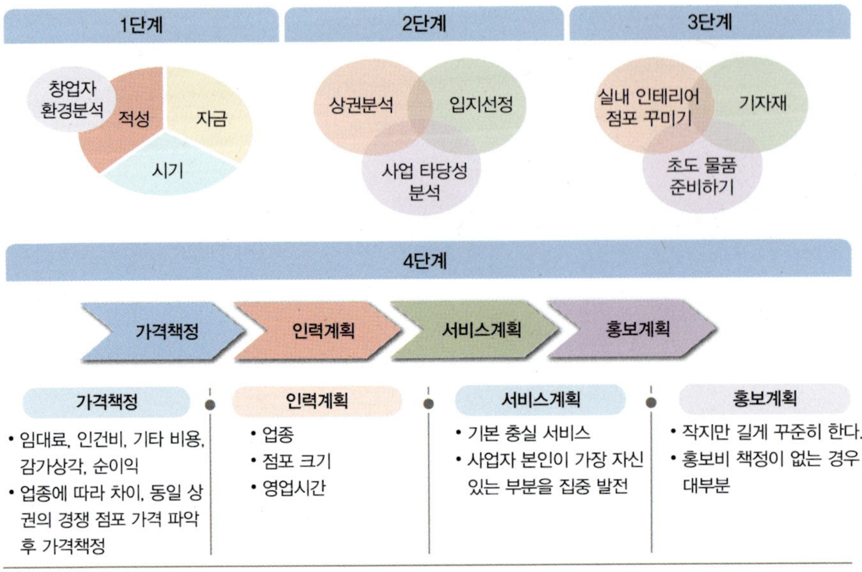

• [그림 6-14] 창업 준비 단계 •

(2) 인허가 사항

인허가 사항은 업종에 따라 달라지며 사전에 필요한 요건들을 파악하여 준비하여야 한다. 모든 일이 나를 중심으로 맞춰지는 게 아니라는 점을 인식하고, 정해진 기준이나 규정에 맞도록 맞추어서 진행해야 함을 명심하고 꼼꼼히 준비하여야 할 것이다.

1) 뷰티 서비스업 인허가 절차

① **건강진단서:** 각 시, 군, 구청 보건소 또는 병원, 의원에서 간질환자, 정신질환자, 향정신성 마약류 상습 복용 및 투여자가 아님을 확인한 진단서를 받는다.

② 각 시, 군, 구청 위생과를 방문하여 접수(진단서, 자격증, 사진) 면허증 발급을 받는다.

③ **위생교육:** 시, 군, 구청에서 위탁 지정하는 교육기관에서 교육 이수 후 위생교육 필증을 받는다(주민등록증, 교육비).

④ **영업 신고필증 교부:** 각 시, 군, 구청 위생과(위생교육 필증, 임대차 계약서, 면허증)에서 신청한다.

⑤ **사업자등록증 신청:** 담당 세무서에서 (신청서 양식, 임대차 계약서, 주민등록등본, 도장, 영업허가증, 신분증) 사업자등록증을 신청한다.

⑥ **신용카드 가맹점 신청:** 사업자등록증 발급 후 신용카드 단말기 업체에 신청한다.

(3) 시설 인테리어

시설 인테리어와 접객 시설은 고객을 유입하게 하는 첫 번째 방법이다. 뷰티 서비스업체는 방문하여 서비스를 받기 전까지 서비스에 대한 평가가 어려운 것이다. 그러므로 고객을 유입하기 위한 편의시설과 주차공간 그리고 주목성이 좋아야 할 것이다.

과거 기술 중심에서 현재는 기술을 바탕으로 한 고객서비스 중심의 살롱 개념으로 바뀌고 있다. 즉, 인테리어, 주차공간, 고객 편의시설 등의 시설에 많은 투자를 하고 있다. 이미지를 중요시하는 뷰티 서비스업의 특성과 함께 소비자의 취향과 감성이 고급화됨에 따라 창업자들 역시 인테리어와 같은 점포시설 부분을 경영성과에 중요한 속성으로 주목받고 있다.

• [그림 6-15] 미디어 파사드(자료 출처: 대홍기획) •

고객의 접근성과 교통의 용이성 그리고 주변 경쟁업체 여부 등과 같은 점포 입점 속성이 성공적인 경영성과를 이루기 위한 중요한 속성임을 알 수 있다. 따라서 성공적인 창업을 위해서는 고객의 접근성이 쉽고, 표적고객의 유동인구 수가 많은 입지를 선정한다. 현재 뷰티 서비스에 대한 소비자의 취향과 감성에 맞는 점포 인테리어 측면을 고려하여 점포를 입점할 수 있어야 한다.

미디어 파사드(Media facade)는 건축물 외면의 가장 중심을 가리키는 '파사드(Facade)'와 '미디어(Media)'의 합성어로 건물 외벽 등에 LED(Light Emitting Diode) 조명을 설치해 미디어 기능을 구현하는 것을 말한다. 도시의 건축물을 시각적 아름다움뿐 아니라 정보를 전달하는 매개물로 사용하기 때문에 디지털 사이니지(Digital signage)의 한 형태이며, 조명, 영상, 정보기술(IT)을 결합한 21세기 건축의 새로운 경향이다.

미디어 파사드는 건물 구조물에 LED 패널을 부착 또는 프로젝터를 이용해 다양한 영상 콘텐츠를 투사하여 동적 움직임과 가변성을 특징으로 한다.

미디어 파사드는 건축물 장식조명(Light architecture), 디스플레이와 시각적 인터페이스를 의미하는 어반 스크린(Urban screen), 전광판, 디지털 사이니지 등이 사용되고 있다. 그러나 건축물 장식조명과 어반 스크린, 전광판, 디지털 사이니지와는 건물과의 일체성과 콘텐츠의 역동성 부분에서 차이가 있다.

8. 점포 운영관리

점포운영은 누구나 가능하지만, 운영을 잘하느냐 못하느냐는 개인의 관심과 노력에 따라 달라진다. 훌륭한 아이템, 최고의 상권과 입지를 가지고 개업하여도 점포관리에 차질이 있으면 실패의 결과로 만들어진다.

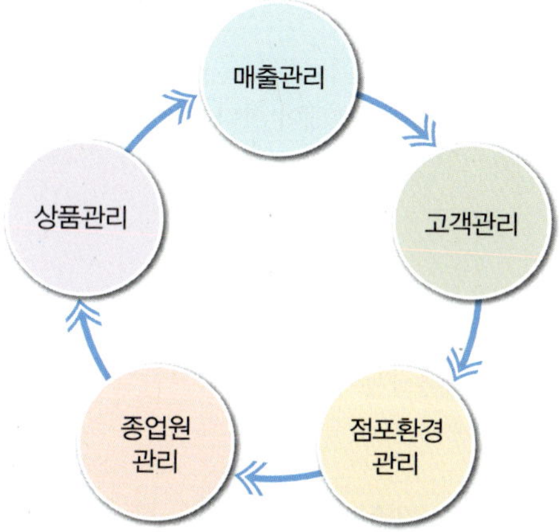

• [그림 6-16] 점포 운영관리 •

점포 운영관리, 즉 살롱관리의 기본적인 요소로 매출관리, 고객관리, 서비스품질관리, 고용관리, 점포 환경관리, 서비스 프로세스 개발 등을 효율적으로 운영하여 수익을 극대화해 나가야 할 것이다. 이러한 운영관리는 품질경영이라는 경영적 측면에서 관심을 기울여야 할 것이다.

(1) 매출관리

매출은 개인이나 기업이 이익을 얻기 위한 목적으로 제품을 판매 또는 서비스를 제공하고, 그 대가를 받는 영업수익을 뜻한다. 일반적인 매출이라 하면 기업에서 생산공정을 마친 물품을 거래처나 소비자에게 판매하고 발생한 수익을 의미한다. 뷰티 서비스업의 경우 유형의 상품과 무형의 상품을 결합 또는 제공함으로써 매출이 발생한다.

제품 또는 서비스 제공에 따른 제품명, 제공된 서비스 항목과 매출액을 분명하게 기재한다. 당일 매출액에 대한 상세내용을 기록하고, 현금인지 외상인지 정확하게 구분하여 총매출액과 매출품목, 수량이 정확하게 일치할 수 있도록 한다. 매출관리대장이나 일일 매출 현황을 작성하여 효율적인 관리가 가능하다.

① 매출이 높다고 반드시 수익성이 좋은 것은 아니다.

② 매출 상승보다 수익성 상승에 초점을 맞춰야 한다.

③ 매출은 차별화된 상품의 가치가 주도한다.

④ 매출을 소홀히 해서는 안 된다.

⑤ 매출 증대 노력과 수익성 극대화를 위해 노력해야 한다.

1) 수익성에 영향을 주는 요소

(가) 원재료비

최상의 제품을 최저가로 구매 후 최고가로 판매하는 것이다.

(나) 인건비

고정지출 비용으로 매출에 관계없이 지출되는 비용이다.

(다) 임대료

작을수록 유리하다. 매출의 10% 미만이 적당하다.

(라) 매출

① 매출은 수익의 원천이다.

② 관리비, 공과금, 세금, 카드수수료 등도 수익성에 영향을 끼친다.

(2) 서비스품질관리

1) 서비스품질관리 측정

서비스품질관리 측정(평가)은 서비스 접점에서 결정되며 평가를 좌우하는 요인들은 서비스를 전달하는 요소에 있다고 할 수 있다. 서비스 접점에서 고객만족을 창출하기 위해서는 서비스 전달시스템을 잘 구축하고 효과적으로 관리해야 한다는 것을 의미한다.

서비스 전달시스템은 고객에게 서비스가 제공되는 시점에서부터 전달될 때까지의 흐름을 의미하며, 서비스의 효율성을 높이기 위해 서비스 전달시스템을 잘 설계하는 것은 기업의 경쟁력을 위해 중요한 업무이다. 동종 산업에서 경쟁기업과의 차별화된 서비스 전략은 서비스 전달시스템의 설계과정에서부터 시작될 수 있으며, 서비스 전달시스템을 구축하기 전에 다양한 대안들을 놓고 고민하고 분석해야만 한다.[218]

(가) 서비스품질평가의 원칙

서비스품질의 기준은 고객이 주체이며, 고객만족의 기준에 맞게 제공되는 서비스의 프로세스를 개발, 유지, 관리하여야 한다.

① 뷰티 서비스는 눈에 보이는 가시적인 상품이 아니기에 직접 경험을 통하여 서비스 품질을 알 수 있다.

② 서비스가 반드시 동시에 수행되고 소비되어야 하므로 서비스의 질은 서비스 제공자의 능력과 서비스 제공자와 고객 사이 상호작용의 질에 크게 의존한다.

③ 서비스의 품질이 고르지 않아 누가, 언제, 어디서 서비스를 제공하느냐에 따라 차이가 큼을 의미하는 것으로, 뷰티 서비스는 생산과정에서 가변 요소가 많고 고객의 동일한 주문이라도 미용사에 따라 다르게 수행될 수 있어서 서비스품질의 균일화가 어렵다.

④ 서비스에 대한 수요와 공급의 균형을 이루기 어렵다. 따라서 수요와 공급 간의 조화를 이루는 전략이 필요하다.

- 고객은 기억해 주고 대접해 주기를 원한다.
- 어떤 서비스를 제공하느냐에 따라 고객의 반응이 달라진다.

(3) 고용관리

1) 고용관리의 개념

고용관리는 조직의 목표를 달성하는데 필요한 적합한 직무별 자질과 능력을 갖춘 인재를 채용하고 관리하는 것을 말한다. 즉, 조직이 필요로 하는 인재를 확보하기 위해 모집, 선발, 채용, 배치, 승진, 이동 등을 관리하는 일련의 과정이라고 할 수 있다.

2) 고용관리를 위한 직무분석

인재모집과 선발, 승진 등은 직무분석(Job analysys)과 직무평가(Job evaluation)를 통한 객관적이고 공정한 평가여야 할 것이다. 직무분석은 직무에 관한 정보를 수집하고 분석하여 직무의 내용을 파악하고 각 직무를 수행하는데 필요한 지식, 기술, 태도 등의 요건을 분석하는 일련의 활동이다. 직무분석을 통해 인사관리를 과학적으로 하는 것으로 선발과 배치의 기준, 조직 내 이동, 인사고과 반영, 교육 훈련 시행, 경력개발경로 구축 등과 연계되어 있다.

3) 직무분석의 활용

직무분석은 주로 분석과정을 통해 직무기술서와 직무명세서를 작성하여 인력의 모집과 선발, 채용, 교육 훈련과정 설계, 직원관리 및 평가 등의 목적으로 활동한다.

직무분석을 통해 얻은 정보는 직무기술서와 직무명세서를 작성한 것으로, 직무기술서는 특정 직무를 수행하는데 필요한 의무와 책임을 규정 및 기술한 것이고, 직무명세서는 특정 직무를 적절히 수행하는데 요구되는 최소한의 요건을 말한다.

4) 직무기술서와 직무명세서의 내용

① **직무기술서**에 기록되는 사항은 통상 직무명칭, 소속, 직종, 직무 내용, 직무수행에 필요한 각종 도구, 직무수행 방법 및 절차, 작업조건 등이며, 이는 직무의 목적과 표준성과를 제시해줌으로써 직무에서 기대되는 결과와 직무수행 방법을 간단하게 설명해 준다.

② **직무명세서**에 기록되는 사항은 주로 직무명칭, 소속, 직종, 교육수준, 기능, 기술수준, 지식, 정신적 특성 및 육체적 능력, 작업경험, 책임 정도 등이다.

직무기술서	직무명세서
• 직무 명칭 • 직무의 소속 직군, 직종 • 직무내용의 요약 • 수행되는 과업 • 직무수행의 방법 • 직무수행의 절차 • 사용되는 원재료, 장비, 도구 • 관련되는 타직무와의 관계 • 작업조건(인원, 상호작용의 정도 등)	• 직무에 대한 자격 요건 • 직무에 대한 지식과 기술 • 직무에 필요한 정신적 특성(창의력, 판단력) • 직무에 필요한 육체적 능력 • 담당자의 능력과 적성 • 담당자의 경험과 경력 • 담당자의 태도와 기차관 • 책임의 정도

• [그림 6-17] 직무기술서와 직무명세서 •

5) 직무평가

직원의 업무평가 항목으로는 다음과 같은 항목 등을 확인하여 평가에 반영하는 것이 중요하다. 인사평가 시 주의하여야 할 것은 학연, 지연, 혈연 또는 개인적인 친분 등으로 고가에 영향을 주어선 공정한 평가가 될 수 없다. 항상 인사고과를 담당하는 인사고과 평가자는 객관성과 합리적 평가의 기준을 가져야 할 것이다.

(4) 동기부여

동기부여(Motivation)는 라틴어 움직임(Movement)을 뜻하는 movere에서 유래되었다. 동기부여된 구성원은 그렇지 않은 사람보다 일하는 동작이 더 빠르고 집중하는 시간이 길다.

동기부여는 구성원의 내적, 외적으로부터 발현되는 강력한 에너지의 집합체이다. 일과 관련된 노력을 촉진하면서 그 일의 방향, 집중력, 지속성을 결정짓는 요소가 된다.

조직 또는 경영자의 입장에서 동기부여는 종업원에게 조직에서 바라는 결과를 산출할 수 있는 방식으로 행동하도록 종업원의 자발적이고 지속적인 노력을 효과적으로 유도하는 경영활동으로 이를 조직에 의한 구성원의 동기부여라고 한다.

• [그림 6-18] 동기부여 •

- 내재적 동기부여: 심리적인 성취감, 도전감, 보람 등 자신에게 부여하는 보상이다.
- 외재적 동기부여: 보너스, 승진 등과 같이 회사가 종업원에게 부여하는 보상이다.

1) Maslow의 동기이론(Maslow's motivation theory)

인본주의 심리학의 근거로 Maslow가 주장한 욕구 5단계 이론은 인간에 대한 염세적이고 부정적이며, 한정된 개념을 부정한 인본주의 심리학을 근거로 주장한 이론이다.

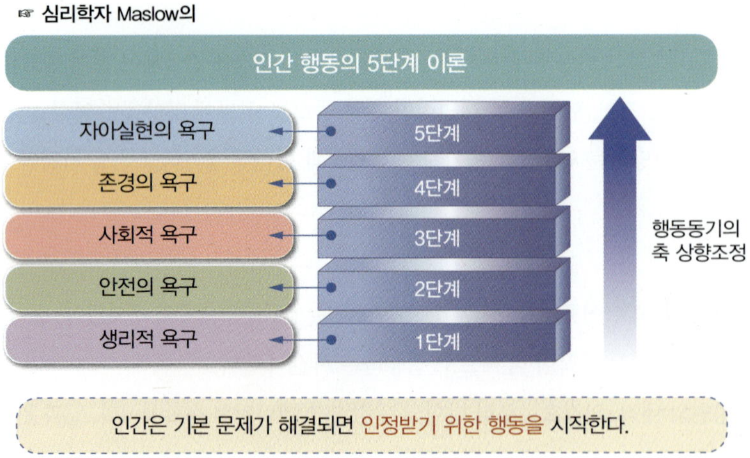

• [그림 6-19] 욕구 5단계 이론 •

동기이론에 따르면 인간의 행동은 각자의 필요와 욕구에 바탕을 둔 동기에 의해 유발되며, 이러한 인간의 동기에는 위계가 있어서 각 욕구는 하위 단계의 욕구들이 어느 정도 충족되었을 때 비로소 지배적인 욕구로 등장하게 되며 점차 상위 단계의 욕구로 나아간다.

인간의 욕구를 생리적 욕구, 안전의 욕구, 사회적 욕구, 존경의 욕구, 자아실현의 욕구 등 5단계로 구분하였으며, 가장 고차원적인 상위 욕구를 자아실현의 욕구로 보았다.

① **1단계:** 생리적 욕구(Physiological needs)로 의식주 생활에 관한 욕구, 즉 본능적인 욕구를 말한다.

② **2단계:** 안전의 욕구(Safety needs)로 사람들이 신체적·정서적으로 안전을 추구하는 것을 말한다.

③ **3단계:** 사회적 욕구(Belongingness and love needs)로 어떤 단체에 소속되어 소속감을 느끼고 주위 사람들에게 사랑받고 있음을 느끼고자 하는 욕구이다.

④ **4단계:** 존경의 욕구(Esteem Needs)로 타인에게 인정받고자 하는 욕구이다.

⑤ **5단계:** 자아실현의 욕구(Self-actualization needs)는 가장 높은 단계의 욕구로서 자기만족을 느끼는 단계이다.

2) McMgregor의 인간본질론(X-Y이론)

인간본질에 대한 가정을 두 가지, 즉 X이론과 Y이론으로 구분하여 각기 특성에 따른 관리 전략을 처방하는 동기부여이론이다.

① X이론 : 인간은 본래 일하기를 싫어하고 지시받은 일밖에 실행하지 않는다. 경영자는 금전적 보상을 유인으로 사용하고 엄격한 감독, 상세한 명령으로 통제를 강화해야 한다.

② Y이론 : 인간에게 노동은 놀이와 마찬가지로 자연스러운 것이며, 인간은 노동을 통해 자기의 능력을 발휘하고 자아를 실현하고자 한다. 경영자는 자율적이고 창의적으로 일할 수 있는 여건을 제공해야 한다.

X이론의 가정	Y이론의 가정
• 사람은 본래 일하기를 싫어하며, 가능하면 일을 피하고자 한다. • 사람은 야망이 별로 없으며 책임을 회피하려고 하고, 명령 받기를 좋아하고, 안전을 추구한다. • 사람은 책임감이 없고 변화를 싫어한다. • 사람은 앞장서기보다는 끌려 다닌다. • 따라서 조직목표를 달성하기 위해서는 강제, 명령, 체벌 등의 방법을 이용해야 한다.	• 사람이 일을 한다는 것은 자연스러운 현상이며, 스스로 책임을 지려고 하고, 그것을 추구하며, 정신적, 육체적 휴식도 같이 인식한다. • 사람이 조직목표에 관계하게 되면 자기 지향과 자기 통제를 이용한다. • 개인이 조직목표를 위해 얼마나 헌신하느냐는 목표달성과 보상간의 함수관계에 의해 결정된다. • 사람은 조직문제를 해결할 수 있는 창의적 능력이 있다. • 사람은 스스로 방향을 설정한다.

• [그림 6-20] 인간본질론 •

(5) 서비스 프로세스 개발

1) 서비스 청사진(Service Blue Print)

서비스 전달에 대한 잠재적 실패 가능성 파악과 고객들이 지각하는 서비스의 핵심요소에 대해 파악함으로써 서비스 전반에 걸친 여러 문제점에 대해 손쉽게 파악하고 해결할 수 있도록 도와주는 기법이다.[219)] 서비스 청사진 기법은 서비스마케팅 분야에서 Shostack(1982)에 의해 처음 개발되었고, Kingman &

Brundage(1989)에 의해 서비스 전달시스템의 도식화 기법인 서비스 맵으로 발전되었다.[220)]

Shostack(1987)는 서비스업과 제조업의 환경을 프로세스, 서비스 단계, 기능과 순서를 기준으로 비교와 연구를 통하여, 청사진을 고객을 관리해야 하는 서비스 관리자들을 위한 도구 혹은 메커니즘이라 주장하였다. 즉, 서비스를 생산하고 제공하는데 필요한 전 과정을 설명해 놓은 것을 의미하며, 서비스 제공자가 제공하는 무형의 서비스 프로세스를 설계하여 묘사한 것을 서비스 청사진이라고 한다.[221)]

2) 서비스 청사진의 특징

① **서비스 개선:** 서비스를 상세히 이해함으로써 문제점을 찾아내고 이를 제거 및 개선을 할 수 있다.

② **새로운 서비스 디자인:** 서비스 청사진은 새로운 서비스에 대한 서비스 프로토타입(Prototype)을 만들고, 서비스가 고객에게 출시 전 테스트하게 해준다.

③ **서비스 이해:** 고객의 관점에서 이해되지 않는 기업문화가 배어 있는 많은 서비스가 있다. 서비스 청사진은 기존 프로세스에서 불분명한 영역을 보여준다.

④ **서비스 관계자의 이해:** 많은 이해관계자인 고객, 공급자, 컨설턴트, 직원 등이 있을 때 복잡한 상황을 관리하는 데 서비스 청사진은 유용할 수 있다.

⑤ **High-Touch 서비스에서 Low-Touch 서비스로 전환:** 서비스를 위해 청중의 폭을 넓히거나 좁히는 것은 어떻게 하면 성공한 청사진이 될 수 있는지를 보여주는 신중한 생각이 필요하다.

3) 서비스 청사진 작성의 단계

① 청사진으로 나타내야 할 프로세스를 정의한다.
② 서비스를 체험하는 고객과 세분화된 시장을 파악한다.
③ 고객 관점에서 서비스 프로세스를 도식화한다.
④ 전방 종업원의 행동, 후방 종업원의 행동을 정의한다.
⑤ 접점 활동과 내부지원 기능을 연결한다.
⑥ 고객 행위 단계마다 서비스의 물리적 증거를 추가한다.

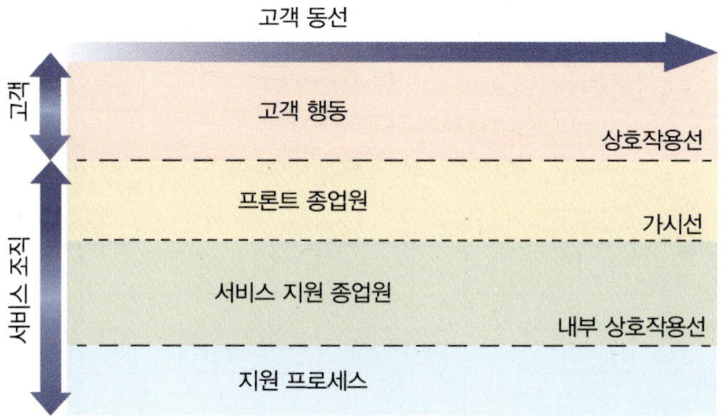

• [그림 6-21] 서비스 청사진 구조(자료 출처: 박근완·박광태, 2008[222]) •

4) 서비스 청사진의 장점

① 종업원 자신의 업무와 전체 서비스 관계를 파악할 수 있어 고객 지향적 사고를 강화할 수 있다.

② 서비스 활동의 연결이 약한 서비스의 실패점을 파악해 품질개선을 위해 노력하게 한다.

③ 고객과 종업원 사이의 상호작용선을 통해 고객 역할을 인식하게 하여 서비스를 설계하는 데 도움을 준다.

④ 가시선은 고객이 보는 것과 고객과 접촉하는 종업원을 나타내 줌으로써 합리적인 서비스 설계가 가능하다.

⑤ 상호작용선은 부서 상호의존성 및 부서 간 경계영역 명확화로 서비스 품질개선 기회에 도움을 준다.

⑥ 서비스 구성요소와 연결을 명확하게 하여 전략적 토의를 쉽게 한다.

⑦ 서비스 각 요소에서 투입되는 비용과 수익 및 자본을 파악하고 평가하는 기초를 제공해 준다.

⑧ 내부 및 외부 마케팅을 위한 합리적인 기반을 제공한다.

⑨ 품질개선을 위한 상하전달을 촉진한다.

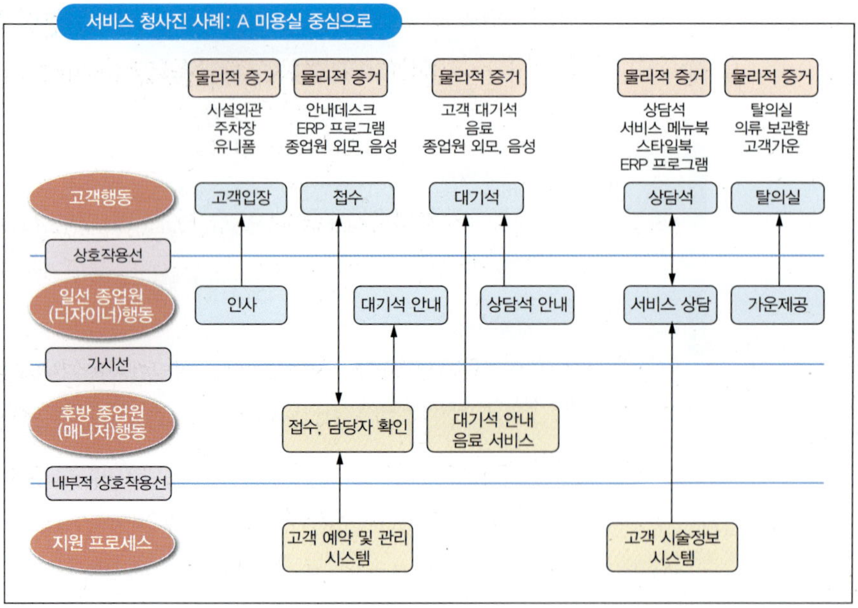

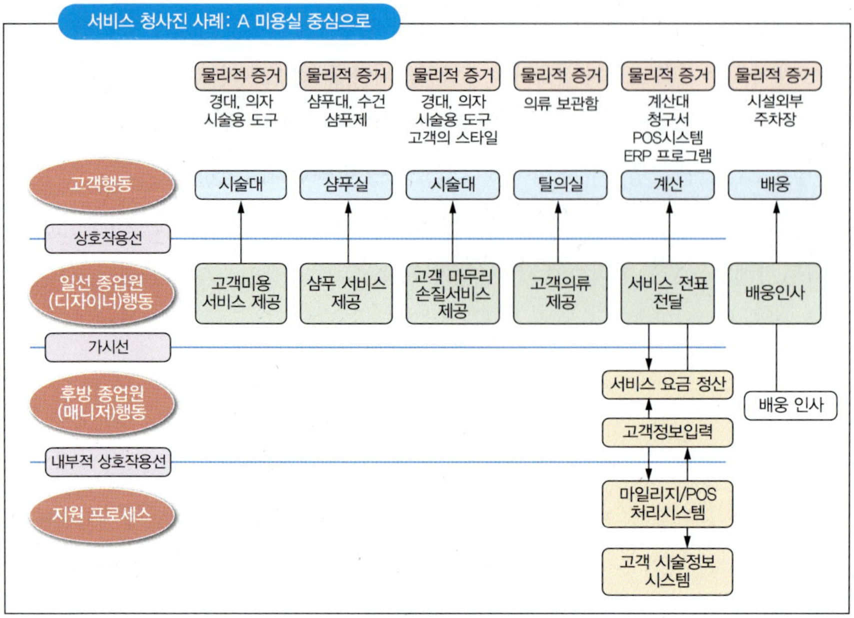

• [그림 6-22] 서비스 청사진 개발 •

9. 전략과 품질경영

(1) 전략의 개념

전략(Strategy)은 군사용어로 전쟁을 전반적으로 이끌어 가는 방법을 지칭하며, 전술보다 상위의 개념으로 어떤 목표에 도달하기 위한 최적의 방법을 뜻한다. 이는 조직이나 기업이 주어진 조건이나 환경에서 관리자들이 적절한 결과를 달성할 수 있도록 목적, 목표, 정책 그리고 각 프로그램이 서로 양립하지 않도록 조합하여 수행하는 행위를 의미한다.

전략은 조직의 목표와 목적을 보여주며, 목적달성을 위한 중요 정책과 계획을 세우고, 기업에서 추구하고자 하는 사업과 조직 형태를 정의하는 의사결정의 형태를 의미한다.

(2) 전략의 수준

기업의 존재 목적, 설립 취지, 사업영역 등과 관련된 기본적인 맥락을 규정하는 사명(Mission)과 기업의 장기적 목표라 할 수 있는 비전(Vision) 그리고 이들을 달성하기 위한 전략의 방향성을 결정하는 전략의 수준(Level of strategy)은 경영자가 당면하는 의사결정의 수준과 범위 그리고 수립되고 실행되는 조직의 수준에 따라 기업수준 전략(Corporate level strategy), 사업단위수준 전략 또는 경쟁 전략(Business unit level strategy, Competitive strategy), 기능수준 전략(Functional level strategy)의 세 가지로 분류할 수 있다.

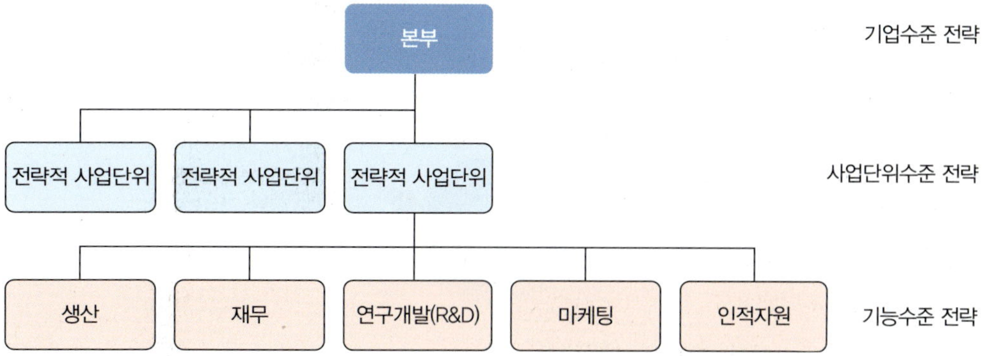

• [그림 6-23] 전략의 수준 •

① **기업수준 전략**은 주로 기업이 어떠한 종류의 사업에 참여할 것인가 그리고 이들 사업 부문 사이에 자원을 어떻게 할당할 것인가에 대한 의사결정을 내리는 것이다.

② **사업단위수준 전략**은 경쟁 전략이라고도 하며, 특정한 사업 부문의 유효성을 극대화하기 위해 수립하는 전략이다.

③ **기능수준 전략**은 생산·마케팅·인사·재무 등 각 부문의 목표를 설정하고, 이들 기능에 있어 자원의 활용을 최대화하기 위한 것으로 개별기능 부문에서의 의사결정이라 할 수 있다.

(3) 전략의 유형

전략유형은 전략경영론의 Miles & Snow(1984)가 제시한 사업 전략 모형과 산업조직론의 Porter(1980)가 제시한 본원적 경쟁 전략 모형으로 상황적 접근법에서 가장 많이 이용된다.

1) 사업 전략 모형

Miles & Snow(1978)가 제시한 사업 전략 모형은 기업이 환경에 적응하고 내부기능을 관리하는 데 있어 최고경영자의 역할이 크다고 강조하며, 기업가적 문제, 기술적 문제, 관리적 문제를 인식하여 기업의 상황에 맞는 전략을 선택해야 한다.

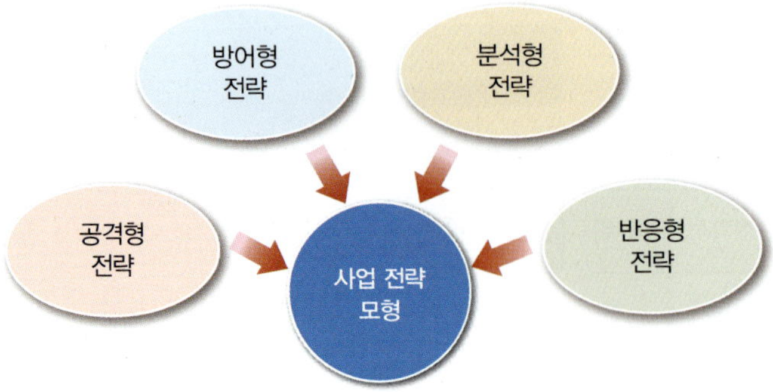

• [그림 6-24] Miles & Snow(1984)의 사업 전략 모형 •

기업가적 문제는 기업의 제품과 시장의 범위에서 나타나며, 기술적 문제는 생산과 유통의 기술에 집중하고,

관리적 문제는 조직의 구조와 정책과정에 있어 공식화, 합리화, 혁신을 포함하고 있다. 이에 따라 전략을 공격형(Prospector), 방어형(Defender), 분석형(Analyzer), 반응형(Reactor)으로 구분하였으며, 기업 환경을 어떻게 인식하느냐에 따라 기업 내부에서 발생한 문제를 해결하는 방법이 다르다.[223)]

① **공격형 전략**을 취하는 기업들은 새로운 제품과 시장을 끊임없이 추구한다. 이들은 불확실한 경영환경에 대해 지속적인 감시를 시행하고 새로운 기회를 찾기 위해 다양한 기술개발을 추구한다. 즉, 다른 기업들보다 빠른 제품개발과 신규시장 진입에 많은 관심을 가지며, 연구개발과 마케팅 분야에 대한 중요성을 강조한다. 이를 위해 기업들은 변화와 불확실에 대비하고 효율보다 혁신에 관심을 가진 조직을 유지하기 위해 낮은 공식적 계층, 분권화된 통제, 수직·수평적 의사소통이 중요하다.

② **방어형 전략**은 제한된 분야에서 높은 전문성을 지니고 있지만, 안정된 제품과 시장을 범위로 하여 경쟁에 소극적인 유형의 전략이다. 즉, 신규시장에 대한 진입이나 기회를 탐색하기보다는 한정된 제품 또는 서비스를 가지고 시장을 유지한다는 것이다. 이러한 기업들은 기업 목적을 원가절감, 품질향상, 능률향상, 서비스 강화 등에 두고 있으며, 수평적 분화, 집권화된 통제, 공식화 등의 조직구조 형태를 보인다.

③ **분석형 전략**은 위험은 최소화하면서 이윤을 최대화하는 방어형 전략과 변화와 혁신을 강조하는 공격형 전략의 중간 형태를 가지고 있다. 따라서 분석형 전략은 제한된 영역에서의 사업수행을 가장 기본으로 두는 안정성과 환경 변화에 민감하게 반응하는 유연성을 모두 추구하는 이중적 모델이라고 볼 수 있다. 만약 기업이 분석형 전략을 완벽하게 실행할 수 있다면, 새로운 기회에 대한 신속한 대응과 현 상황에 대한 능률을 동시에 추구할 수 있다.

④ **반응형 전략**은 비일관적이고 비안정적인 형태를 띠는 유형이다. 이 유형은 다른 것들에 비해 상대적으로 환경 변화에 대한 대응능력이 부족하고, 조직이 구조적으로 상당히 불안정하다. 따라서 반응형 전략을 채택하는 기업들은 전략적으로 실패한 기업으로 인식되고 있다.

2) 본원적 경쟁 전략 모형

Porter(1980)가 제시한 본원적 경쟁 전략 모형은 기업이 경쟁우위를 가지기 위한 본원적 전략(Generic strategy)을 제시하였다. 이러한 본원적 전략은 기업의 제품 특성과 시장의 범위에 따라 원가우위 전략(Cost leadership strategy), 차별화 전략(Differentiation strategy), 집중화 전략(Focus strategy)으로 구분할 수 있다.[224)]

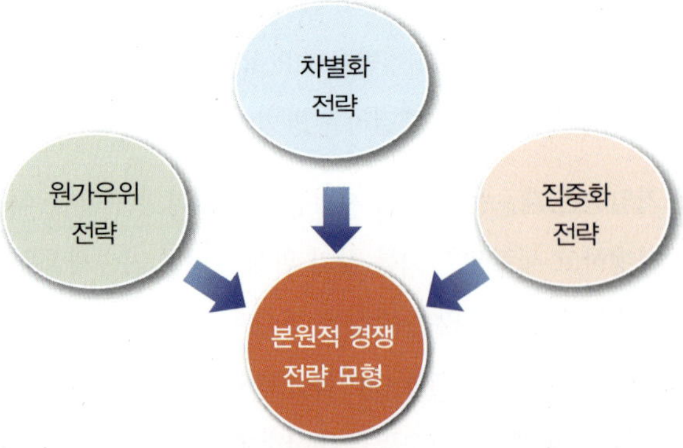

• [그림 6-25] Porter(1980)의 본원적 경쟁 전략 모형 •

① **원가우위 전략**은 기업이 경쟁기업보다 적은 비용을 지출하게 되면 매우 유리한 경쟁조건을 갖게 되는 것이다. 이렇게 원가에서 우위를 점하고자 하는 전략을 원가우위 전략 또는 비용우위 전략이라 한다.

② **차별화 전략**은 기업의 제품 또는 서비스가 경쟁기업의 제품 또는 서비스보다 독특하며, 다르게 인식할 수 있는 그 무엇을 고객에게 제공함으로써 경쟁우위를 점하려는 전략이다.

③ **집중화 전략**은 기업의 장점을 최대한 살릴 수 있는 분야에 핵심 역량을 집중적으로 관리 및 육성하여 특정 부분에서 뛰어난 전문성과 경제성을 발휘하게 하는 전략을 의미한다. 이는 기업들이 시장과 산업의 상황을 분석하여 적절한 전략을 선택한다는 가정에 의해 설명될 수 있다.

(4) 품질경영

1) 6시그마 품질경영의 개념

6시그마(Six sigma)의 개념적 의미는 100만 개의 제품 중 3~4개의 불량만을 허용하는 3~4PPM(Parts Per Million) 경영, 즉 품질혁신운동을 말한다.

시그마(σ)는 보통 통계학에서 오차 범위를 나타내며, 경영학에서는 제품의 불량률을 나타내는 데 사용된다. 1시그마는 68%, 3시그마는 99.7%의 제품이 만족스럽다는 의미이며, 시그마의 수치가 오를수록 제품의 품질만족도는 상승한다. 6시그마를 통계적으로 보면 99.99966%가 양품(良品)이라는 의미이다. 예전의 100PPM 운동과 비교할 때 사실상의 완벽을 추구하는 품질관리운동으로 볼 수 있다.[225)]

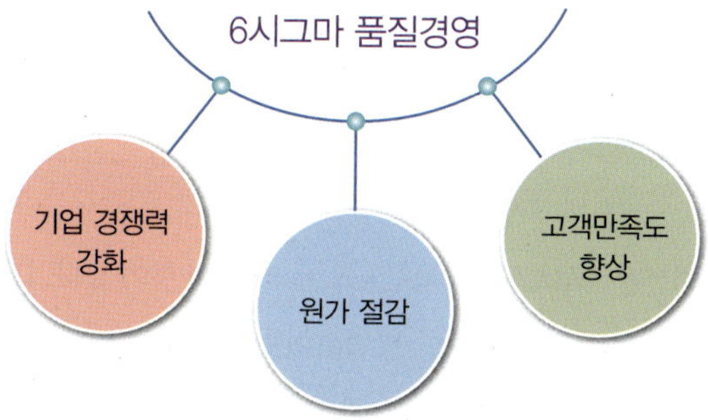

• [그림 6-26] 6시그마의 품질경영 •

모토로라의 품질향상 노력의 결과로 탄생한 6시그마 경영은 불량을 통계적으로 측정, 분석하고 그 원인을 제거함으로써 6시그마 수준의 품질을 확보하려는 전사적 차원의 활동을 의미한다. 기존 품질개선 활동이 제조과정에 한정되어 이루어진 것에 반해, 6시그마 경영은 R&D, 마케팅, 관리 등 경영 프로세스 전반을 대상으로 한다. 고객 관점에서 데이터에 기반을 둔 경영 혁신 방법론으로 정의할 수 있다.[226] 또한 6시그마는 복잡한 시장 환경에서 의사결정자가 문제해결에 필요한 아이디어를 떠오르게 하고 당면한 문제를 체계적으로 해결하도록 지원하는 방법론이다.[227]

2) 6시그마의 특징

① **6시그마 경영**은 프로젝트를 수행하면서 통계데이터에 근거한 철저한 분석, 성과계산 등을 철저하게 계량화함으로써 객관적 타당성을 확보하고, 추진목표까지도 명확하게 계량화하므로 목표관리와 작업의 개선이 쉽다.

② **6시그마 경영**은 고객 관점에서 고객만족에 초점을 둠으로써 품질에 영향을 미치는 핵심요소(Critical to Quality; CTQ)를 발견하고 이를 제거하는 데 초점을 둔다.

③ **6시그마 경영**은 개선 프로젝트의 비용 절감효과를 자세히 분석하여 재무부서가 그것을 공식적으로 인정해준다. 기존의 품질 경영 활동은 부서별로 발의한 과제가 대부분으로 투자 대비 효과분석이 미흡했지만, 6시그마의 진행 결과는 재무적 성과로 표시되므로 참여자들이 프로젝트의 가치를 인식하고 매진할 수 있다.

④ **6시그마 경영**은 전문 인력이 프로젝트 개선을 전담하는 리더로서 혁신을 진행한다. 경영층과 전문 인력이 주도하는 활동인 관계로 종래의 Bottom-up 방식보다는 훨씬 전략적으로 진행이 된다.

⑤ **6시그마**는 경영자나 관리자 등이 중심이 되는 Top-Down 방식으로 전개되고, 경영방침과 구체적 전략인 활동단위로 나누어 개선을 진행한다.[228)]

3) 6시그마 분석 방법

6시그마 프로젝트 수행 방법론은 DMAIC와 DMADOV 두 가지 유형이 있다. DMAIC는 현재 존재하는 프로세스나 제품의 결함을 획기적으로 개선하기 위한 방법론이지만, DMADOV는 신제품을 설계하거나 현재 존재하지 않는 새로운 프로세스를 처음부터 6시그마 수준으로 설계하기 위한 방법론이다.

6시그마 프로젝트를 수행하기 위해 가장 일반적으로 사용하는 방법론이 DMAIC 방법론이다. 이는 문제의 정의(Define), 측정(Measure), 분석(Analyze), 개선(Improve), 관리(Control)의 5단계를 거쳐 혁신 프로세스를 완료한다.[229)]

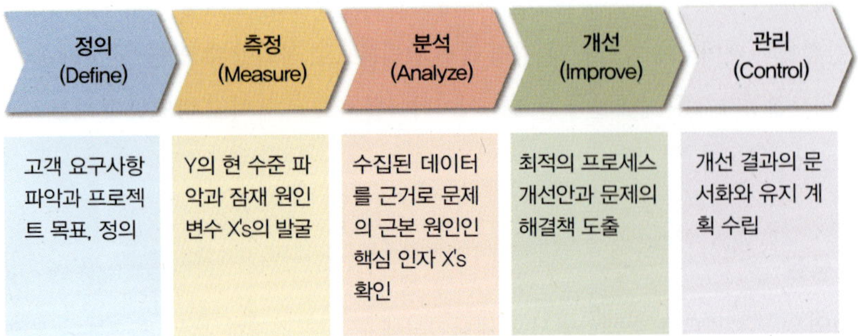

• [그림 6-27] 6시그마 품질경영(자료 출처: 노재범 외, 2005) •

① **문제점의 정의 단계**에서는 품질혁신이 필요한 문제를 파악하게 된다.

② **측정 단계**에서는 현재의 품질 수준(Y)을 파악하고 이 수준에 이르게 하는 잠재적 원인 변수(X)를 찾게 된다.

③ **분석 단계**에서는 수집된 데이터를 근거로 문제의 근본 원인인 핵심인자를 찾는다.

④ **개선 단계**에서는 프로세스 개선안과 문제해결책을 찾아 시행한다.

⑤ **관리 단계**에서는 개선결과를 문서로 만들고 이를 토대로 지속적인 피드백을 시행할 계획을 수립하게 된다. 이를 위해 각 단계는 각각 세부 단계로 나누어 진행되며, 각 단계에서는 필요한 활동을 수행하기 위해 다양한 도구와 통계적 기법들을 사용한다.[230)]

학습정리

- 비즈니스 모델(Business Model)은 새로운 아이템과 비즈니스 프로세스를 개발하여 미래의 재무제표를 추정하는 것으로 미래의 기업의 가치를 수립하는 과정이다. 즉, 비즈니스 모델은 가치를 창조하고 전파하여 어떻게 수익으로 변환하는지를 체계적으로 묘사하는 것으로, 돈을 버는 메커니즘의 핵심을 기술하고 기업의 고객들과의 관계 규명, 자금의 주요 흐름, 주요 효익의 내용으로 구성한다.

- 비즈니스 모델은 새로운 경쟁력의 원천을 파악하고, 고객 지향적인 제품과 서비스를 개발하여, 커뮤니케이션 문제를 해결할 수 있다.

- 성공적인 비즈니스 모델을 수립하기 위해서는 많은 고객을 유인할 수 있어야 하며, 이를 수익과 연결할 수 있을 때 경쟁력 있는 비즈니스 모델이 수립된다. 또한 가치 창출을 위한 활동들이 선순환적인 구조를 형성하여 경쟁자들이 쉽게 모방할 수 없게 설계가 되어야 지속성을 확보할 수 있다.

- 비즈니스 모델 캔버스는 제품 또는 서비스를 구성하는 9가지 요소를 포함하고 있다. BMC는 제공가치를 중심으로 가치생산(내적), 고객가치(외적) 두 가지 분야로 구성되어 있다.

- 사업계획서는 사업에 대한 타당성을 분석하는 설계도이며, 추진하고자 하는 사업을 타인에게 설득하는 중요한 도구이다.

- 시장조사는 기업이 당면하고 있는 구체적인 상황에 적합한 관련 자료를 체계적으로 설계, 수집, 분석하여 보고하는 것이다. 따라서 시장조사는 고객의 소리(Voice of Customer)를 반영하여 마케팅 전략의 수립과 결정에 의미 있는 정보를 제공하는 것이 목적이다.

- 고객 설문조사는 살롱의 서비스 전반과 시술의 결과를 알아볼 수 있는 매우 중요한 평가이다. 이것은 고객의 직접적인 참여를 통해 평가하기 때문에 객관성과 고객의 니즈를 알아볼 수 있는 중요한 기법이다.

· 기업가정신은 새로운 조직의 창조와 혁신적 활동으로 기업 활동에 직접적인 연관성이 있다. 기업의 목표는 경영자의 목표이며, 전략은 비전을 실현하기 위한 하나의 도구이다. 경영성과는 경영자의 성과를 측정하는 기준이 되기도 한다.

· 서비스품질관리 측정(평가)은 서비스 접점에서 결정되며 평가를 좌우하는 요인들은 서비스를 전달하는 요소에 있다고 할 수 있다. 서비스 접점에서 고객만족을 창출하기 위해서는 서비스 전달시스템을 잘 구축하고 효과적으로 관리해야 한다는 것을 의미한다.

· 서비스 청사진(Service Blue Print)은 서비스 전달에 대한 잠재적 실패 가능성 파악과 고객들이 지각하는 서비스의 핵심 요소에 대해 파악함으로써 서비스 전반에 걸친 여러 문제점에 대해 손쉽게 파악하고 해결할 수 있도록 도와주는 기법으로 정의한다.

· 전략은 조직이나 기업이 주어진 조건이나 환경에서 관리자들이 적절한 결과를 달성할 수 있도록 목적, 목표, 정책 그리고 각 프로그램이 서로 양립하지 않도록 조합하여 수행하는 행위를 의미한다.

PART

7

서비스 공정성과 고객 경험관리

학습개요

서비스 공정성은 일반적으로 서비스를 제공하는 주체로부터 적절한 대우를 받고 있는지에 대한 평가이다. 이러한 서비스 공정성에 관한 개념을 파악하고 고객과의 접점에서 제공되는 서비스품질 수준을 유지해야 할 것이다. 제공되는 서비스는 고객의 경험을 토대로 평가 및 개선 방향을 제공하게 된다. 따라서 고객 경험관리를 통한 서비스 프로세스를 관리에 관하여 학습한다.

BEAUTY SERVICE MANAGEMENT

CONTENTS

PART 7. 서비스 공정성과 고객 경험관리

학습목표

· 서비스 공정성의 개념과 구성요소에 관해 이해하고 서비스 제공에 따른 품질개선 방향을 수립할 수 있다.

· 고객 경험관리의 개념과 중요성에 관하여 파악하고 고객 경험관리 프로세스를 수립 및 적용할 수 있다.

주요용어

서비스 공정성(Service justice), 분배 공정성(Distributive justice), 절차 공정성(Procedural justice), 상호작용 공정성(Interactional justice), 고객 경험관리(Customer Experience Management; CEM)

생각하기

· 여러분이 생각하는 공정과 공평에 대해 토의한다.

· 여러분이 생각하는 고객이 제공되는 서비스에 대해 공정하다고 느끼게 하는 방안에 대해 토의한다.

· 여러분이 생각하는 고객에게 최상의 서비스 제공을 위해 서비스 프로세스를 개선해야 한다면, 어떻게 개선방안을 계획할 것인지에 대해 토의한다.

1. 서비스 공정성

(1) 서비스 공정성의 개념

서비스 공정성(Service justice)은 일반적으로 서비스를 제공하는 주체로부터 적절한 대우를 받고 있는지에 대한 평가이다.[231] 서비스를 제공하는 종업원으로부터 공정한 서비스를 받지 못하였을 때 서비스 기업은 제품 또는 서비스의 오류를 개선하려고 시도하는 과정으로 정의한다.[232]

고객이 지각하는 공정성은 서비스를 제공하는 주체인 서비스 기업 간 교환 상황에 대한 고객의 개인적 심리 상태로 심리적 계약을 서비스를 제공하는 기업에 대해 수행하는 과정에 대한 평가이다.[233]

• [그림 7-1] 공정과 공평의 차이 •

2. 서비스 공정성의 중요성

서비스는 고객과 제공자가 서비스 접점에서 일종의 가치를 교환하는 행위이다. 이는 고객은 원하는 서비스를 받기 위해 자신의 시간과 비용 등을 투자하여 서비스를 받는 것이다. 서비스 공정성은 고객과의 접점에서 서비스를 제공하는 과정에 대해 공정했는지 평가하게 되므로 서비스 제공과정에서 중요한 개념이다.[234)]

서비스 공정성은 서비스가 전달되는 과정에서 발생한 불공정 인식을 의미하며,[235)] 이는 서비스 기업의 불만처리는 서비스품질관리 요소로 서비스 기업의 경쟁우위를 창출할 수 있는 중요한 도구이다.[236)] 즉, 서비스에 대한 불만은 문제를 제기한 고객과의 관계를 유지하도록 하는 근본적인 문제해결과 방법을 제공하고, 그 결과 수익을 창출하기 때문이다.[237)]

서비스 공정성은 고객 관점에서 개인적 감정을 포함하고 있으며, 이러한 개인적 감정은 금전적 계산 이상의 문제인 경제적, 감정적 계산으로 고객만족에 많은 영향을 미친다.[238)]

3. 서비스 공정성의 구성요소

공정성에 관한 연구는 Adams(1965)가 사회 교환이론, 교환이론, 인지부조화이론, 균형이론 등의 여러 선행 연구 이론을 사용하여 조직 공정성이론을 제시하였으며,[239] 이후 Thibaut & Walker(1975)는 공정성 연구에서 과정과 절차의 개념을 도입하여 결과가 나오게 된 과정과 절차의 중요성을 강조하였다.[240]

Bies & Moag(1986)는 절차가 시행되거나 분배가 결정될 때 사람들 간에 이루어지는 상호작용의 질에 따라 공정성에 대한 지각이 달라질 수 있다고 보고, 이를 상호작용적 공정성이라는 개념을 제시하였다.[241]

공정성 유형들은 상호작용하며, 공정성 지각에 영향을 미친다.[242] 이러한 이론은 초기 인사조직 및 조직심리 분야에서 연구되어 서비스산업의 발전으로 서비스 마케팅 분야에서 활발히 연구되고 있다.

분배에 대한 공정성 지각은 분배의 수단과 절차를 실행하는 과정 그리고 분배의 실행에 대한 충분한 정보를 제공해 주기 때문에 절차 공정성과 상호작용 공정성은 분배 공정성의 효과를 증대시켜 줄 가능성이 매우 크다.[243]

서비스 공정성은 분배 공정성(Distributive justice), 절차 공정성(Procedural justice), 상호작용 공정성(Interactional justice)으로 구분한다.[244]

① **분배 공정성**은 서비스 기업이 약속한 혜택을 얼마나 공평하게 제공하였는지에 관한 인지 정도를 의미한다.

② **절차 공정성**은 관련된 절차 또는 방침이 공정하게 이루어졌는지에 관한 지각이다.

③ **상호작용 공정성**은 서비스 제공과정에서 종업원이 고객 응대에 공정한지에 관한 지각이다.

(1) 분배 공정성

서비스 공정성은 서비스가 제공된 경험 또는 상황에서 고객이 지각하는 공정성을 의미한다.[245] 서비스가 전달되는 상황에서 고객이 지각하는 공정성은 고객과 서비스를 제공하는 조직 사이에 존재하는 명시적, 묵시적 교환 합의 상항에 대한 심리적 계약을 서비스를 제공하는 조직이 얼마나 잘 제공하였는가에 관한 평가라 할 수 있다.[246] 서비스 공정성에서 분배 공정성은 고객이 받게 되는 성과의 공정성을 의미한다. 즉, 고객이 대가를 지급하고 받은 서비스품질의 공정성을 의미한다.[247]

고객이 받은 서비스 편익이 지급한 비용을 초과하는지 또는 서비스의 양적인 측면에서 제대로 약속한 서비스를 제공하는지에 관한 고객의 지각이다.[248] 또한 분배 공정성은 고객이 받은 특정 결과와 타인이 받은 특정 결과를 비교함으로써 상대적 반응과 연관되어 있다.[249] 즉, 자신이 투자한 투입과 받은 결과 그리고 타인이 투자한 투입과 받은 결과를 비교하는 것이다.[250]

(2) 절차 공정성

서비스가 전달되는 과정에서 고객의 인식에 많은 영향을 미치는 절차 공정성은 서비스 지원에 대한 상호 간의 인식 관계가 비경제적인 관계에 바탕을 두고 형성될 때 더욱 강하며 오랜 시간 지속하기 때문이다.[251]

Blau(1964)는 사회적 교환이론인 절차 공정성을 교환의 결과에 도달하는데 사용되는 평가 기준의 적절성, 종업원의 수준 및 처리시간과[252] 결정하는데 사용되는 정보의 정확성으로 의사결정과정의 구조적 특징을 의미한다.[253] 또한 절차 공정성은 서비스 기업이 고객에게 결과를 제공하기 위해 사용하는 절차, 방안, 기준 등 운영에 관한 측면은 서비스의 제공 절차에 관한 지각으로 고객의 불만 처리와도 관련된다.[254]

(3) 상호작용 공정성

상호작용 공정성은 소비자의 구매과정에 대한 공식적인 측면에 초점을 맞추었던 절차 공정성에 관한 연구가 진행되면서 서비스 전달과정에 대한 질적 관계가 중요한 요인으로 주목받기 시작하였다. 서비스 전달과정에서 자신에게 대하는 태도에 대한 공정성으로 서비스 전달 업무수행과정에서 자신에게 대하는 방식과 내용에 대한 자신의 공정성 지각을 의미한다.[255] 서비스를 제공하는 공식적 절차의 수행과정에서 절차에 대한 충분한 정보를 제공하고 상대방을 배려하는 행동이다.

Folger(1987)의 준거인지이론(Referent cognition theory)에 의하면 의사결정 절차가 결과의 지각을 형성하는 역할을 담당한다. 결국 보상에 대한 만족을 결정하는 과정에서 결과와 절차가 서로 간에 영향을 미칠 수 있음을 의미한다.[256] 예컨대, 비호적인 보상에 따른 조직 구성원들의 반응은 상호작용 공정성의 지각 수준에 따라 달라질 수 있다.[257]

분배 공정성이 낮은 고객에게는 절차가 중요한 역할을 미친다. 이는 불공정한 대우를 표현하고자 하는 의지는 결과가 나쁘다는 인식에 의하기도 하지만, 나쁜 결과가 자신보다는 남의 행동과 관련된 것에도 연유한다.[258]

절차에 대한 지각이 제도적 차원뿐만 아니라 대인적 상호작용의 방식까지를 포함하며, 분배결과에 대한 평가에 영향을 미친다. 이는 보상과 관련된 절차의 처리과정에서 상사가 보여주는 부하에 대한 의견존중, 솔직성, 보상 결정과정에 대한 설명, 편견배제 등은 분배결과에 대한 부하의 부정적 태도를 약화해 줄 수 있음을 의미한다.[259]

4. 고객 경험관리

(1) 고객 경험관리의 개념

고객 경험관리(Customer Experience Management; CEM)는 제품 또는 서비스에 대한 고객의 경험을 체계적으로 관리하는 프로세스를 의미한다. 즉, 기업이 고객의 제품을 탐색해서 구매 및 사용 단계에 이르기까지 모든 과정에 대한 분석 및 개선을 통해 긍정적인 고객 경험을 창출하는 것으로, 이러한 고객의 경험관리는 고객 참여와 만족도, 경험에 초점을 맞춘 마케팅 전략 및 관리시스템이다.

고객 경험관리는 기업이 고객에게 경쟁사와 다른 특별한 가치를 제공하고 고객과 기업이 만나는 접점마다 고객에게 통일된 가치를 경험하게 만드는 일련의 모든 과정을 의미한다. 즉, 고객 관계에 대한 접근 방식으로 고객을 비즈니스의 중심에 두고 혁신을 달성하는 것을 목표로 한다. 고객은 단순히 제품이나 서비스의 품질을 넘어 기업과 만나는 접점에서 최상의 경험을 얻고자 하기 때문이다.

고객 경험은 기업의 입장에서 매우 중요하다. 약 80%의 기업들은 스스로 경쟁사보다 차별화되고 우수한 제품과 서비스를 고객에게 제공하고 있다고 믿는다. 그러나 고객들의 생각은 정반대의 견해이다. 포레스트 컨설팅의 보고서에 따르면 고객 경험관리를 하는 기업들은 그렇지 않았던 기업보다 브랜드 인지도 1.6배, 평균 주문 가치 1.9배, 고객 유지 1.7배, 고객만족도 1.6배 등 고객 경험을 보여주는 대부분의 지표에서 훨씬 높은 수치를 보이는 것으로 나타났다. 고객 입장과 기업의 입장에서 높은 만족도를 얻기 위해서는 고객 경험관리는 필수이다.

(2) 고객 경험관리의 필요성

고객 경험관리에 대하여 Kotler는 그의 저서에서 고객은 기업을 제품과 서비스품질만으로 평가하지 않는다. 고객은 모든 채널에 걸쳐 존재하는 모든 접점을 포함한 고객 여정 전체를 가지고 평가한다. 따라서 혁신은 제품뿐만 아니라 전체 경험에 초점을 맞춰야 한다. 기업은 제품의 차별화를 모색하고 커뮤니케이션을 강화하며, 다양한 채널을 견고하게 하는 등 고객서비스를 개선해야 한다.[260)]

고객 경험이라는 개념이 제품 혁신이라는 좁은 범위만이 아닌 넓은 범위에서도 살펴볼 필요가 있다. 고객 경험은 구매 경험이나 고객서비스 등에만 관련된 것이 아니다. 고객 경험은 제품을 구매하기 전부터 제품을 구매한 후까지도 이어진다. 브랜드와의 커뮤니케이션, 소매업에서의 경험, 영업사원과의 상호작용, 제품사용, 고객서비스, 다른 고객과의 대화 등 고객이 접할 수 있는 모든 접점을 아우른다. 기업은 고객이 의미 있고 기억에 남는 완벽한 경험을 할 수 있게 해주기 위해 모든 접점을 세심히 조직해야 한다. 또한 고객 경험을 제대로 구축하기 위해서는 기술이 필요하다.[261)]

고객 경험은 경쟁이 치열한 시장에서 경쟁우위를 선점하게 해주는 새로운 방법이다. 이제는 핵심 제품과 서비스보다 과거엔 주변부로 밀려나 있던 상호작용과 몰입적인 경험이 더욱 중요해졌다. 인지에서 옹호에 이르기까지 수많은 접점을 넘나들며 매력적이고 뛰어난 고객 경험을 창조하기 위해서는 반드시 첨단기술을 활용해야 한다. 기술은 주로 데이터를 분석하고 특정 타깃 시장에 대한 통찰력을 얻는 데 유용하다.[262)]

(3) 고객 관계관리(CRM)과 고객 경험관리(CEM)의 차이점

고객 경험관리는 일부 기본 기능에 있는 유사성 때문에 고객 관계관리와 혼동한다. 다소 겹치는 부분이 있지만, 고객 경험관리는 고객 관계관리에서 후속 단계를 의미한다. 고객 관계관리는 주로 비즈니스의 내부 프로세스 최적화를 처리하는 반면, 고객 경험관리는 새로운 기술과 프로세스, 전략, 고객 중심 설계를 통해 여러 가지 고객 중심의 접근 방식을 제공한다.[263)]

고객 관계관리는 고객의 거래 관계에만 중점을 두고 고객의 소비패턴을 기계적으로만 분석한 나머지 고객의 경험에 대한 관리는 소홀히 함으로써 총체적으로 고객을 이해하지 못하는 문제점이 있다. 그러나 고객 경험관리는 거래 관계 및 신속, 정확, 편리한 주문시스템 등 이성적 경험뿐만 아니라 제품 또는 서비스의 인지도, 매장 직원의 친절도 등을 통한 심리적 변화, 욕구 등을 반영한 감성적 경험까지 분석할 수 있다는 장점이 있다.[264)]

(4) 고객 경험관리의 중요성

고객만족 경영은 고객들의 수요와 니즈를 측정하는 데 있어 고객 관계관리와 같은 정량적 수치 데이터를 중시했기 때문에 고객의 마음을 읽는 정성적 방법에 관해서는 관심이 적었다. 정성적 방법은 포커스 그룹 인터뷰(Focus Group Interview) 또는 일대일 면접 인터뷰 등으로 한정적이었다. 하지만 고객들의 요구가 점점 복잡해지고, 선택의 폭이 확대되면서 구매 의사결정에 있어 제품이나 서비스의 품질은 물론 고객들의 감성적 특성과 같은 주관적 측면이 주목받고 있다.[265)]

경쟁이 치열하고 고도로 연결된 세계 시장에서 고객 경험은 모든 유형의 비즈니스에서 중요한 차별화 요소가 되고 있다. 비즈니스의 최종 결실은 잠재고객 생성, 전환, 장기적인 브랜드 충성도로 이어지며, 고객 또한 풍부한 맞춤 경험과 높은 만족도, 브랜드와의 수익성 높은 관계로 확보할 수 있다.[266)]

① 고객에 대한 깊은 이해가 가능하다.

② 고객 충성도 및 재방문 유도가 가능하다.

③ 경쟁우위 확보가 가능하다.

④ 주도권(Initiative)의 성공 여부 측정이 가능하다.

5. 고객 경험관리 프로세스

(1) 제1단계: 고객의 경험 과정을 분석

기업이 고객 경험관리를 수행하기 위해서는 무엇보다 고객의 경험 세계를 철저히 이해해야 한다. 고객이 과연 어떠한 경험 사이클을 가졌는지 정확히 알지 못한다면 고객가치를 높일 기회조차 얻을 수 없다.[267)]

고객의 경험 세계는 크게 3가지 차원으로 구분할 수 있다.

① **제품과 서비스 자체이다.** 고객은 제품과 서비스를 탐색, 구매, 사용하는 모든 단계에서 브랜드를 경험한다.

② **커뮤니케이션이다.** 고객은 브랜드가 제공하는 수많은 커뮤니케이션 채널과 접하고 있다. 예컨대, 인터넷 홈페이지, TV 광고, 모바일 광고, 길거리 판촉 등 다양한 접점에서 고객은 브랜드를 경험한다.

③ **사람이다.** 고객은 기업의 임직원, 매장 점원, 친구, 기타 주변 사람들을 통해 브랜드를 경험한다.[268)]

기업은 이러한 경험의 3가지 차원을 바탕으로 구매 전 과정에서 고객 접점을 파악해 목표고객의 경험 요소들을 명확히 정의해야 한다. 특히 실제 생활에서 고객의 행동을 직접 관찰하는 참여 관찰법에 주목할 필요가 있다.

관찰을 통해 고객의 자연스러운 행동을 발견할 수 있으며, 제품의 오류를 개선할 기회를 얻을 수 있다. 다만 이러한 관찰에는 단순한 마케팅조사의 관점이 아니라 문화인류학의 관점에서 고객과의 교감을 가질 수 있는 노력이 필요하다.[269)]

(2) 제2단계: 차별적 경험을 디자인

기업이 고객의 경험 세계를 정확히 분석했다면 경쟁사 대비 차별화된 경험을 창조해야 한다. 이를 위해서는 경험의 3가지 차원에서 고객 접점별로 고객의 기대와 실제 경험의 차이를 파악해 만족, 불만족 요인들을 간파한 후 경험의 우선순위를 매겨야 한다. 마지막으로 우선순위를 바탕으로 USE(Unique Selling Experience), 즉 독특한 판매 경험의 조합을 구성해야 한다.[270)]

(3) 제3단계: 고객의 피드백을 반영

소비자의 참여 욕구가 더욱 거세지고 있다. 생산적 소비자를 일컫는 프로슈머(Prosumer; 참여형 소비자)를 넘어 최근에는 창조적 소비자인 크리슈머(Cresumer)라는 신조어가 생겨나는 것도 이러한 맥락이다. 기업은 고객의 의견과 경험에 대한 평가를 적극적으로 반영해야 한다. 고객을 참여시킴으로써 독특한 판매 경험에 대한 실효성과 매력도를 증대시켜야 한다. 기업은 고객 피드백을 적극적으로 반영해 그들의 공감대를 이끌어낼 수 있다.[271)]

크리슈머(Cresumer)는 R&D, 생산 및 유통 등 기업의 프로세스 전 과정에 적극적으로 참여하는 소비자를 의미한다.

(4) 제4단계: 일관되고 통합된 경험을 제공

기업은 고객에게 제공하는 3가지 차원에서의 경험이 통합된 고객가치를 달성할 수 있도록 노력해야 한다. 다양한 접점을 통해서 고객 경험이 일관성 있게 제공되도록 기업 내부에서 경험의 질을 종합적으로 관리해야 한다.

일관된 경험이 제공되지 않으면 다양한 접점에서의 경험이 오히려 잡음이 되어 기업이 의도했던 브랜드 메시지 전달이 실패할 수 있다. 유명 연예인 등을 통해 자사의 이미지를 차별화했던 TV 광고가 현장에서 가격 파괴 등 과도한 판촉 행사로 인해 불일치한 이미지를 주는 경우 등이 있다.[272)]

기업이 일관되고 통합된 경험을 제공하기 위해서는 경험을 체계적으로 관리하기 위한 조직을 활용하는 것도 고려할 수 있다. HP는 통합된 고객 경험을 제공하기 위해 고객 경험관리 부서를 적극적으로 활용하고 있다. 고객 경험관리 부서는 매년 전 세계 4만여 명의 고객을 대상으로 글로벌 고객조사(Global Citizenship Survey)를 수행함으로써 고객들이 제품과 서비스를 사용하는 과정상 겪게 되는 문제점 등을 진단하고 있다. 또 고객 경험표준(Customer Experience Standards)이라 불리는 고객 경험관리를 위한 기업 활동의 지침을 마련함으로써 전 세계 9만 5,000여 명의 임직원이 이를 완벽히 숙지하도록 교육하고 있다.[273)]

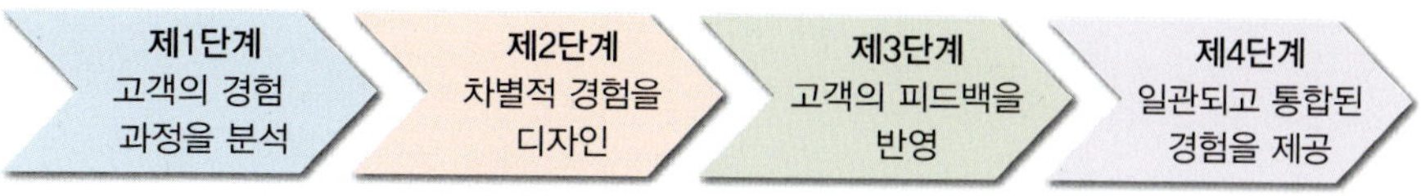

• [그림 7-2] 고객 경험관리 프로세스(자료 출처: LG 경제연구원, 2006) •

(5) 고객 경험관리의 여섯 가지 효과

서비스를 제공하는 기업에서 가장 두드러지고 또 널리 사용되는 고객 경험관리 기법이라고 해서 반드시 최선은 아니다. 많은 기업이 설문조사나 인터뷰를 통해 고객들로부터 피드백을 수집하고 있다. 이는 가장 널리 보급된 고객 경험관리 관행이라고 할 수 있다. 그러나 이러한 피드백이 실제 고객 경험관리에 효과적이라고 생각하는 응답자는 42%에 불과하다.[274)]

고객 피드백을 수집하는 일은 쉽지만, 그것을 제대로 활용하는 일은 어렵다. 그러나 선진기업들은 고객 경험 개선을 위해 어려운 과제에 도전하는 것을 두려워하지 않는다. 이들이 사용하는 기법과 원칙을 자세히 살펴봄으로써 고객 경험관리에 관한 여섯 가지 교훈을 얻을 수 있다.[275)]

① 고객 중심문화를 조성하라.

② 고객의 관점에서 생각하라.

③ 경영자도 직접 고객 경험을 이해하고 관리하라.

④ 다양한 채널과 데이터를 효율적으로 활용하라.

⑤ 고객 경험관리를 위한 분석 기술을 활용하라.

⑥ 고객 경험관리 성공 기준을 설정하고 강화하라.

6. 고객 경험관리의 사례

(1) 에이비스(AVIS) 렌터카 사례분석

- 1990년대 중반 고객들이 자동차를 빌리는 전체 과정을 분석하여 고객 경험을 개선한 사례이다.
- 고객의 자동차대여 경험 과정을 100단계로 구분하여 단계별 문제점 발견 시 집중적으로 개선하였다.
- 회원들이 공항 내 렌터카 신청 부스를 들르지 않고 차를 바로 배정하고, 차 반환 장소에 비행기 출발 시각을 볼 수 있는 모니터를 설치하는 등의 서비스를 제공한다.[276)]

1) 고객 경험관리를 통한 효과

① 빌리는데 걸리는 시간에 대한 고객의 불만을 해결하였다.

② 비행기 출발 시각에 대한 스트레스를 해소하였다.

③ 1990년대 후반 고객만족도 조사에서 업계 1위를 달성하였다.

• [그림 7-3] 에이비스(AVIS) •

(2) SK텔레콤 사례분석

- 고객관리의 새로운 패러다임으로 고객 경험관리(CEM)를 선택하고 대대적인 분위기 쇄신에 나섰다. 기존의 고객 관계관리(CRM)로는 고객에게 절대 감동을 줄 수 없다는 판단에서 비롯된 것이다.
- CRM은 기업의 목표달성에 초점을 맞추지만, CEM은 고객에게 감동적인 경험을 제공하는데 주안점을 두고 있다.
- 고객이 서비스를 인지하는 순간부터 가입, 이용, 해지, 해지 이후에 이르는 모든 과정을 29개 구간으로 나누고, 이러한 과정에서 나타나는 고객의 구체적인 경험을 117개로 정리하였다.
- 고객들의 구체적인 경험을 얻고자 임직원들과 고객을 대상으로 심층 면접을 한 것은 물론이고, 경쟁사의 대리점과 다른 업종의 영업매장까지 관찰을 통해 고객이 SK텔레콤과 이동통신 서비스를 접하는 시간, 장소, 상황 등을 파악하고, 유형별 고객의 경험내용과 기대수준을 파악하였다.

1) 고객 경험관리를 통한 효과

① 고객 경험관리가 효과를 나타내 고객에게 더 나은 경험을 제공하게 되어 기존 고객의 반복구매를 상승하게 한다.

② 잠재고객은 최초 구매를 유도할 수 있어 결국 경영성과도 크게 개선될 것으로 기대한다.

• [그림 7-4]] SK텔레콤 •

(3) 크리스피 크림 도넛 사례분석

- 크리스피 크림은 던킨도넛 등 경쟁사와의 차별화를 위해 고객 경험을 분석하였다.
- 고객은 도넛의 새로운 맛뿐만 아니라 즐거운 구경거리에 대한 니즈를 파악하였다.
- 고객은 제조과정의 위생상태에 대한 의구심을 파악하게 된다.

고객이 원하는 새로운 가치를 파악하고 제공한다. 예를 들면, 달콤한 도넛, 도넛 체험 그리고 즐거운 기다림이라는 독특한 판매 경험을 디자인하였다. 도넛 제조과정을 고객이 직접 볼 수 있도록 하였으며, 고객들이 대기하는 시간에 무료로 도넛을 나눠주는 전략으로 자연스럽게 입소문 효과가 나도록 하였다.[277)]

1) 고객 경험관리를 통한 효과

① 고객에게 도넛에 대한 생생한 경험을 제공하였다.

② 고객이 우려하는 위생상태에 대해 해소하였다.

③ 고객에게 즐거운 기다림이라는 새로운 경험을 제공하였다.

④ 고객의 대기 중 무료 샘플 전략을 통해 입소문 효과를 확대하였다.

⑤ 2002년부터 2004년까지 2년간 매출액이 2배 증가하였다.

• [그림 7-5] 크리스피 크림 도너츠 •

학습정리

· 서비스 공정성은 일반적으로 서비스를 제공하는 주체로부터 적절한 대우를 받고 있는지에 대한 평가이다. 서비스를 제공하는 종업원으로부터 공정한 서비스를 받지 못하였을 때 서비스 기업은 제품 또는 서비스의 오류를 개선하려고 시도하는 과정으로 정의한다.

· 서비스 공정성은 서비스가 전달되는 과정에서 발생한 불공정 인식을 의미하며, 서비스 기업의 불만 처리는 서비스품질관리 요소로 서비스 기업의 경쟁우위를 창출할 수 있는 중요한 도구이다.

· 공정성에 관한 연구에서 Adams(1965)는 사회 교환이론, 교환이론, 인지부조화이론, 균형이론 등 여러 선행연구 이론을 사용하여 조직 공정성 이론을 제시하였다. 이후 Thibaut & Walker(1975)는 공정성 연구에서 과정과 절차의 개념을 도입하여 결과가 나오게 된 과정과 절차의 중요성을 강조하였다. Bies & Moag(1986)는 절차가 시행되거나 분배가 결정될 때 사람들 간에 이루어지는 상호작용의 질에 따라 공정성에 대한 지각이 달라질 수 있다고 보고 이를 상호작용적 공정성이라는 개념을 제시하였다.

· 분배 공정성은 고객이 받게 되는 성과의 공정성을 의미한다. 즉, 고객이 대가를 지급하고 받은 서비스품질의 공정성을 의미한다.

· 절차 공정성은 교환의 결과에 도달하는데 사용되는 평가기준의 적절성, 종업원의 수준 및 처리시간과 결정하는데 사용되는 정보의 정확성으로 의사결정과정의 구조적 특징을 의미한다.

· 상호작용 공정성은 서비스를 제공하는 공식적 절차의 수행과정에서 절차에 대한 충분한 정보를 제공하고 상대방을 배려하는 행동이다.

· 분배 공정성이 낮은 고객에게 절차는 중요한 역할을 미친다. 이는 불공정한 대우를 표현하고자 하는 의지는 결과가 나쁘다는 인식에 의하기도 하지만, 나쁜 결과가 자신보다는 남의 행동과 관련된 것에도 연유한다.

· 고객 경험관리(Customer Experience Management; CEM)는 제품 또는 서비스에 대한 고객의 경험을 체계적으로 관리하는 프로세스를 의미한다. 즉, 고객이 기업의 제품을 탐색해서 구매 및 사용의 단계에 이르기까지 모든 과정에 대한 분석 및 개선을 통해 긍정적인 고객 경험을 창출하는 것으로, 이러한 고객의 경험관리는 고객 참여와 만족도, 경험에 초점을 맞춘 마케팅 전략 및 관리시스템이다.

· 고객 경험관리는 일부 기본 기능에 있는 유사성 때문에 고객 관계관리와 혼동한다. 다소 겹치는 부분이 있지만, 고객 경험관리는 고객 관계관리에서 후속 단계를 의미한다.

· CRM은 고객의 거래 관계에 중점을 두고 고객의 소비패턴을 기계적으로만 분석한 나머지 고객의 경험에 대한 관리는 소홀히 함으로써 총체적으로 고객을 이해하지 못하는 문제점이 있었다. 그러나 CEM은 거래 관계 및 신속, 정확, 편리한 주문시스템 등 이성적 경험뿐만 아니라 브랜드 이미지, 매장 직원의 친절도 등을 통한 심리적 변화, 욕구 등을 반영한 감성적 경험까지 분석할 수 있다는 장점이 있다.

PART

8

학습문제 필기 + 실기

BEAUTY SERVICE MANAGEMENT

CONTENTS

1. 학습문제(필기)

1. 서비스의 특성을 설명하지 않은 것을 고르시오.

① 이질성 ② 무형성 ③ 소멸성 ④ 유형성 ⑤ 비분리성

정답 ④

해설 서비스를 유형의 제품과 비교해보면, 서비스는 형체가 없는 무형성이며, 생산, 구매, 소비가 동시에 이루어지므로 동시성 또는 비분리성이라고 한다. 서비스를 표준화와 규격화하기 어려우므로 이질성이라고 하며, 저장과 보관을 할 수 없으므로 소멸성이라는 특성이 있다.

2. 서비스의 특성 중 소멸성에 관해 설명한 것을 고르시오.

① 서비스는 형체가 있다.
② 서비스는 생산, 구매, 소비가 동시에 이루어진다.
③ 서비스는 저장과 보관을 할 수 없다.
④ 서비스는 표준화와 규격화하기 어렵다.
⑤ 서비스는 형체가 없다.

정답 ③

3. OECD 국가의 경우 경제활동 중 서비스산업이 차지하는 비중을 고르시오.

① 40% ② 50% ③ 60% ④ 70% ⑤ 80%

정답 ③

해설 OECD 국가의 경우 경제 활동 중 서비스산업이 차지하는 비중은 60% 이상이며, 특히 미국, 영국, 프랑스 등의 국가는 70%를 차지하고 있다.

4. 서비스 기능에 의한 분류는 지식기반의 정도와 기업의 활동이 생산 활동 또는 소비 활동에 기반하여 분류한다. 틀린 것을 고르시오.

① 유통 서비스는 생산 활동으로 지식기반이 낮은 도매업, 소매업, 물류업, 창고업이다.

② 생산자 서비스는 생산 활동으로 지식기반이 높은 법률, 회계, 디자인, 금융업, 임대업이다.

③ 개인 서비스는 소비 활동으로 지식기반이 낮은 음식업, 숙박업, 이 · 미용업, 세탁업이다.

④ 사회 서비스는 소비 활동으로 지식기반이 높은 의료, 사회복지, 교육, 공공행정이다.

⑤ 개인 서비스는 소비 활동으로 지식기반이 높은 음식업, 숙박업, 이 · 미용업, 세탁업이다.

정답 ⑤

해설 생산자 서비스는 생산 활동으로 지식기반 및 시설, 장비, 자본 등이 높은 법률, 회계, 디자인, 금융업, 임대업 등으로 구분할 수 있다. 유통 서비스는 생산 활동으로 지식기반 및 시설, 장비, 자본 등이 낮은 도매업, 소매업, 물류업, 창고업 등으로 구분할 수 있다. 사회 서비스는 소비 활동으로 지식기반 및 시설, 장비, 자본 등이 높은 의료, 사회복지, 교육, 공공행정 등으로 구분할 수 있다. 개인 서비스는 소비 활동으로 지식기반 및 시설, 장비, 자본 등이 낮은 음식업, 숙박업, 이·미용업, 세탁업 등으로 구분할 수 있다.

5. Schmenner(1986)는 서비스를 노동 집약도와 고객과의 상호작용 및 고객화의 정도의 두 가지 차원에 의해 구분하였다. 해당하지 않는 것을 고르시오.

① 서비스 공장(Service factory)

② 서비스 스토어(Service store)

③ 서비스 숍(Service shop)

④ 대중 서비스(Mass service)

⑤ 전문가 서비스(Professional service)

정답 ②

해설 Schmenner(1986)의 분류는 서비스를 노동 집약도와 고객과의 상호작용 및 고객화의 정도의 두 가지 차원에 의해서 서비스 공장(Service factory), 서비스 숍(Service shop), 대중 서비스(Mass Service), 전문가 서비스(Professional Service)로 구분한다.

6. Davis(1999)는 서비스산업을 서비스 내용과 특성으로 구분하였다. 해당하지 않는 것을 고르시오.

① 서비스 공장(Service factory)

② 서비스 스토어(Service store)

③ 서비스 숍(Service shop)

④ 대중 서비스(Mass service)

⑤ 서비스 콤플렉스(Service complex)

정답 ④

해설 Davis(1999)에 의한 분류는 서비스산업을 서비스 내용과 특성으로 구분하여 서비스 공장(Service factory), 서비스 스토어(Service store), 서비스 숍(Service shop), 서비스 콤플렉스(Service complex)로 구분하였다.

7. Schmenner(1986)의 서비스 분류에 관한 설명 중 바르지 않는 것을 고르시오.

① 서비스 공장은 운송업, 휴양시설 등이 해당한다.

② 서비스 숍은 병원이나 정비소 등이 해당한다.

③ 대중 서비스는 도 · 소매업, 교육, 금융 서비스가 이에 해당한다.

④ 전문가 서비스는 의사, 회계사, 변호사 등의 서비스가 이에 해당한다.

⑤ 서비스 숍은 자동차 또는 부품 수리점, 미용실, 개인병원 등이 해당한다.

정답 ⑤

해설 Davis(1999)에 의한 분류로 서비스 숍은 소수 전문가에 의한 서비스로 자동차 또는 부품 수리점, 미용실, 개인병원 등이 해당한다.

8. 관리자의 업무능력에 관해 틀리게 설명한 것을 고르시오.

① 판단의 능력

② 미래를 읽는 능력

③ 미래를 준비하는 능력

④ 사람을 읽는 능력

⑤ 조직화하는 능력

정답 ④

해설 관리자의 업무능력은 다음과 같다.

- 판단의 능력: 유행과 본질을 파악할 수 있어야 한다.
- 미래를 읽는 능력: 고객의 기호, 기술의 발전 등 변화를 파악한다.
- 미래를 준비하는 능력: 시장 변화에 대한 흐름과 대처를 준비해야 한다.
- 비전을 제시하는 능력: 업무에 관련한 개인의 발전과 희망을 제시하여야 한다.
- 조직화하는 능력: 개인의 능력을 파악하여 적재적소에 배치하여야 한다.
- 커뮤니케이션 능력: 조직의 의사결정에 있어 의사전달은 매우 중요하다.

9. 서비스 수익 체인의 기능을 틀리게 설명한 것을 고르시오.

① 내부품질은 종업원의 직무만족을 가져온다.

② 종업원의 직무만족은 고객의 고객 지향성을 유발한다.

③ 종업원의 고객 지향성은 종업원의 생산성을 유발한다.

④ 종업원의 생산성은 서비스 가치를 유발한다.

⑤ 서비스 가치는 고객만족을 유도한다.

정답 ②

해설 종업원의 직무만족은 종업원의 고객 지향성을 유발한다.

10. 서비스 수익 체인의 각 연결 관계에 관해 틀리게 설명한 것을 모두 고르시오.

① 고객만족은 서비스 가치와 연계되어 있다.

② 서비스 충성도는 고객만족과 연계되어 있다.

③ 종업원의 생산성은 고객 충성도과 연계되어 있다.

④ 서비스를 제공하는 가치는 종업원 생산성과 연계되어 있다.

⑤ 기업의 매출과 성장은 고객지향성과 연계되어 있다.

정답 ③, ⑤

해설 종업원의 생산성은 고객지향성과 연계되어 있으며, 기업의 매출과 성장은 서비스 충성도와 연계되어 있다.

11. 인적자원관리(Human resource management; HRM)는 조직 구성원의 (　　　)을 최대한 발휘시키고, 직무수행을 통해 조직 구성원으로서 (　　　)을 얻도록 지원하는 것이라 정의한다. (　)안에 들어갈 내용으로 올바른 것을 고르시오.

① 인간성, 만족

② 능력, 성취욕

③ 능력, 만족

④ 인간성, 성취욕

⑤ 업무, 만족

정답 ③

해설 인적자원관리(Human resource management; HRM)는 조직 구성원의 (능력)을 최대한 발휘시키고, 직무수행을 통해 조직 구성원으로서 (만족)을 얻도록 지원하는 것이라 정의한다.

12. **인적자원관리는 기업경영에 중요한 경쟁우위의 요소인 인적자원의 (　　), (　　), (　　)하는 핵심역량으로 경영전략의 중요한 수단이며, 실행조건이다. (　)안에 들어갈 내용으로 올바른 것을 고르시오.**

① 모집, 선발, 훈련
② 개발, 확보, 유지
③ 유지, 개발, 확보
④ 확보, 개발, 유지
⑤ 모집, 훈련, 유지

정답 ④

해설 인적자원관리는 기업경영에 중요한 경쟁우위의 요소인 인적자원의 (확보), (개발), (유지)하는 핵심역량으로 경영전략의 중요한 수단이며, 실행조건이다.

13. **Pfeffer(1994)의 인적자원관리의 구성요소에 해당하지 않는 것을 고르시오.**

① 지위 격차 해소, 직무평가
② 광범위한 교육 훈련, 정보공유
③ 참여적 직무설계, 선별적 채용
④ 지위 격차 해소, 고용보장
⑤ 성과연계 보상, 선별적 채용

정답 ①

해설 Pfeffer(1994)는 인적자원관리의 구성요소를 광범위한 교육 훈련, 참여적 직무설계, 정보공유, 선별적 채용, 고용보장, 성과연계 보상, 지위 격차 해소로 제시하였다.

14. 인적자원개발의 설명으로 바르지 않는 것을 고르시오.

① 개인개발은 형식, 무형식 등의 학습 활동을 통한 개인의 성장과 발전을 촉진한다.

② 경력개발은 조직의 경력관리 활동에 의한 개인의 요구와 조직의 요구를 조화시킨다.

③ 조직개발은 조직 목표, 구조, 관리 체계 변화를 통해 개인, 집단, 조직의 활동과 성과를 촉진한다.

④ 개인개발은 형식, 비형식 등의 학습 활동을 통한 개인의 성장과 발전을 촉진한다.

⑤ 조직개발은 조직의 경력관리 활동에 의한 개인의 요구와 조직의 요구를 조화시킨다.

정답 ⑤

해설 개인개발은 형식, 비형식, 무형식 등의 학습 활동을 통한 개인의 성장과 발전을 촉진한다. 경력개발은 개인의 경력계획 수립과 조직의 경력관리 활동에 의한 개인 요구와 조직 요구를 조화시킨다. 조직개발은 조직목표, 구조, 관리 체계 변화를 통해 개인, 집단, 조직의 활동과 성과를 촉진한다.

15. 교육 · 훈련 설계에서 기획 단계에 해당하는 것을 모두 고르시오.

① 비즈니스 요구 분석 및 현재 수준 분석

② 신규 교육 · 훈련 프로그램의 개발

③ 인적자원개발 필요성 도출

④ 외부 전문가 또는 업체를 통한 개발

⑤ 학습자용 교재 개발

정답 ①, ③

해설 전략적 인적자원개발 기획은 비즈니스 요구분석 및 현재 수준분석, 인적자원개발 필요성 도출, 인적자원개발 기획 단계로 진행한다.

16. 교육 · 훈련 프로그램 개발 5단계 모형인 ADDIE 모형에 관한 설명을 바르게 한 것을 고르시오.

① 교수체제개발 모형에 기반한 설계, 분석, 개발, 운영, 평가의 5단계에 따라 교육 · 훈련 프로그램을 개발한다.

② 교수체제개발 모형에 기반한 분석, 설계, 개발, 운영, 평가의 5단계에 따라 교육 · 훈련 프로그램을 개발한다.

③ 교수체제개발 모형에 기반한 분석, 설계, 개발, 평가, 운영의 5단계에 따라 교육 · 훈련 프로그램을 개발한다.

④ 교수체제개발 모형에 기반한 분석, 개발, 설계, 운영, 평가의 5단계에 따라 교육 · 훈련 프로그램을 개발한다.

⑤ 교수체제개발 모형에 기반한 개발, 분석, 설계, 운영, 평가의 5단계에 따라 교육 · 훈련 프로그램을 개발한다.

정답 ②

해설 교육·훈련 프로그램 개발 5단계 모형은 교수체제개발 모형에 기반한 분석, 설계, 개발, 운영, 평가의 5단계에 따라 교육·훈련 프로그램을 개발한다.

17. 교육 · 훈련 프로그램 설계 단계에 관한 설명으로 바르지 않은 것을 고르시오.

① 학습자 설정
② 교육 · 훈련 프로그램 설계 방법
③ 학습평가 전략
④ 커크패트릭(Kirkpatrick)의 4단계 평가
⑤ 학습목표 설정

정답 ①

해설 교육·훈련 프로그램 설계 단계는 학습목표 설정, 교육·훈련 프로그램 설계 방법, 학습평가 전략, 커크패트릭(Kirkpatrick)의 4단계 평가로 진행한다.

18. 교육 · 훈련 프로그램 개발 단계에 관한 설명으로 바르지 않은 것을 고르시오.

① 학습자용 교안 및 매뉴얼 개발

② 학습자용 교재 개발

③ 교육 매체 개발

④ 외부 전문가를 통한 개발

⑤ 강사용 교안 및 매뉴얼 개발

정답 ①

해설 교육·훈련 프로그램 개발 단계는 강사용 교안 및 매뉴얼 개발, 학습자용 교재 개발, 교육 매체 개발, 외부 전문가 또는 업체를 통한 개발로 진행한다.

19. 조직개발(Organizational development; OD)은 (　　) 조직변화와 (　　) 조직변화 모두를 강조하며, (　　)에 참여한 HRD 전문가의 역할은 일반적으로 변화 관리자이다. (　)안에 들어갈 내용으로 올바른 것을 고르시오.

① 장기적, 일시적, 참여 활동

② 거시적, 미시적, 참여 활동

③ 장기적, 일시적, 개입 활동

④ 상시적, 장기적, 참여 활동

⑤ 거시적, 미시적, 개입 활동

정답 ⑤

해설 조직개발(Organizational development; OD)은 거시적 조직변화와 미시적 조직변화 모두를 강조하며, 개입 활동에 참여한 HRD 전문가의 역할은 일반적으로 변화 관리자이다.

20. 자원기반 관점의 이론은 기업이 지속적으로 경쟁우위를 확보할 수 있는 근본적인 이유는 (　)하고, (　)있고, (　)하며, (　) 자원을 보유한 기업이다. (　)안에 들어갈 내용을 쓰시오.

정답 희귀, 가치, 대체 불가능, 모방이 쉽지 않은

해설 자원기반 관점의 이론은 기업이 지속적으로 경쟁우위를 확보할 수 있는 근본적인 이유는 희귀(Rare)하고, 가치(Valuable) 있고, 대체 불가능(Non substitutable)하며, 모방이 쉽지 않은 (Inimitable) 자원을 보유한 기업이다.

21. 자원은 기업이 생산의 (　　)을 높이거나 목표고객에게 마케팅 효과를 높일 수 있도록 전략을 수립하고 실행할 때 사용하는 유 · 무형의 (　　)을 의미한다. (　)안에 들어갈 내용을 쓰시오.

정답 효율성, 자산

해설 자원은 기업이 생산의 효율성을 높이거나 목표고객에게 마케팅 효과를 높일 수 있도록 전략을 수립하고, 실행할 때 사용하는 유·무형의 자산을 의미한다.

22. 직무만족은 자신의 직무를 자기 스스로 평가하거나 직무 그 자체를 통하여 얻어지는 (　　)이나 혹은 (　　) 감정 상태로, 실제로 얻어진 보상이 정당하게 인지되는 수준을 (　　)되거나 (　　)하는 것으로 판단한다. (　)안에 들어갈 내용을 쓰시오.

정답 유쾌함, 긍정적, 충족, 초과

해설 직무만족(Job satisfaction)은 자신의 직무를 자기 스스로 평가하거나 직무 그 자체를 통하여 얻어지는 유쾌함이나 혹은 긍정적 감정 상태로, 실제로 얻어진 보상이 정당하게 인지되는 수준을 충족되거나 초과하는 것으로 판단한다.

23. **직무만족에 대하여 심리적, 정서적 측면을 강조하는 (　　)과 보상적 측면을 강조하는 (　　)으로 나누어 볼 수 있다. (　)안에 들어갈 내용을 쓰시오.**

정답 내재적 만족, 외재적 만족

해설 직무만족에 대하여 심리적, 정서적 측면을 강조하는 내재적 만족(Intrinsic satisfaction)과 보상적 측면을 강조하는 외재적 만족(Extrinsic satisfaction)으로 나누어 볼 수 있다.

24. **재무적 성과(financial performance)는 주로 (　　), (　　), (　　), (　　), (　　), (　　) 등과 같은 평가지표들을 활용한다. (　)안에 들어갈 내용을 쓰시오.**

정답 안정성, 성장성, 수익성, 활동성, 유동성, 생산성,

25. **비재무적 성과(Non-financial performance)지표를 이용한 변수로는 심리적인 내용을 포함하고 있는 (　　), (　　), (　　), (　　), (　　) 등과 같은 조직 유효성 변수들을 활용한다. (　)안에 들어갈 내용을 쓰시오.**

정답 만족도, 시장 점유율, 몰입도, 행동 의도

26. **고객 관계관리(Customer Relationship Management; CRM)는 기존고객의 (　　)를 높이는 데에 집중하고 그로 인한 (　　)를 강화하는 관리 전략이다. (　)안에 들어갈 내용을 쓰시오.**

정답 충성도, 소개고객 유입

27. **CRM에 대해 설명하시오.**

정답 CRM은 Customer Relationship Management의 첫 글자로 고객과의 관계를 관리한다는 의미이다.

28. 기업의 판매 전략 변천에 관하여 바르게 짝지어진 것을 고르시오.

① 1970년대 – 생산자 중심 시대

② 1980년대 – 마케팅 시대

③ 1990년대 – 판매자 중심 시대

④ 2000년대 – 소비자 중심 시대

⑤ 산업혁명 – 소비자 중심 시대

정답 ①

해설 산업혁명 시대는 수요가 공급을 초과하던 시기(생산자 중심 시대), 1970년대는 공급이 수요를 초과하던 시기(판매자 중심 시대), 1980년대는 경쟁이 치열한 시기(마케팅 시대), 1990년대는 고객과의 관계에 노력을 기울이는 시기(소비자 중심 시대)

29. 데이터마이닝은 데이터베이스로부터 과거에는 알지 못했지만, 데이터 속에서 유도된 새로운 데이터 모델을 발견하여, (　　　)를 추출하고 (　　　)에 이용하는 과정을 말한다. (　)안에 들어갈 내용을 쓰시오.

정답 미래에 실행 가능한 정보, 의사결정

30. 고객생애가치분석은 고객이 최초로 기업과의 거래를 시작한 시점부터 거래에 대한 모든 기록을 이용하는 기법으로 현재까지 누적된 (　　　)뿐 아니라 미래의 (　　　)에 대한 예측분까지 합산한 고객의 총 평생 가치 개념이다. (　)안에 들어갈 내용을 쓰시오.

정답 수익가치, 평생가치

31. 우량화 유지 전략은 기업이 최대한의 많은 고객을 확보하기 위한 전략으로 (　　) 를 통한 분석과 (　　) 분석이 있다. (　)안에 들어갈 내용을 쓰시오.

정답 수익기여도, 고객생애가치

32. 데이터마이닝(Data mining) 기법은 고객의 인구통계학적 데이터 및 거래형태에 관한 데이터 분석기법을 통하여 고객의 (　　)하는 분석기법이다. (　)안에 들어갈 내용을 쓰시오.

정답 이탈 가능성을 예측

33. 커스터마이제이션은 (　　)를 의미한다. 고객의 취향을 파악하고 요구사항에 맞춘 상품 또는 적합한 맥락과 내용물 등을 고객의 취향에 맞추거나, 고객 스스로 자신의 선호정보를 입력하여 맞추는 것을 말한다. (　) 안에 들어갈 내용을 쓰시오.

정답 고객 맞춤화

34. 데이터마이닝의 과정으로 잘못 설명된 것을 고르시오.

① 데이터베이스로부터 분석대상이 되는 데이터를 선별하는 과정

② 알고리즘의 결과를 재가공하고 기존의 지식과 통합하는 과정

③ 선별된 데이터를 적절한 형태로 가공하고 정제하는 과정

④ 변환된 데이터에 예측(Prediction)이나 분류(Classification) 모델을 만드는 과정

⑤ 정보를 통한 예측(Prediction)이나 분류(Classification) 모델을 만드는 과정

정답 ④

해설 데이터마이닝의 과정은 데이터베이스로부터 분석대상이 되는 데이터를 선별하는 과정(Data selection), 선별된 데이터를 적절한 형태로 가공하고 정제하는 과정(Cleaning, Transformation), 변환된 데이터에 마이닝 알고리즘을 수행하는 과정(Data mining), 알고리즘의 결과를 재가공하고 기존의 지식과 통합하는 과정을 거치게 된다. 위의 과정을 거쳐 결과로 얻은 지식은 예측(Prediction)이나 분류(Classification) 모델을 만드는 것에 사용되기도 하며, 데이터베이스의 레코드들 사이의 연관성을 밝혀내기도 하고, 데이터베이스의 내용을 요약해 주기도 한다.

35. 고객만족의 개념으로 Oliver(1980)는 고객만족을 고객의 (　　)과 기대 간의 불일치로 인해 발생하는 감정과 구매 경험 전의 감정이 결합하여 발생하는 (　　)로 정의한다. ( ) 안에 들어갈 내용을 쓰시오.

정답 실제 경험, 종합적 심리상태

36. 고객만족을 소비 경험이 최소한 기대되었던 것보다 좋았다는 평가로 고객만족은 두 가지 관점인 (　　)과 (　　)으로 개념화할 수 있다. ( )안에 들어갈 내용을 쓰시오.

정답 거래 특유적 관점, 개별적 거래 관점

37. 고객만족은 긍정적 경험을 토대로 구전하게 하여 신규고객을 확보함과 동시에 재구매 의도를 높여 매출을 증가시키는 측면에서 (　　)에 영향을 준다. ( )안에 들어갈 내용을 쓰시오.

정답 공격 효과(Offensive effect)

38. 고객만족은 기존고객을 유지하고 고객의 전환을 줄이는 측면에서 (   )도 가진다. (   )안에 들어갈 내용을 쓰시오.

정답 수비 효과(Defensive effect)

39. Oliver(1999)의 서비스 충성도 모형은 태도를 형성하는 (   ), (   ), (   ), (   ) 4단계로 구성된다. (   )안에 들어갈 내용을 쓰시오.

정답 인지적 충성도(Cognitive loyalty), 감성적 충성도(Affective loyalty), 의도적 충성도(Conative loyalty), 행동적 충성도(Action loyalty)

40. Gronroos(1982)는 지각된 서비스품질이 (   )과 (   ) 간의 차이에서 인식된다. (   )안에 들어갈 내용을 쓰시오.

정답 기대한 서비스품질, 제공된 서비스품질

41. Garvin(1984)은 품질의 여덟 차원으로 (   ), (   ), (   ), (   ), (   ), (   ), (   ), (   )으로 구분한다. (   )안에 들어갈 내용을 쓰시오.

정답 심미성(Asthetics), 유용성(Serviceability), 인지된 품질(Perceived quality), 성능(Performance), 특징(Features), 내구성(Durability), 신뢰성(Reliability), 적합성(Conformance)

42. 고객 컴플레인 유형으로 맞지 않는 것을 고르시오.

① 직접 컴플레인 고객 유형

② 수동적 고객 유형

③ 기분파 고객 유형

④ 행동파 고객 유형

⑤ 주변인 전달 고객 유형

정답 ③

해설
- 직접 컴플레인 고객 유형: 직접적인 컴플레인을 통해 기업이 서비스 개선의 기회를 주는 유형.
- 수동적(관망자적) 고객 유형: 기업에는 어떤 컴플레인도 하지 않고 기업의 상품과 서비스를 이용하지 않는 유형으로 불만을 속으로 쌓아두는 유형.
- 주변인 전달 고객 유형: 기업에 항의하지 않지만, 주변인들에게 말로써 기업의 나쁜 이미지를 전파하여 주변인의 구매를 막는 유형
- 행동파 고객 유형: 기업에 컴플레인을 하여 만족한 결과를 얻지 못하면 법적 행동이나 대중매체를 통해 소비자들에게 공식적으로 알려 기업에 복수하는 유형.

43. 불만족한 고객(40%)이 나타내는 효과 중 맞지 않는 것을 고르시오.

① 불만을 말하지 않는 고객 60% 중 재구매율은 9%이다.

② 불만고객 중 점포의 대응이 빨라 만족한 고객 82%가 재구매한다.

③ 불만고객 중 점포의 대응에 불만이 있지만 이해한 고객 46%가 재구매한다.

④ 불만을 말하지 않는 고객 50% 중 재구매율은 20%이다.

⑤ 불만족한 고객의 91% 이상은 말없이 떠난다.

정답 ④

44. 손익계산서는 한 회계 기간에 발생한 비용 항목과 수익 항목을 기재하여 당해 기간의 손익을 표시한 재무제표이다. 설명 중 맞지 않는 것을 고르시오.

① 손익계산서는 포괄주의 손익계산서와 당기 업적주의 손익계산서가 있다.

② 기업회계기준에서는 당기 업적주의를 취한다.

③ 손익계산서의 양식은 계정식과 보고식이 있으나 보고식이 원칙이다.

④ 계정 항목은 기업회계기준에서 상세히 정하고 있다.

⑤ 이익은 일반적으로 한 회계 기간 중의 총 수익에서 총비용을 감한 기간 순이익을 뜻한다.

정답 ②

해설 기업회계기준에서는 포괄주의를 취한다(기업회계기준 제64조).

45. 손익계산서에서 얻을 수 있는 정보로 맞지 않는 것을 고르시오.

① 회계기간 동안 점포의 경영성과를 파악할 수 있다.

② 효율적인 비용의 관리가 어렵다.

③ 점포의 지속적인 성장을 파악할 수 있다.

④ 미래의 수익과 현금의 흐름을 파악할 수 있다.

⑤ 영업 활동과 재무 활동으로 인한 성과를 파악할 수 있다.

정답 ②

해설 뷰티 서비스업의 경우 매월 단위로 정리한 계산서를 1년 단위로 모아보게 되면 1년 동안의 매출 추이를 파악할 수 있고, 수익과 비용의 효율적인 운영이 가능해진다. 1년간의 성장성을 평가하고 향후 성장 가능성을 진단해 볼 수 있는 도구로 활용이 가능하다.

46. 판매비와 일반관리비에 해당하지 않는 것을 고르시오.

① 급여와 제수당 ② 퇴직급여 ③ 감가상각비
④ 세금과공과 ⑤ 이자수익

정답 ⑤

해설 이자수익은 영업외 수익이다.

47. 손익분기점에 영향을 주는 요소로 해당하지 않는 것을 고르시오.

① 이자비용 ② 원가구성 ③ 원가요소의 가격
④ 생산 방법 ⑤ 판매가

정답 ①

해설 손익분기점에 영향을 주는 요소로는 판매가, 원가요소의 가격, 원가구성, 생산 방법 등이 있다.

48. 고정비는 일정 기간 영업 활동(생산자는 조업도, 판매자는 매출액)과 관계없이 항상 일정액으로 발생하는 원가로 (　　), (　　), (　　), (　　) 등이 이에 속한다. (　)안에 들어갈 내용을 쓰시오.

정답 고정자산의 감가상각비나 경영자의 급여, 보험료, 제세공과, 임차료

49. 판매량(생산량)의 증감에 따라 변화되어 발생하는 비용을 말한다. 변동비의 주요 항목은 재료비, 부분품비, 위탁가공비 등이 있으며, 뷰티 서비스업에서는 펌, 염색할 때 쓰이는 (　　), (　　), (　　) 등이 된다. (　)안에 들어갈 내용을 쓰시오.

정답 재료비, 각종 시술을 위해 사용하는 전기요금, 수도요금

50. 감가상각비는 고정비로 어떠한 시설 · 기계(재화)를 사용함에 따라 가치가 하락하게 되는데 이를 매달 비용으로 보아 금액으로 환산하여 비용으로 처리한다. 상계기간은 얼마지 고르시오.

① 30개월 ② 40개월 ③ 50개월 ④ 60개월 ⑤ 70개월

정답 ④

해설 손해보험협회에서 뷰티 서비스업의 경우 인테리어 시설과 기자재 등의 사용 연한, 즉 수명을 5년으로 간주함으로써 그에 따라 사용 연한을 60개월로 보고 계산한다.

51. 점포의 체질분석에 대한 설명으로 올바르지 않은 것을 고르시오.

① 이익체질형은 매출도 높고, 그에 따른 이익도 많은 경우이다.

② 내부관리형은 상대적으로 매출은 적지만, 매출 대비 이익을 극대화하는 점포이다.

③ 방만경영형을 보면 매출은 많은데 실제 이익은 현저히 적은 경우이다.

④ 만성적자형의 경우는 매출도 적고 이익도 적은 경우이다.

⑤ 내부관리형은 상대적으로 매출도 높고, 비용의 효율적 배분 등을 통하여 매출 대비 이익을 극대화하는 점포이다.

정답 ⑤

해설 내부관리형은 상대적으로 매출은 적지만, 내부적으로 비용의 효율적 배분 등을 통하여 매출 대비 이익을 극대화하는 점포이다. 이러한 점포의 특징은 대표가 관리능력이 탁월한 경우이다. 예를 들어, 은행에서 근무한 경력이 있는 경우 또는 기업의 관리부 또는 총무부에 근무한 경력이 있는 경우가 많다.

52. SWOT분석에 관하여 잘못 설명된 것을 고르시오.

① 강점(S): 다른 기업과 차별되는 우위의 내적 역량을 의미한다.

② 약점(W): 기업의 경쟁업체에 비해 경쟁 열위로 지닌 내적 특성을 의미한다.

③ 기회(O): 사건, 시간 및 장소의 혼합이 기업에 중요한 편익을 주는 환경을 의미한다.

④ 위협(T): 기업에 중대한 손상을 주게 되는 환경과 사건을 의미한다.

⑤ 조직의 강점과 약점, 기회와 위협요인에 대해 지속적으로 분석하여 사업을 철회하기 위한 목적이다.

정답 ⑤

해설 SWOT분석은 기업이 당면한 환경 및 상황과 자신의 능력을 파악한 후 대응방안을 모색하기 위한 전략 기법이다. 목표와 비전을 함께 고려하여 조직의 강점과 약점, 기회와 위협요인에 대해 지속적으로 분석과 재평가를 하고 반영할 수 있어야 한다.

53. SWOT분석을 통한 전략 수립에서 잘못 연결된 것을 고르시오.

① SO 전략: 공격 전략

② ST 전략: 리스크 회피 전략

③ WT 전략: 방어 전략

④ WT 전략: 공격 전략 및 포기 전략

⑤ WO 전략: 공격 전략 및 포기 전략

정답 ④

54. 생산성분석에 관한 수식을 쓰시오.

생산성 진단분석의 방법		
1	직원 1인 생산성	
2	평균 객단가	
3	직원 1인당 처리객 수	
4	1인당 1시간 생산성	
5	좌석당 시술 매출액	
6	노동생산성	
7	매출 대비 사용제품 효율성	
8	매출 대비 운영비 효율성	
9	매출 대비 인건비 효율성	
10	매출 대비 재료비 효율성	

정답 매출액/직원 수 = 월평균 직원 1인당 생산성(원)

매출액/총 객 수 = 월평균 객단가(원),

총 객 수/직원 수 = 월평균 1인당 고객 처리객 수(인)

매출액/영업시간 = 월평균 1인 시간당 생산성(원)

매출액/좌석 수 = 월평균 좌석당 매출액(원)

매출이익/직원 수 = 월평균 1인당 생산성(원),

사용제품액/매출액 = 매출 대비 사용제품 효율성(%)

운영비용/매출액 = 매출 대비 운영비 효율성(%)

인건비/매출액 = 매출 대비 인건비 효율성(%)

재료비/매출액 = 매출 대비 재료비 효율성(%)

55. 마케팅 활동에서 고객가치(Customer value)에 관하여 잘못 설명한 것을 고르시오.

① 고객 중심적이다.

② 고객이 지출한 비용보다 효익이 더 높은 것을 의미한다.

③ 기술기획 단계도 중요하다.

④ 판매 이후의 활동도 매우 중요한 요소이다.

⑤ 고객을 수익의 대상으로 보는 것이다.

정답 ⑤

해설 고객가치(Customer value)란 고객이 지출한 비용보다 효익이 더 높은 것을 의미한다. 고객 중심적이다. 즉, 고객의 수요를 감지하고 대응하는 것이다. 고객을 찾는 대신에 고객을 가꾸고 돌보는 것이다. 시장을 분석, 수요를 예측하여 시장성 있는 기술을 고안하는 기술기획 단계도 중요하다. 판매 이후의 활동도 매우 중요한 요소이다.

56. 마케팅 커뮤니케이션은 (　　), (　　), (　　), (　　)과 함께 판매 4P 전략의 한 요소로 고객의 구매 활동에 있어 제품을 알리고 구매하도록 설득하며, 구매를 유도하도록 인센티브 등을 제공하는 전반적이고 공격적인 활동을 의미한다. (　)안에 들어갈 내용을 쓰시오.

정답 촉진(Promotion), 제품(Product), 가격(Price), 유통(Place)

57. 4P의 전략에 관하여 바르게 설명하지 못한 것을 고르시오.

① 제품은 마케팅의 대상이 되는 제품 또는 서비스 자체의 특징을 의미한다.

② 가격은 제품 또는 서비스에 표시된 가격, 할인조건 등이다.

③ 유통은 제품의 유통경로와 거래처 등을 말한다.

④ 촉진은 판매촉진행사와 광고 전략 등을 말한다.

⑤ 판매는 판매촉진행사와 홍보 전략 등을 말한다.

정답 ⑤

해설 4P 전략을 수립하는 이유는 경쟁기업과의 경쟁에서 제품의 품질 및 가격이 뒤처지지 않고, 빠르게 공급하며, 유통과정에서 최선의 유통망 확보로 원가를 절감하여 소비자를 대상으로 원활한 판매를 촉진하기 위한 것이다.

58. 판촉은 소비자들의 소비 욕구를 불러일으키고 자극함으로써 판매가 늘어나도록 하는 모든 활동을 의미하는 홍보 전략의 한 요소이다. 판촉에 해당하지 않는 것을 고르시오.

① 광고　② 판매촉진　③ PR

④ 홍보　⑤ 인적판매

정답 ④

해설 홍보는 고객에게 정보를 전달하고 정보전달과 동시에 구매를 자극하고 설득하여 제품이나 브랜드에 대한 우호적인 태도를 형성할 수 있다. 제품을 널리 알림으로써 다른 기업보다 좋은 제품을 개발하도록 동기를 유발해 시너지를 확산시킬 수 있다. 변화의 촉매제 역할을 하며 인식 변화와 생활 방식에 변화를 가져다줄 수 있다.

59. 타깃 마케팅에 관한 설명으로 바르지 못한 것을 고르시오.

① 자사의 제품이 필요로 하는 대상을 나누는 것을 의미한다.

② 고객의 기본적 정보를 통해 고객의 다양한 요구를 파악한다.

③ 기업은 다양한 고객의 욕구를 바탕으로 소비자들을 작은 그룹으로 세분화한다.

④ 마케팅 기업의 영업 활동에 효과적이고 효율적으로 할 수 있게 만들어 준다.

⑤ 기업의 제품을 판매하기 위해 여러 시장으로 나누는 것을 의미한다.

정답 ⑤

60. 마케팅조사는 기업이 당면한 특수한 마케팅 문제를 해결하는데 필요한 데이터와 정보를 체계적으로 (　)하고, (　)하여 보고함으로써 (　)을 지원하는 활동을 의미한다. (　)안에 들어갈 내용을 쓰시오.

정답 수집, 분석, 의사결정

61. 마케팅조사 설계는 조사 목적을 정의하고, 조사의 성격을 규정한다. 이때 조사 방식에 관하여 잘못 설명된 것을 모두 고르시오.

① 탐색적 조사　② 기술적 조사　③ 개념적 조사

④ 인과적 조사　⑤ 현황적 조사

정답 ③, ⑤

62. 기술적 조사에 관하여 바르게 설명한 것을 고르시오.

① 어떤 마케팅 현상의 원인이 무엇인가를 밝혀내기 위한 조사를 의미하며, 일반적인 설문 조사로는 불가능하며, 실험이라는 엄격한 조사를 사용해야 한다.

② 현재 일어나고 있는 마케팅 현상을 정확하게 이해하기 위하여 수행하는 조사를 의미하며, 어떤 특정 상품 또는 서비스에 대한 소비자의 사용 행동이나 태도 등을 설문조사하는 것을 의미한다.

③ 탐색적 조사는 마케팅 문제 및 현재 상황을 더욱 잘 이해하기 위해 조사 목적을 명확히 정의하거나 필요한 정보를 분명히 파악하기 위해 시행하는 일종의 예비조사(사전조사)적인 성격을 지닌다.

④ 사람들의 행동이나 어떤 사건이 전개되는 과정을 관찰한 다음, 그 결과를 정리하여 데이터를 만드는 조사 방법을 의미한다.

⑤ 시장잠재력 추정은 일정 기간 이상적 조건에서 특정 기업뿐만 아니라 경쟁기업 모두가 달성할 수 있는 최대매출액을 의미한다.

정답 ②

63. 수요예측 방법으로 올바르지 않은 것을 고르시오.

① 연쇄비율법

② 의견조사법

③ 시장시험법

④ 인과적 조사

⑤ 인과관계분석법

정답 ④

64. 인과관계분석법에 관하여 바르게 설명한 것을 고르시오.

① 매출액과 상관관계가 높은 변수들을 이용하여 미래 매출액을 예측하는 방법으로 회귀분석법과 선행지수법을 사용한다.

② 과거 실적을 바탕으로 미래 수요를 예측하는 방법으로 분석 시 매출액에 더 높은 가중치를 부여하는 방법이다.

③ 소비자 구매 의도 조사를 한다. 구매 의도분석은 잠재고객을 대상으로 주로 설문조사를 통해 신제품을 구매하거나 사용할 가능성을 조사한 후 이를 신제품 구매확률로 환산하는 것을 의미한다.

④ 잠재구매자의 범위와 크기를 파악해야 한다. 또한 해당 제품 또는 서비스에 대한 욕구와 여건, 능력을 갖추고 있다면 모두 포함해야 한다.

⑤ 잠재구매자들에게 신제품을 직접 사용해보도록 한 다음, 이들의 반응을 조사하고, 이 결과를 기초로 매출액이나 시장점유율을 예측하는 방법이다.

정답 ①

해설
- 인과관계분석법은 매출액과 상관관계가 높은 변수들을 이용하여 미래 매출액을 예측하는 방법으로 회귀분석법과 선행지수법을 사용한다.
- 회귀분석법은 매출액에 영향을 주는 변수들과 매출액 간의 통계적인 함수관계를 이용하여 매출액을 예측하는 방법이다.
- 회귀분석 방법은 이론적 근거를 토대로 매출액에 영향을 주는 변수들을 선정한 다음, 회귀분석을 통하여 회귀식을 도출하고, 독립변수들의 값들은 회귀식에 대입하여 구한다.
- 선행지수법은 특정 제품의 수요 변화를 예측하기 위하여 그 제품의 수요 변화에 선행되는 변수들을 이용하는 방법을 말한다.

65. 시장수요에 영향을 미치는 요소로 틀린 것을 고르시오.

① 제품요인: 제품 자체의 특성으로 기능, 성능, 가격, 용도, 규격, 상표, 디자인, 이미지 등이 있다.

② 공급요인: 수요자가 신제품에 접근할 기회 정도로서 생산량, 공급량, 지역, 경로 등이 있다.

③ 정보요인: 수요자의 신제품정보 접촉 기회 정도로 광고, 홍보, 인적 매체 등이 있다.

④ 경쟁요인: 경쟁품, 대체품의 유무, 가격, 용도, 규격, 보급상황 등이 있다.

⑤ 기타요인: 수요자의 소득, 구매패턴, 나이, 직업, 생활양식 등이 있다.

정답 ⑤

해설 기타요인은 사회, 문화, 기술, 법, 제도, 경제 등 거시적 환경 및 기타요인 등이 있다.

66. 시장수요의 발생구조에 관하여 잘못 설명한 것을 고르시오.

① 인지 단계: 신제품 관련 정보에 지속적으로 노출되어 인식하는 단계이다.

② 관심 단계: 신제품에 대해 정보를 적극적으로 탐색하는 단계이다.

③ 평가 단계: 신제품을 기존 제품과 평가하는 단계이다.

④ 사용 단계: 신제품을 한 차례 시험적으로 구매하여 사용해보는 단계이다.

⑤ 수용 단계: 신제품을 지속적으로 구매하기로 하는 단계이다.

정답 ①

해설 인지 단계는 신제품 관련 정보에 처음 노출되어 인식하는 단계이다.

67. 비즈니스 모델은 새로운 (　　)과 (　　)를 개발하여 미래의 재무제표를 추정하는 것으로 미래의 기업 가치를 수립하는 과정이다. (　) 안에 들어갈 내용을 쓰시오.

정답 아이템, 비즈니스 프로세스

68. 비즈니스 모델 구성요소에 관하여 잘못 설명한 것을 고르시오.

① 목표고객과 주요 경쟁기업 그리고 자사의 제품 및 서비스의 장점을 포함하여 구체화하는 것이다.

② 시장의 규모와 성장률, 충족되지 않는 고객의 요구, 경쟁제품 혹은 경쟁사의 부재 등을 분석하여 목표고객 계층을 설정하는 것이다.

③ 기업이 제품과 서비스를 만들고 유통하면서 고객들에게 가치를 제공하는데 관련된 활동이다.

④ 비즈니스를 통해 수입을 발생시켜 이윤을 창출하는 시스템을 구축하는 것이다.

⑤ 자사가 구체화한 고객가치를 어떠한 방법으로 전달할 것인지를 설계하는 것이다.

정답 ④

해설 비즈니스를 통해 수입을 발생시켜 이윤을 창출하고, 창출된 이윤을 투자하여 높은 수익을 낼 수 있는 시스템을 구축하는 것이다.

69. 비즈니스 모델 캔버스는 제공가치를 중심으로 (　　), (　　)인 두 가지 분야로 구성되어 있다. (　) 안에 들어갈 내용을 쓰시오.

정답 가치생산, 고객가치

70. 비즈니스 모델 캔버스의 가치 제안에 대한 설명으로 맞는 것을 고르시오.

① 목표하는 세분 집단에 가치를 만들어내는 제품 또는 서비스의 총체로 가치 제안에 따른 교환, 고객만족 등이다.

② 기업이 고객 세분화와 소통을 하면서 동시에 가치 제안을 전달하는 임무를 수행하는 것으로 소통과 유통, 영업 등이 이루어진다.

③ 특정 고객 세분화와 기업이 맺는 관계의 유형을 의미한다. 즉, 목표고객에게 어떤 형태로 지속적인 관계를 유지할 것인가를 결정하는 것이다.

④ 비즈니스 모델이 동작하는데 필요한 가장 중요한 자산으로 비즈니스 모델에 따라 서로 다른 형태의 핵심자원을 필요로 한다.

⑤ 비즈니스 모델을 동작시키는데 필요한 협력 대상들, 최근의 비즈니스 모델에 있어 가장 중요한 부분이다.

정답 ①

71. 사업계획서 작성의 목적으로 틀린 것을 고르시오.

① 사업계획서는 미래의 사업성과를 추정하면서 목표를 설정하는 것으로 창업자 관점에서 자신의 사업 방향을 정하는 나침반이다.

② 사업계획서는 계획하고 있는 사업과 관련하여 사업목적인 최대의 수익을 창출하기 위한 추진계획을 정리하여 작성한 보고서이다.

③ 사업계획서는 사용하고자 하는 상황에 따라 형식이나 내용 면에서 차이가 있으므로 그 용도에 따라 작성하는 것은 중요하다.

④ 사업계획서는 남을 설득하는 것이 가장 큰 목적이다.

⑤ 사업계획서는 계획하고 있는 사업과 관련하여 사업목적에 투자계획을 정리하여 작성한 보고서이다.

정답 ①

72. 사업계획서의 필요성에 관한 내용으로 틀린 것을 고르시오.

① 감정적 편견을 제거

② 사업에 대한 열정을 파악

③ 계획 및 실행 방안의 정당성 입증

④ 현재의 가치를 파악

⑤ 일관성 있는 전략으로 발전

정답 ④

해설 사업계획서는 감정적 편견 제거, 사업에 대한 열정 파악, 계획 및 실행 방안의 정당성 입증, 사업아이디어의 검증, 일관성 있는 전략으로 발전, 신뢰성 향상 등을 담고 있어야 한다.

73. 사업계획서의 장점으로 해당되지 않는 것을 고르시오.

① 사업계획의 체계화

② 사업 방향의 제시

③ 사업 타당성의 검증

④ 일관성 있는 전략으로 발전

⑤ 이해관계자에게 신뢰성 제공

정답 ④

해설 사업계획서의 장점은 사업계획의 체계화, 사업 타당성의 검증, 사업 방향의 제시, 이해관계자에게 신뢰성 제공, 미래 예측이 가능하다.

74. 사업계획서 작성 기본방향은 (　　　), (　　　), (　　　)을 고려해야 한다. (　) 안에 들어갈 내용을 쓰시오.

정답 전략적 측면, 경제적 측면, 요소적 측면

75. 시장조사는 기업이 당면하고 있는 구체적인 상황에 적합한 관련 자료를 체계적으로 설계, 수집, 분석하여 보고하는 것이다. 따라서 시장조사는 (   )를 반영하여 마케팅 전략의 수립과 결정에 의미 있는 정보를 제공하는 것이 목적이다. (   ) 안에 들어갈 내용을 쓰시오.

정답 고객의 소리

76. 점포의 입지와 점포요인분석에 관하여 바르게 짝지어진 것을 고르시오.

① 현재 상권 잠재력의 타당성 → 향후 발전 가능성에 관한 잠재력을 분석한다.

② 상권에의 접근 가능성 → 호재 및 성장 요인을 분석한다.

③ 성장 가능성 → STP 모델을 활용한 고객 접근성을 분석한다.

④ 중간 저지성 → 같은 상권 내 동종 업계 점포가 적으면 유리하다.

⑤ 누적적 흡입력 → 보완 관계에 있는 업종 간 두 점포가 인접하면 유리하다.

정답 ①

해설 Nelson의 점포입지 8가지 원칙

① 현재 상권 잠재력의 타당성 → 향후 발전 가능성에 관한 잠재력 분석을 한다.

② 상권에의 접근 가능성 → STP 모델을 활용한 고객 접근성을 분석한다.

③ 성장 가능성 → 호재 및 성장 요인을 분석한다.

④ 중간 저지성 → 기존 점포와 고객과의 사이에 새로운 점포가 입점하여 기존 점포로 접근하는 고객을 중간에서 차단시킨다.

⑤ 누적적 흡입력 → 시간이 지날수록 고객 유입이 누적되는가에 관한 타당성 검토와 분석을 한다.

⑥ 양립성 → 보완 관계에 있는 업종 간 두 점포가 인접하면 유리하다.

⑦ 경쟁 회피성 → 같은 상권 내 동종 업계 점포가 적으면 유리하다.

⑧ 입지의 경제성 → 보증금, 임대료, 기타 권리금 등이 적으면 투입 자금 부담이 적으나 상대적으로 열악한 상권일 수 있다.

77. Miller(1983)가 제시한 기업가정신은 ( ), ( ), ( )으로 구성되어 있다. ( ) 안에 들어갈 내용을 쓰시오.

정답 혁신성, 진취성, 위험 감수성

78. ( )는 건물 구조물에 LED 패널을 부착 또는 프로젝터를 이용해 다양한 영상 콘텐츠를 투사하여 동적 움직임과 가변성을 특징으로 한다.

정답 미디어 파사드

79. 서비스품질평가의 원칙으로 해당하지 않는 것을 고르시오.

① 뷰티 서비스는 눈에 보이는 가시적인 상품이 아니기에 직접 경험을 통하여 서비스품질을 알 수 있다.

② 서비스는 반드시 동시에 수행되고 소비되어야 하므로 서비스의 질은 서비스 제공자의 능력과 서비스 제공자와 고객 사이의 상호작용의 질에 크게 의존한다.

③ 서비스의 품질이 고르지 않아 누가, 언제, 어디서 서비스를 제공하느냐에 따라 차이가 큼을 의미한다.

④ 서비스에 대한 수요와 공급의 균형을 이루기 어렵다. 따라서 수요와 공급 간의 조화를 이루는 전략이 필요하다.

⑤ 서비스품질의 기준은 기업이 주체이며, 기업의 기준에 맞게 제공되는 서비스의 프로세스를 개발, 유지, 관리하여야 한다.

정답 ⑤

해설 서비스품질의 기준은 고객이 주체이며, 고객만족의 기준에 맞게 제공되는 서비스의 프로세스를 개발, 유지, 관리하여야 한다.

80. 고용관리는 조직의 목표를 달성하는데 필요한 적합한 직무별 자질과 능력을 갖춘 인재를 채용하고 관리하는 것을 말한다. 즉, 조직이 필요로 하는 인재를 확보하기 위해 ( ), ( ), ( ), ( ), ( ), ( ) 등을 관리하는 일련의 과정이라고 할 수 있다. ( )안에 들어갈 내용을 쓰시오.

정답 모집, 선발, 채용, 배치, 승진, 이동

81. Maslow의 동기이론에 관하여 잘못 설명한 것을 고르시오.

① 1단계: 생리적 욕구
② 2단계: 안전의 욕구
③ 3단계: 규범적 욕구
④ 4단계: 존경의 욕구
⑤ 5단계: 자아실현의 욕구

정답 ③

82. Maslow의 동기이론 중 존경의 욕구에 관하여 설명한 것을 고르시오.

① 본능적인 욕구의 단계이다.
② 정서적으로 안전을 추구하는 단계이다.
③ 어떤 단체에 소속되어 소속감을 추구하는 단계이다.
④ 타인에게 인정받고자 하는 단계이다.
⑤ 자기만족을 느끼는 단계이다.

정답 ④

해설 Maslow의 동기이론

① 1단계: 생리적 욕구(Physiological needs)로 의식주 생활에 관한 욕구, 즉 본능적인 욕구를 말한다.

② 2단계: 안전의 욕구(Safety needs)로 사람들이 신체적 그리고 정서적으로 안전을 추구하는 것을 말한다.

③ 3단계: 사회적 욕구(Belongingness and love needs)로 어떤 단체에 소속되어 소속감을 느끼고 주위 사람들에게 사랑받고 있음을 느끼고자 하는 욕구이다.

④ 4단계: 존경의 욕구(Esteem Needs)로 타인에게 인정받고자 하는 욕구이다.

⑤ 5단계: 자아실현의 욕구(Self-actualization needs)는 가장 높은 단계의 욕구로서 자기만족을 느끼는 단계이다.

83. McMgregor의 인간본질론은 인간본질에 대한 가정을 두 가지, 즉 (　　)과 (　　)으로 크게 구분하여 각기 특성에 따른 관리 전략을 처방하는 동기부여이론이다.

정답 X이론, Y이론

해설
- X이론: 인간은 본래 일하기를 싫어하고 지시받은 일밖에 실행하지 않는다. 경영자는 금전적 보상을 유인으로 사용하고 엄격한 감독, 상세한 명령으로 통제를 강화해야 한다.
- Y이론 : 인간에게 노동은 놀이와 마찬가지로 자연스러운 것이며, 노동을 통해 자기의 능력을 발휘하고 자아를 실현하고자 한다. 경영자는 자율적이고 창의적으로 일할 수 있는 여건을 제공해야 한다.

84. 서비스 청사진의 특징에 관한 설명으로 틀린 것을 고르시오.

① 최초 서비스를 상세히 이해함으로써 잘된 점을 찾아내고 우수한 사례를 발굴할 수 있다.

② 새로운 서비스 디자인: 새로운 서비스의 청사진은 서비스 프로토타입(Prototype)을 만들고 서비스가 고객에게 출시 전 테스트하게 해준다.

③ 누구에게도 더는 이해되지 않는 기업문화가 배어 있는 많은 서비스가 있다. 청사진은 기존 프로세스에서 사일로와 불분명한 영역을 보여준다.

④ 많은 이해관계자인 고객, 공급자, 컨설턴트, 직원 등이 있을 때 복잡한 상황을 관리하는 데 서비스 청사진은 유용할 수 있다.

⑤ 서비스를 위해 청중의 폭을 넓히거나 좁히는 것은 어떻게 하면 성공한 청사진이 될 수 있는지를 신중한 생각이 필요하다.

정답 ①

해설 서비스 개선: 최초 서비스를 상세히 이해함으로써 문제점을 찾아내고 제거 및 개선을 할 수 있다.

85. 서비스 청사진 작성의 단계에 관한 설명으로 잘못된 것을 고르시오.

① 청사진으로 나타내야 할 프로세스를 정의한다.

② 고객 행위 단계마다 서비스의 물리적 증거를 추가한다.

③ 고객 관점에서 서비스 프로세스를 도식화한다.

④ 서비스를 체험하는 고객과 세분시장을 파악한다.

⑤ 접점 활동과 외부지원 기능을 연결한다.

정답 ⑤

해설 서비스 청사진 작성의 단계는 다음과 같다.

① 청사진으로 나타내야 할 프로세스를 정의한다.
② 서비스를 체험하는 고객과 세분시장을 파악한다.
③ 고객 관점에서 서비스 프로세스를 도식화한다.

④ 전방 종업원의 행동, 후방 종업원의 행동을 정의한다.
⑤ 접점 활동과 내부지원 기능을 연결한다.
⑥ 고객 행위 단계마다 서비스의 물리적 증거를 추가한다.

86. 서비스 청사진의 장점으로 잘못된 것을 고르시오.

① 종업원 자신의 업무와 전체 서비스 관계를 파악할 수 있어 기업 중심적 사고를 강화할 수 있다.

② 서비스 활동의 연결이 약한 서비스의 실패점을 파악해 품질개선을 위해 노력하게 한다.

③ 고객과 종업원 사이의 상호작용선을 통해 고객 역할을 인식하게 하여 서비스를 설계하는 데 도움을 준다.

④ 가시선은 고객이 보는 것과 고객과 접촉하는 종업원을 나타내 줌으로써 합리적인 서비스 설계가 가능하다.

⑤ 상호작용선은 부서 상호의존성 및 부서 간 경계영역 명확화로 서비스 품질개선 기회에 도움을 준다.

정답 ①

해설 서비스 청사진의 장점은 다음과 같다.

① 종업원 자신의 업무와 전체 서비스 관계를 파악할 수 있어 고객 지향적 사고를 강화할 수 있다.
② 서비스 활동의 연결이 약한 서비스의 실패점을 파악해 품질개선을 위해 노력하게 한다.
③ 고객과 종업원 사이의 상호작용선을 통해 고객 역할을 인식하게 하여 서비스를 설계하는 데 도움을 준다.
④ 가시선은 고객이 보는 것과 고객과 접촉하는 종업원을 나타내 줌으로써 합리적인 서비스 설계가 가능하다.
⑤ 상호작용선은 부서 상호의존성 및 부서 간 경계영역 명확화로 서비스 품질개선 기회에 도움을 준다.
⑥ 서비스 구성요소와 연결을 명확하게 하여 전략적 토의를 쉽게 한다.
⑦ 서비스 각 요소에서 투입되는 비용과 수익 및 자본을 파악하고 평가하는 기초를 제공해 준다.
⑧ 내부 및 외부 마케팅을 위한 합리적인 기반을 제공한다.
⑨ 품질개선을 위한 상하전달을 촉진한다.

87. **전략(Strategy)은 군사용어로 전쟁을 전반적으로 이끌어 가는 방법을 지칭하며, 전술보다 상위의 개념으로 어떤 목표에 도달하기 위한 최적의 방법을 뜻한다. 전략 유형은 전략경영론의 Miles & Snow(1984)가 제시한 (　　　　)과 산업조직론의 Porter(1980)가 제시한 (　　　　)으로 상황적 접근법에서 가장 많이 이용된다. (　) 안에 들어갈 내용을 쓰시오.**

정답 사업 전략 모형, 본원적 경쟁 전략 모형

88. **본원적 경쟁 전략 모형으로 잘못된 것을 모두 고르시오.**

① 원가우위 전략　② 차별화 전략　③ 집중화 전략
④ 공격형 전략　⑤ 반응형 전략

정답 ④, ⑤

해설 Porter(1980)가 제시한 본원적 경쟁 전략 모형은 기업이 경쟁우위를 가지기 위한 본원적 전략(Generic strategy)을 제시하였다. 이러한 본원적 전략은 기업의 제품 특성과 시장의 범위에 따라 원가우위 전략(Cost leadership strategy), 차별화 전략(Differentiation strategy), 집중화 전략(Focus strategy)으로 구분할 수 있다.

89. **6시그마의 개념적 의미는 100만 개의 제품 중 3~4개의 불량만을 허용하는 3~4PPM 경영, 즉 (　　　　)을 말한다. 시그마(σ)는 보통 통계학에서 오차 범위를 나타내며, 경영학에서는 제품의 불량률을 나타내는 데 사용된다.**

정답 품질혁신운동

90. 6시그마의 특징으로 잘못 설명된 것을 고르시오.

① 6시그마 경영은 프로젝트를 수행하면서 통계데이터에 근거한 철저한 분석, 성과계산 등을 철저하게 계량화함으로써 객관적 타당성을 확보하고 추진목표까지도 명확하게 계량화하므로 목표관리와 작업의 개선이 쉽다.

② 6시그마 경영은 고객 관점에서 고객 만족에 초점을 둠으로써 품질에 영향을 미치는 핵심요소를 발견하는 데 초점을 둔다.

③ 6시그마 경영은 개선 프로젝트의 비용 절감효과를 자세히 분석하여 재무부서가 그것을 공식적으로 인정해 준다. 기존의 품질 경영 활동은 부서별로 발의한 과제가 대부분으로 투자대비 효과분석이 미흡했지만, 6시그마의 진행 결과는 재무적 성과로 표시되므로 참여자들이 프로젝트의 가치를 인식하고 매진할 수 있다.

④ 6시그마 경영은 전문 인력이 프로젝트 개선을 전담하는 리더로서 혁신을 진행한다. 경영층과 전문 인력이 주도하는 활동인 관계로 종래의 Bottom-up 방식보다는 훨씬 전략적으로 진행이 된다.

⑤ 6시그마는 경영자나 관리자 등이 중심이 되는 Top-Down 방식으로 전개되고, 경영방침과 구체적 전략인 활동단위로 나누어 개선을 진행한다.

정답 ②

해설 6시그마 경영은 고객 관점에서 고객만족에 초점을 둠으로써 품질에 영향을 미치는 핵심요소(Critical to Quality; CTQ)를 발견하고 이를 제거하는 데 초점을 둔다.

91. 6시그마 분석 방법 단계로 바르게 설명된 것을 고르시오.

① 정의(Define), 측정(Measure), 분석(Analyze), 개선(Improve), 관리(Control) 단계이다.
② 측정(Measure), 정의(Define), 분석(Analyze), 개선(Improve), 관리(Control) 단계이다.
③ 정의(Define), 측정(Measure), 분석(Analyze), 관리(Control), 개선(Improve) 단계이다.
④ 측정(Measure), 정의(Define), 관리(Control), 분석(Analyze), 개선(Improve) 단계이다.
⑤ 측정(Measure), 분석(Analyze), 정의(Define), 개선(Improve), 관리(Control) 단계이다.

정답 ①

92. 서비스 공정성은 (　　　), (　　　), (　　　)으로 구분한다. ( ) 안에 들어갈 내용을 쓰시오.

정답 분배 공정성, 절차 공정성, 상호작용 공정성

93. (　　　)는 제품 또는 서비스에 대한 고객의 경험을 체계적으로 관리하는 프로세스를 의미한다. ( ) 안에 들어갈 내용을 쓰시오.

정답 고객 경험관리(Customer Experience Management; CEM)

94. 고객 경험관리에 대하여 Kotler는 그의 저서에서 고객은 기업을 (　　)과 (　　)만으로 평가하지 않는다. 고객은 모든 채널에 걸쳐 존재하는 모든 (　　)을 포함한 (　　)를 가지고 평가한다. ( ) 안에 들어갈 내용을 쓰시오.

정답 제품, 서비스품질, 접점, 고객 여정 전체

95. 고객 경험관리의 중요성에 관하여 잘못 설명된 것을 고르시오.

① 고객에 대한 깊은 이해가 가능하다.
② 고객 충성도 및 재방문 유도가 가능하다.
③ 경쟁우위 확보가 가능하다.
④ 고객과의 관계를 형성한다.
⑤ 주도권(Initiative)의 성공 여부 측정이 가능하다.

정답 ④

해설 고객관리의 목적은 신규고객을 발굴하고, 고객을 선별한다. 기존고객의 재구매를 유도한다. 고객과의 관계를 형성한다.

96. 고객 경험관리 프로세스가 잘못 연결된 것을 고르시오.

① 제1단계: 고객의 경험 과정을 해부하라.
② 제2단계: 차별적 경험을 디자인하라.
③ 제3단계: 고객의 피드백을 반영하라.
④ 제4단계: 일관되고 통합된 경험을 제공하라.
⑤ 제2단계: 고객의 피드백을 반영하라.

정답 ⑤

97. 고객 경험관리의 여섯 가지 효과에 관하여 잘못 설명한 것을 고르시오.

① 고객 중심문화를 조성하라.
② 고객의 입장에서 생각하라.
③ 고객 경험관리 기업의 입장에서 설정하고 강화하라.
④ 다양한 채널과 데이터를 효율적으로 활용하라.
⑤ 고객 경험관리를 위한 분석 기술을 활용하라.

정답 ③

98. **소비자의 행동과 태도에 영향을 줄 목적으로 신문 혹은 방송 등의 광고매체를 통하여 유료로 정보를 전달하는 활동은 무엇인가?**

① 통신 ② 촉진 ③ 광고 ④ 서비스 ⑤ 홍보

정답 ③

해설 광고는 소비자의 행동과 태도에 직접 영향을 준다.

99. **시장세분화, 타깃팅, 포지셔닝으로 나뉘는 마케팅의 대표적인 전략은 무엇인가?**

① 마케팅 커뮤니케이션 ② STP 전략 ③ 시장 공략 전략
④ SW 전략 ⑤ 본원적 전략

정답 ②

해설 STP 전략은 세분화, 타깃팅, 포지셔닝을 단계적으로 해나가는 전략이다.

100. **고객의 여러 가지 욕구 또는 요구에 따라 고객을 세분화하여 특정 그룹에 집중하는 마케팅의 방법은 무엇인가?**

① 타깃팅 ② 마케팅 ③ 세분화 전략
④ 집중 마케팅 ⑤ 그룹 마케팅

정답 ①

해설 화살을 타깃에 쏜다.

2. 학 습 문 제(실기)

1. 서비스의 정의를 서술하시오.

2. 서비스의 특성을 4가지로 분류하여 서술하시오.

3. 서비스를 기능에 의한 분류에 관하여 서술하시오.

4. Schmenner에 의한 서비스 분류에 관하여 서술하시오.

5. Davis에 의한 서비스 분류에 관하여 서술하시오.

6. 관리자의 업무 역량 3요소에 대하여 서술하시오.

7. 관리자의 업무능력 6가지에 관하여 서술하시오.

8. 서비스 수익연결 모형에 관하여 서술하시오.

9. 인적자원관리의 중요성에 관하여 서술하시오.

10. Pfeffer의 인적자원관리의 구성요소에 관하여 서술하시오.

11. 인적자원관리의 발전과정에 관하여 서술하시오.

12. 인적자원개발의 개념에 관하여 서술하시오.

13. 개인개발에 관하여 서술하시오.

14. 경력개발에 관하여 서술하시오.

15. 조직개발에 관하여 서술하시오.

16. 자원기반이론에 관하여 약술하시오.

17. 성과를 4가지로 구분하여 서술하시오.

18. 직무만족의 개념에 관하여 서술하시오.

19. 고객 지향성의 개념에 관하여 서술하시오.

20. 고객 지향성의 중요성에 관하여 서술하시오.

21. 고객 관계관리의 개념에 관하여 서술하시오.

22. 고객 관계관리의 필요성에 관하여 서술하시오.

23. 우량화 유지 전략에 관하여 서술하시오.

24. 수익기여도분석에 관하여 서술하시오.

25. 고객생애가치분석에 관하여 서술하시오.

26. 데이터마이닝에 관하여 서술하시오.

27. 고객만족의 개념에 관하여 서술하시오.

28. 고객만족의 두 가지 관점에 관하여 서술하시오.

29. 서비스 충성도의 개념에 관하여 서술하시오.

30. 충성도 4단계 통합적 관점에 관하여 서술하시오.

31. 서비스 충성도의 구성요소에 관하여 서술하시오.

32. 서비스품질의 정의에 관하여 서술하시오.

33. 고객 컴플레인의 중요성에 관하여 서술하시오.

34. John Goodman의 법칙에 관하여 서술하시오.

35. 고객 컴플레인 유형에 관하여 서술하시오.

36. 손익분기점(Break-even point)에 관하여 서술하시오.

37. 기회비용에 관하여 서술하시오.

38. 사업소득에 관하여 서술하시오.

39. 점포의 체질분석에 관하여 서술하시오.

40. SWOT분석에 관하여 서술하시오.

41. SWOT분석을 통한 전략 수립에 관하여 서술하시오.

42. 마케팅의 개념에 관하여 서술하시오.

43. 4P의 전략에 관하여 서술하시오.

44. 시장세분화 전략에 관하여 서술하시오.

45. 타깃 마케팅에 관하여 서술하시오.

46. 시장세분화에 따른 마케팅 전략에 관하여 서술하시오.

47. 브랜드 선택과 관여도에 관하여 서술하시오.

48. 마케팅조사의 개념에 관하여 서술하시오.

49. 마케팅조사설계에 관하여 서술하시오.

50. 서비스 비즈니스 모델의 정의에 관하여 서술하시오.

51. 비즈니스 모델의 필요성에 관하여 서술하시오.

52. 비즈니스 모델 구성요소에 관하여 서술하시오.

53. 비즈니스 모델 캔버스에 관하여 서술하시오.

54. 사업계획서의 의의에 관하여 서술하시오.

55. 사업계획서 작성의 목적에 관하여 서술하시오.

56. 시장조사에 관하여 서술하시오.

57. 점포의 입지와 점포요인분석에 관하여 서술하시오.

58. 설문조사 기법인 서베이(Survey)의 장단점에 관하여 서술하시오.

59. 기업가정신의 의미에 관하여 서술하시오.

60. Maslow의 동기이론에 관하여 서술하시오.

61. 서비스 청사진의 특징에 관하여 서술하시오.

62. 전략의 개념에 관하여 서술하시오.

63. 사업 전략 모형에 관하여 서술하시오.

64. 본원적 경쟁 전략 모형에 관하여 서술하시오.

65. 6시그마 품질경영의 개념에 관하여 서술하시오.

66. 6시그마의 특징에 관하여 서술하시오.

67. 서비스 공정성의 개념에 관하여 서술하시오.

68. 고객 경험관리의 개념에 관하여 서술하시오.

69. 고객 경험관리의 필요성에 관하여 서술하시오.

70. 고객 관계관리(CRM)과 고객 경험관리(CEM)의 차이점에 관하여 서술하시오.

71. Lucia & Lepsinger(1999)의 역량 피라미드 모델에 관하여 설명하시오.

72. McLagan(1989)의 역량 모형화에 관하여 설명하시오.

73. 온라인 마케팅이 주는 장점에 관하여 설명하시오.

74. 콘텐츠 마케팅에 관하여 설명하시오.

75. 검색엔진 최적화 마케팅에 관하여 설명하시오.

76. 소셜네트워크 서비스 마케팅에 관하여 설명하시오.

77. 바이럴 마케팅에 관하여 설명하시오.

78. 인플루언서 마케팅에 관하여 설명하시오.

79. 어필리에이트 마케팅에 관하여 설명하시오.

80. 진로선택이론(Career choice theory)의 개념에 관하여 설명하시오.

81. 특성요인이론에 관하여 설명하시오.

82. Holland의 인성(성격)이론에 대하여 설명하시오.

3. 학 습 문 제(실기) 정답

1. 서비스의 정의를 설명하시오.

해설 서비스는 재화(財貨)를 생산하지는 않으나 그것을 운반 · 배급, 생산 · 소비에 필요한 노무를 제공하는 것이다. 서비스(service)의 어원은 노예(servu)라는 단어에서 유래되어 사용되기 시작하였다. 이는 개인적으로 타인을 위해 봉사하는 것으로, 서비스 제공자가 고객에게 편의를 제공하는 것으로 사전적 의미를 정의하고 있다.

미국마케팅협회(AMA)는 서비스를 판매를 위하여 제공되거나, 상품판매와의 관계에서 준비되는 재활동, 편익, 만족이라고 정의하고 있다. 시장에서 판매되는 무형의 제품으로 유형과 무형을 구분하는 방법은 손으로 만질 수 있는가이다. Kotler(1991)는 서비스를 어느 한쪽에서 다른 한쪽으로 제공할 수 있는 행위 또는 편익으로, 무형적이고 소유가 수반되지 않는다. 이는 서비스는 물리적인 제품과 관련되기도 하고 무관하기도 하다. 따라서 서비스는 명시적이기보다 포괄적 의미로 보아야 한다.

2. 서비스의 특성을 4가지로 분류하여 서술하시오.

해설 ① 무형성은 서비스는 눈에 보이는 가시적인 제품이 아니기에 직접 경험을 통해 서비스품질을 알 수 있다. 즉, 처음 방문하는 업체에서 제공되는 서비스의 수준이 어느 정도인지 예측하기 어려운 상황이다. 따라서 고객은 시설과 접객, 종업원의 외관 등 눈에 보이는 부분을 통하여 판단하고 추측할 수밖에 없다.

② 소멸성은 서비스는 생산과 동시에 소비되기에 재고를 만들 수 없다. 따라서 서비스는 수요와 공급의 균형을 이루기 어려우므로 수요와 공급 간의 조화를 이루는 전략이 필요하다. 구체적으로 수요에 따라 생산을 계획하고 종업원의 채용을 통해 유연성을 확보해야 한다. 또한 종업원에게 여러 직무에 대한 교육을 시행해 유사시에 서로 도울 수 있는 기반을 만들어야 한다.

③ 비분리성은 서비스는 생산과 소비가 동시적임을 의미한다. 즉, 서비스 제공이 반드시 수행된 후 소비가 이루어진다. 따라서 서비스의 질은 서비스 제공자의 능력과 서비스 제공자와 고객 간 상호작용의 질에 크게 의존한다. 이러한 고객과의 상호작용을 관리하는 기

능이 상호작용 마케팅 기능이며, 전통적 마케팅 기능과 본질에서 다른 접근이 필요하다.

④ 이질성은 서비스가 제공되는 품질이 항상 고르지 않아 누가, 언제, 어디서 서비스를 제공하느냐에 따라 차이가 나타난다는 것을 의미한다. 서비스는 생산과정에서 가변 요소가 많다. 이는 고객이 동일한 주문이라 하여도 종업원에 따라 다르게 수행될 수 있어 서비스품질의 균일화가 어렵다. 따라서 서비스를 일정 수준으로 유지하려는 노력과 서비스의 표준화가 문제이다.

3. 서비스를 기능에 의한 분류에 관하여 서술하시오.

해설 서비스 기능에 의한 분류는 지식기반의 높고 낮은 정도와 기업의 활동이 생산 활동 또는 소비 활동에 기반하는가에 따라 구분한다.

① 생산자 서비스는 생산 활동으로 지식기반 및 시설, 장비, 자본 등이 높은 법률, 회계, 디자인, 금융업, 임대업 등으로 구분할 수 있다.

② 유통 서비스는 생산 활동으로 지식기반 및 시설, 장비, 자본 등이 낮은 도매업, 소매업, 물류업, 창고업 등으로 구분할 수 있다.

③ 사회 서비스는 소비 활동으로 지식기반 및 시설, 장비, 자본 등이 높은 의료, 사회복지, 교육, 공공행정 등으로 구분할 수 있다.

④ 개인 서비스는 소비 활동으로 지식기반 및 시설, 장비, 자본 등이 낮은 음식업, 숙박업, 이 · 미용업, 세탁업 등으로 구분할 수 있다.

4. Schmenner에 의한 서비스 분류에 관하여 서술하시오.

해설 서비스를 노동 집약도와 고객과의 상호작용 및 고객화의 정도의 두 가지 차원에 의해서 서비스 공장(Service factory), 서비스 숍(Service shop), 대중 서비스(Mass service), 전문가 서비스(Professional service)로 구분한다.

① 서비스 공장은 노동 집약도가 낮고 고객과의 접촉 빈도와 고객화 정도가 낮은 유형으로 운송업, 휴양시설 등이 해당한다.

② 서비스 숍은 노동 집약도가 낮으며, 고객과의 접촉 정도와 고객화 정도가 높은 유형으로

병원이나 정비소 등이 해당한다.

③ 대중 서비스는 노동의 집약도 정도, 고객과의 접촉 빈도와 고객화의 정도가 낮은 유형으로 도 · 소매업, 교육, 금융 서비스가 이에 해당한다.

④ 전문가 서비스는 노동 집약도가 높고 고객과의 접촉 정도와 고객화의 정도가 높은 의사, 회계사, 변호사 등의 서비스가 이에 해당한다.

5. Davis에 의한 서비스 분류에 관하여 서술하시오.

해설 서비스 산업을 서비스 내용과 특성으로 구분하여 서비스 공장(Service factory), 서비스 스토어(Service store), 서비스 숍(Service shop), 서비스 콤플렉스(Service complex)로 구분한다.

① 서비스 공장은 제조업의 대량생산 시스템과 유사한 것으로 패스트푸드점, 통신, 전력회사, 자동차 대여점 등이 해당한다.

② 서비스 스토어는 전문성은 떨어지나 다양화 정도가 높은 백화점, 항공사, 보험, 은행 서비스가 이에 해당한다.

③ 서비스 숍은 소수 전문가에 의한 서비스로 자동차 또는 부품 수리점, 미용실, 개인병원 등이 해당한다.

④ 서비스 콤플렉스는 다양한 사람들에 의한 지식기반 대인 서비스로 종합병원이나 대규모 컨설팅 기업 등이 해당한다.

6. 관리자의 업무 역량 3요소에 대하여 서술하시오.

해설 관리자는 사업계획의 목표를 수립, 실행함에 중요한 인적자원을 효율적으로 배치, 운영, 분석하는 것이 중요한 업무라 할 수 있다. 즉, 관리자는 기업에서 발생하는 현황에 대한 자료를 수집하고 분석하여 개선 방향을 설정, 구체적인 실행계획을 수립하는 것이다. 실행계획을 적용하여 다시 나타나는 문제점을 파악하여 개선하는 업무가 관리자의 중요한 역할이다.

관리자의 역할에 있어 중요한 것은 기업 전반의 업무파악이 중요하며, 그것을 토대로 분석하는 것이다. 그러므로 관리자는 새로운 사고로 업무를 바라보는 시각과 폭넓은 사고가 필요하다.

① 전문적 기술(Technical skill): 맡겨진 업무를 수행하는 데 필요한 지식과 기술 등 활용 능력을 의미하며, 기술은 주로 경험이나 교육 · 훈련 등에 의하여 습득하게 된다.

② 인간관계적 기술(Human skill): 사람들을 잘 다룰 수 있는 능력을 리더십이라고 말하며, 조직 구성원의 동기부여와 비전의 제시 등이 포함된다.

③ 개념적 기술(Concept skill): 조직 전체의 목표를 포괄적으로 파악하고, 관리자로서의 업무가 전체 조직 중 어느 부서와의 관련성이 있는 것인지를 파악하는 능력을 의미한다.

7. 관리자의 업무능력 6가지에 관하여 서술하시오.

해설 ① 판단의 능력: 유행과 본질을 파악할 수 있어야 한다.

② 미래를 읽는 능력: 고객의 기호, 기술의 발전 등 변화를 파악한다.

③ 미래를 준비하는 능력: 시장 변화에 대한 흐름과 대처를 준비해야 한다.

④ 비전을 제시하는 능력: 업무에 관련한 개인의 발전과 희망을 제시하여야 한다.

⑤ 조직화하는 능력: 개인의 능력을 파악하여 적재적소에 배치하여야 한다.

⑥ 커뮤니케이션 능력: 조직의 의사결정에 있어 의사전달은 매우 중요하다. 그러나 그 말을 전달하다 보면 말의 오해를 불러일으킨다. 의사전달은 간단명료하게, 항상 적극적인 마음과 긍정적인 마음, 이해하는 마음을 가져야 할 것이다.

8. 서비스 수익연결 모형에 관하여 서술하시오.

해설 Heskett(1994)이 제안한 서비스 수익연결(Service-Profit Chain; SP-C) 모형은 내부고객과 외부고객의 만족 그리고 기업의 성장과 수익의 관계를 명확하게 설명하는 모델이다. 서비스 기업의 영업 활동은 내부품질인 인적자원관리 및 개발 활동이 종업원의 만족도에 영향을 주며, 종업원의 직무만족은 기업에 대한 충성도인 고객 지향성에 영향을 미친다. 종업원의 고객 지향성은 고객에게 제공되는 서비스품질과 고객만족에 영향을 미친다. 고객만족은 다시 고객 충성도에 영향을 주어 기업의 수익 향상에 긍정적인 영향을 준다.

기업의 경영자는 1차 고객인 종업원을 만족시키기 위한 인적자원관리 및 인적자원개발 활동, 즉 작업장의 환경과 의사결정, 경력개발, 보상, 교육, 훈련, 경력개발 등을 적합한 수단을 통해 종업원의 서비스가 원활히 제공될 수 있게 지원되어야 한다. 이렇게 만족한 1차 고객(종업원)은 2차 고객을 충분히 만족시킬 수 있는 마음가짐을 갖출 수 있다.

방문하는 모든 고객을 경영자 또는 관리자가 맞는 것은 분명 아닐 것이다. 고객을 직접 대면하는 것은 종업들이다. 자기직무에 만족한 종업원은 고객을 만족시킬 가능성이 크다. 이러한 결과로 고객충성도를 5% 향상하게 되면, 이익의 증가를 25~85%까지 가져올 수 있다. 결론적으로 고객 충성도로 대변되는 시장 점유율의 질적 측면은 기업의 성장에 매우 중요하다.

9. 인적자원관리의 중요성에 관하여 서술하시오.

해설 고객에게 제공된 서비스품질에 대한 평가는 고객과 직원과의 상호작용에서 발생하며, 서비스품질의 평가 시점은 서비스가 제공되는 고객과의 접점이라 정의한다. 서비스품질에 대한 평가는 고객에게 인식된 조직 구성원의 행동으로 크게 좌우된다.

인적자원관리는 기업경영에 중요한 경쟁우위의 요소인 인적자원의 확보, 개발, 유지하는 핵심역량으로 경영전략의 중요한 수단이며, 실행조건이다. 이는 기업이 조직 내 학습 및 관계능력개발에 중점을 두어야 한다. 인적자원관리를 통한 조직성과를 극대화하기 위해서는 종업원의 역량이 필수적이며, 효과적인 인적자원관리 활동이 매우 중요하다.

10. Pfeffer의 인적자원관리의 구성요소에 관하여 서술하시오.

해설 Pfeffer(1994)는 인적자원관리의 구성요소를 광범위한 교육 훈련, 참여적 직무설계, 정보공유, 선별적 채용, 고용보장, 성과연계 보상, 지위 격차 해소로 제시하였다.

① 선별적 채용은 기업의 전략수행 및 목표달성을 위해 기업이 요구하는 역량을 함양한 인재를 선발 및 채용하는 것이다. 선별적 채용은 기업의 인적자원관리 활동의 기초이며, 인적자원관리의 중요한 활동 중 하나이다.

② 광범위한 교육 훈련은 종업원의 직무능력개발을 위한 조직의 투자로 교육 훈련을 통하여 업무성과와 관련하여 조직 구성원 스스로 능력을 개발하여 고용의 안정을 높이며, 교육 훈련을 통하여 기업에 대한 소속감 및 애사심을 함양하게 된다.

③ 성과연계 보상은 조직성과와 직접적 영향을 미치는 인적자원관리의 핵심 요소로 성과연계 보상은 조직 구성원이 조직의 목표를 달성하기 위해 공헌한 대가이다. 또한 현실적으로 조직 구성원의 직무만족과 동기부여 등에 영향을 미치는 요인이다.

④ 참여적인 직무설계는 조직 구성원이 업무수행에 있어 의사결정과정에 참여하고 의견을 제시함으로써 만족감 및 생산성 향상의 측면에서 매우 중요한 요소이다. 이는 내재적 동기와도 밀접한 관련이 있게 되는데, 다른 어떤 요인에 의해 타율적으로 하는 경우가 아닌 자신의 자율적 의지로 과업을 수행할 경우 과업에 대해 흥미를 느낀다.

⑤ 정보공유는 조직의 원활한 운영을 위해 조직 구성원이 업무에 필요한 정보를 제공해야 한다고 정의한다. 정보공유는 조직 구성원들이 조직의 목표를 수행하는 데 필요한 사업의 계획 및 진행 상황 등 조직의 자원과 관련된 다양한 정보를 공유한다. 조직 구성원들 간에 관계가 친밀하고 접촉 횟수가 많을수록 업무와 관련된 정보교환이 활발히 이루어져 조직 구성원들 간의 높은 업무성과를 낼 수 있다.

⑥ 지위 격차 해소는 성공적인 기업의 경영을 위해 조직 구성원이 적극적으로 경영에 참여를 유도하는 것이다. 그러나 경영 참여를 실행하는 데 있어 어려운 문제 중 하나는 조직 구성원들이 느끼는 소외감과 관련된 것이다.

⑦ 고용보장은 조직 구성원을 조직이 지속적으로 고용을 유지하겠다고 약속하여 조직이 구성원을 장기적인 안목으로 대하고 있다는 것을 알려주는 신호라고 할 수 있다. 고용보장은 조직 구성원에 대한 신분상 고용안정을 제공하는 정도, 장기고용을 유지하는 노력 정도, 불경기 시 인력감축을 자제함 등 4가지를 포함하여 이루어진다.

11. 인적자원관리의 발전과정에 관하여 서술하시오.

해설 인적자원관리는 조직상황과 환경변화와 함께 달라지고 있다. 인적자원관리의 변화는 전통적 · 기능적 관점에서 인사관리(Personnel Administration; PA), 인적자원관리(Human Resource Management; HRM), 인적자원관리 시스템(Strategic Human Resource Management System; HRMS), 전략적 인적자원관리 시스템(Strategic Human Resource Management System; SHRMS) 등으로 구분하고 있다.

12. 인적자원개발의 개념에 관하여 서술하시오.

해설 인적자원개발(Human resource development; HRD)은 Nadler(1969)가 ASTD(American Society of Training and Development)의 연차 학술대회에서 처음 소개하였다. 개인, 집단, 조직의 학습 및 수행 증진을 목적으로 개인개발, 조직개발, 경력개발을 통하여 인간의 전문성을 개발하고 발휘하게 하는 과정으로, 인간의 일 관련 지식, 전문성, 생산성, 만족도를 개발 · 증진하는데 잠재력을 갖는 과정이나 활동이다.

13. 개인개발에 관하여 서술하시오.

해설 개인개발은 훈련과 개발(T&D)로 개인의 지식, 기술, 태도의 변화와 개선에 초점을 둔다. 훈련은 태도의 변화를 포함하지만, 일반적으로 종업원에게 특정 과업 또는 직무를 수행하는 데 필요한 지식과 기술을 포함한다.

개발 활동은 종업원의 현재 직무를 수행하기 위한 능력을 증가시킴과 동시에 앞으로 맡게 될 업무를 준비하는 장기적 관점이다. T&D 활동은 신입사원 입사 시 진행되며, 스킬 훈련, 코칭, 카운슬링 등으로 이루어진다.

14. 경력개발에 관하여 서술하시오.

해설 경력개발은 상대적으로 독특한 이슈, 주제, 과업 등에 의해 특징지어지는 일련의 단계를 통해서 개인들이 지속적으로 발전하는 과정이다. 경력개발은 경력계획과 경력관리라는 두 가지 프로세스로 구분한다.

① 경력계획은 조직 구성원 자신의 현실적인 경력계획을 수립하기 위해서 자신의 기술과 능력을 평가하는 행동들을 포함한다.

② 경력관리는 경력계획을 달성하는 데 필요한 단계를 밟아가는 것으로 조직이 종업원의 경력개발을 장려하는 것에 초점을 둔다.

15. 조직개발에 관하여 서술하시오.

해설 조직개발은 행동과학적 개념을 적용한 계획된 개입 활동을 통해서 조직의 효과성과 조직 구성원의 수준을 향상하는 프로세스로 정의한다. 조직개발(Organizational development; OD)은 거시적 조직변화와 미시적 조직변화 모두를 강조하며, 개입 활동에 참여한 HRD 전문가의 역할은 일반적으로 변화 관리자이다.

변화를 촉진하기 위해서 때로는 라인 관리자들과 함께 조직이 필요로 하는 변화에 효과적으로 사용될 수 있는 전략에 관한 컨설팅과 조정이 필요하다. 실질적인 변화 프로세스를 계획하고 수행하는 데 책임 있는 직원들의 회의를 진행하는 방법 등 개입 전략을 직접 수행할 수 있다.

16. 자원기반이론에 관하여 약술하시오.

해설 인적자원관리는 Barney(1991)의 자원기반이론(Resource-based theory)을 기반으로 발전했다. 자원기반 관점의 이론은 기업이 지속적으로 경쟁우위를 확보할 수 있는 근본적인 이유는 희귀(Rare)하고, 가치(Valuable)가 있고, 대체 불가능(Non substitutable)하며, 모방이 쉽지 않은(Inimitable) 자원을 보유한 기업이다. 이러한 자원을 보유하고 있는 기업은 경쟁력의 차이가 있으며, 이러한 자원의 이동이 쉽지 않기 때문에 경쟁우위의 차별적 요소로 작용한다.

17. 성과를 4가지로 구분하여 서술하시오.

해설 일반적으로 조직 차원의 연구에서 많이 사용하는 종속변수는 조직성과이며, 조직성과를 4가지 유형으로 분류할 수 있다.

① 인적자원관리 및 개발의 성과는 조직 구성원의 행동이나 태도에 미치는 영향을 측정하는 것으로, 개인 수준의 성과인 이직률과 결근율 또는 개인이나 집단성과에 대표적인 성과지표이다.

② 조직 수준의 성과는 생산성과 품질 및 고객만족, 서비스 충성도, 재구매 의도, 구전 의도와 같은 성과지표를 들 수 있다.

③ 기업 수준의 성과인 재무적 성과는 매출액, 매출이익, 투자수익률 등이 대표적이다.

④ 기업 수준의 성과인 시장성과는 주가와 주식시장 성과(Tobin' s Q) 등 시장의 가치를 반영한 성과지표로 나눌 수 있다.

18. 직무만족의 개념에 관하여 서술하시오.

해설 직무만족(Job satisfaction)은 자신의 직무를 자기 스스로 평가하거나 직무 그 자체를 통하여 얻어지는 유쾌함이나 긍정적 감정 상태로, 실제로 얻어진 보상이 정당하게 인지되는 수준을 충족되거나 초과하는 것으로 판단한다. 이러한 수준에 미달하면 주어진 상황에 대한 불만은 더욱 커지게 된다. 이는 종업원이 자기 일에 대한 기대감을 실제로 제공해 준다고 믿는 정도를 반영하는 것이다. 직무만족은 감정적인 반응이므로 조직 구성원들이 자기직무에 대한 평가에서 획득되는 유쾌하고 긍정적인 감정 상태로 정의하고 있다.

19. 고객 지향성의 개념에 관하여 서술하시오.

해설 고객 지향성은 고객이 원하는 욕구를 충족시키려는 기업과 종업원의 대고객 접근 자세로 정의할 수 있다. 고객 지향성(Customer orientation)은 시장 지향성(Market orientation)과 함께 고객의 문제해결과 고객이 원하는 욕구를 반영하는 마케팅적 개념을 기반으로 생성된 것이다. 이는 고객과의 상호작용과정을 통해 고객만족을 실현하기 위해 서비스 제공자의 고객서비스 행동이라고 정의하고 있다.

고객 지향성에 긍정적 영향으로 작용하는 요인으로 커뮤니케이션, 권한 강화 그리고 조직문화 등이다. 종업원의 고객 지향성을 높이고자 할 때 종업원의 자발적 행동을 유발하는 것이 필요하고, 종사자의 자발적 행동을 높이기 위해서는 조직 내부의 지지와 지원이 필요하다.

20. 고객 지향성의 중요성에 관하여 서술하시오.

해설 고객 지향성은 기업의 수익성에 큰 영향을 미치는 필수요소이며, 고객의 요구를 파악하여 경쟁자보다 효과적으로 고객의 요구를 충족시키는 우월한 활동을 수행함으로써 서비스 경쟁 환경에서 고객과 장기적인 관계를 유지하는 경쟁우위 창출의 경영 철학적 행동이다.

① 서비스를 제공하는 기업이나 종업원이 고객의 욕구를 예측할 수 있게 한다.

② 고객수요 예측을 통한 우수한 서비스를 제공할 수 있게 한다.

③ 고객 지향적 분위기를 확산시켜 종업원들에게 고객만족을 향상할 수 있다.

④ 고객만족을 이끌어 시장에서 경쟁우위를 점할 수 있게 한다.

⑤ 고객과의 관계를 긍정적으로 유지하여 기업의 수익증대에 영향을 준다.

21. 고객 관계관리의 개념에 관하여 서술하시오.

해설 고객 관계관리(Customer Relationship Management; CRM)는 기존고객의 충성도를 높이는 데에 집중하고 그로 인한 소개고객 유입을 강화하는 관리전략이다. Gartner Group(2001)은 CRM을 신규고객을 획득하고, 기존고객을 유지 또는 고객의 수익성을 증대시키는 방법으로, 지속적으로 커뮤니케이션을 통해 고객의 행동을 이해하고, 영향을 주기 위한 광범위한 접근 방법이다.

신규고객을 지속적으로 획득하고, 기존고객을 고정고객과 우량고객으로 확대해 나가야 기업이 성장해갈 수 있다. CRM의 측면에서는 고객을 효율적으로 관리하여 고객 스스로 신규고객을 유치하고, 서비스를 제공하는 기업에 충성도를 높이며, 나아가 수익의 극대화를 꾀하고 기존고객의 이탈을 최소화하는 고객관리 방법이다.

22. 고객 관계관리의 필요성에 관하여 서술하시오.

해설 CRM은 분석 CRM과 운영 CRM으로 나눠 구분할 수 있다.

분석 CRM의 경우는 고객정보(개인정보 + 구매정보)를 DB로 구축하여 이를 분석하고 광고나 프로모션에 이용하는 것이다. 예를 들면, 저장된 DB를 이용해 고객의 취향이나 구매 성향 등을 파악하여 선호도 높은 상품이나 서비스로 구성된 내용으로 안내장을 보낸다면, 고객은 관심 있는 내용이기 때문에 주의 깊게 볼 것이고 자연스럽게 구매로 이어질 것이다.

고객에게 제품의 필요성을 강조하여 구매하도록 설득하는 것보다 고객의 호기심을 자극함으로써 고객이 자연스럽게 제품에 필요성을 느끼게 하고, 구매를 유도하는 것이 고객과의 관계 형성과 매출 증가를 이바지하게 될 것이다.

운영 CRM의 경우는 분석정보를 바탕으로 고객관리 프로그램을 운영하여 고객 충성도에 영향을 미치는 것을 의미한다. 예컨대, 고객정보를 바탕으로 프로모션을 진행하거나, 상품과 서비스를 사용하는 데 의문이나 문제점, 사용 방법 등을 유선상으로 알려주어 잘 활용할 수 있게 해주어 고객을 확대하고, 고객의 충성도를 높이는 활동이다.

23. 우량화 유지 전략에 관하여 서술하시오.

해설 기업이 최대한 많은 고객을 확보하기 위한 전략으로 수익기여도를 통한 분석과 고객생애가치 분석이 있다. Robinson(2000)은 전사적인 관점에서 통합된 마케팅, 영업 및 고객서비스 전략을 통해서 개별고객의 평생 가치를 극대화하는 것이다. Kamber(2001)는 고객에 대한 정확한 이해를 통하여, 고객 개개인이 원하는 상품과 서비스를 제공하고, 각 고객과의 긴밀한 관계를 형성하고 유지하며, 고객의 요구에 즉시 반응할 수 있는 전략 도구이다.

24. 수익기여도분석에 관하여 서술하시오.

해설 수익기여도분석은 구매 가능성이 높은 고객을 선정하기 위한 데이터분석 방법으로 분석과정을 통해 데이터는 의미 있는 정보로 전환된다.

① 최근성(Regency): 얼마나 최근에 구매했는가?

② 거래빈도(Frequency): 구매를 얼마나 자주 하는가?

③ 구매금액(Monetary): 구매한 총금액이 얼마인가?
- 장점: 구매 가능성이 큰 고객을 찾아내는 데에는 편리한 기법이다.
- 단점: 고객의 개별적인 수익기여도를 직접 파악하는 데에는 한계가 있다.

1) 수익기여도분석 방법

① 대상 고객: 전체 4개의 서비스상품 중 2개 이상의 상품을 구매한 고객으로 선정

② 대상 실적: 최근 6개월간 서비스를 이용한 실적으로 선정

③ 점수부여방식
- Recency: 최근 3개월 이내 이용 〉 3~ 6개월 이전 이용
- Frequency: 최근 6개월간 총서비스 이용횟수
- Monetary: 최근 6개월간 총이용금액

④ 점수산출방식: R 점수 * F 점수 * M 점수

⑤ 관리방식: 전체 고객을 총 10개의 군으로 구분하여 관리한다.

25. 고객생애가치분석에 관하여 서술하시오.

해설 고객이 최초로 기업과의 거래를 시작한 시점부터 거래에 대한 모든 기록을 이용하는 기법으로 현재까지 누적된 수익가치뿐 아니라 미래의 평생 가치에 대한 예측분까지 합산한 고객의 총 평생 가치 개념이다.

① LTV = LTV(현재) + LTV(미래)

1) 고객생애가치분석의 장단점

① 장점

- 기업이 보유하고 있는 무형자산인 고객의 평균 가치를 파악 및 이해할 수 있으며, 이로 인한 고객별 기업의 전체 가치에 미치는 기여도를 파악할 수 있다.
- 개별고객가치에 따라 고객을 차별화하고, 가장 가치 있는 고객을 유지하기 위해 마케팅 시간과 노력을 전략적으로 활용할 수 있다.
- 고객을 관리 유형별 단계로 정하고, 이탈고객 방지를 위하여 투여할 최대 금액을 미리 산정함으로써 안정적인 재무운영이 가능하다.

② 단점

- 전체 고객에 드는 비용을 측정하더라도 이를 개별 고객에게 할당하기 어려움이 있다.
- 고객별 하나하나 계산하게 되므로, 때에 따라 과다한 비용이 소요될 가능성이 크다.
- 고객 유지율을 측정하기 어렵다.

26. 데이터마이닝에 관하여 서술하시오.

해설 데이터베이스로부터 과거에는 알지 못했지만, 데이터 속에서 유도된 새로운 데이터 모델을 발견하여, 미래에 실행 가능한 정보를 추출하고 의사결정에 이용하는 과정을 말한다. 즉, 데이터에 숨겨진 패턴과 관계를 찾아내어 광맥을 찾아내듯이 정보를 발견해 내는 것이다.

정보발견은 데이터에 고급 통계분석과 모델링 기법을 적용하여 유용한 패턴과 관계를 찾아내는 과정이다. 데이터베이스 마케팅(또는 분석 CRM)의 핵심기술이라고 할 수 있다.

예를 들어, 한 백화점에서 판매 데이터베이스의 데이터를 분석하여 금요일 오전에는 어떤 상품들이 잘 팔리는가 그리고 팔리는 상품 간에는 어떤 상관관계가 있는가를 분석하여 이를 마케팅에 반영하는 것이다.

데이터마이닝의 필수요소는 신뢰도가 높은 충분한 자료이다. 이것은 신뢰도 높은 충분한 자료가 정확한 예견을 가능하게 하기 때문이다. 그러나 너무 많은 자료는 오히려 데이터마이닝의 예견 능력을 떨어뜨릴 수 있으므로 최적의 결과를 산출할 수 있는 의미 있는 자료의 확보가 필요하다. 주로 고객관리에 중점을 두는 데이터베이스 마케팅 쪽으로 가고 있으므로 데이터마이닝의 발달은 급속히 이루어질 수밖에 없다.

1) 데이터마이닝의 과정

① 데이터베이스로부터 분석대상이 되는 데이터를 선별하는 과정(Data selection)

② 선별된 데이터를 적절한 형태로 가공하고 정제하는 과정(Cleaning, Transformation)

③ 변환된 데이터에 마이닝 알고리즘을 수행하는 과정(Data mining)

④ 알고리즘의 결과를 재가공하고 기존의 지식과 통합하는 과정을 거치게 된다.

⑤ 위의 과정을 거쳐 결과로 얻은 지식은 예측(Prediction)이나 분류(Classification) 모델을 만드는 것에 사용되기도 하며, 데이터베이스의 레코드들 사이의 연관성을 밝혀내기도 하고, 데이터베이스의 내용을 요약해 주기도 한다.

27. 고객만족의 개념에 관하여 서술하시오.

해설 Oliver(1980)는 고객만족(Customer satisfaction; CS)을 고객의 실제 경험과 기대 간의 불일치로 인해 발생하는 감정과 구매 경험 전의 감정이 결합하여 발생하는 종합적 심리상태로 정의한다. 다수의 연구에서 고객만족을 결정하는 변수들을 설명하기 위하여 기대와 불일치 패러다임을 개발하고 이를 통해 고객만족을 설명하려는 시도가 진행되었다. 이러한 패러다임에 기초하여 사전 기대와 제품 성과 간의 불일치는 고객만족과 불만족에 영향을 미치며, 고객만족은 내적 결정요소와 지각된 성과에 기초하여 결정된다.

28. 고객만족의 두 가지 관점에 관하여 서술하시오.

해설 고객만족을 소비 경험이 최소한 기대되었던 것보다 좋았다는 평가로 고객만족은 크게 두 가지 관점으로 개념화할 수 있다.

첫째, 거래 특유적 관점으로 개별적 거래에 대한 성과와 기대의 비교로써 판단되는 만족이다.

둘째, 개별적인 거래 각각에 대한 경험들이 모여서 제품이나 서비스에 대한 전반적 평가로 나타나는 전반적 만족 또는 누적적 만족이다. 고객만족은 구매과정 및 구매 후 평가와 관련된 마케팅 활동의 중요한 요인으로 서비스 분야에서도 그 중요성이 매우 크다고 할 수 있다.

고객만족에 대해 정립한 개념들을 크게 과정(Process)과 결과(Outcome)로 구분된다. 과정론적으로 고객만족을 소비 경험이 최소한 기대했던 것보다 좋았다거나 선택했던 대안이 그 대안에 대한 사전적 신념과 일치되었다는 평가를 의미한다. 결과론적으로 고객만족을 고객이 지불한 대가가 적절하거나 부적절하다고 느끼는 고객의 인지적 상태 또는 감정적 반응 등으로 의미한다.

29. 서비스 충성도의 개념에 관하여 서술하시오.

해설 서비스 충성도(Service loyalty)는 고객들의 미래 재구매 가능성으로 정의하고 있다. 서비스 충성도는 교체 행동을 유발하는 잠재적 상황의 영향과 기업의 마케팅 활동에도 불구하고 미래에 지속적으로 선호하는 제품 또는 서비스를 재구매하거나 후원하는 깊은 결속이라고 정의한다.

충성도는 구전과 재구매 의도, 구매 다양성으로 이루어진다. 구전은 제품과 브랜드에 대한 의견이 전파되는 가장 오래된 메커니즘으로 다양한 제품과 서비스에 대한 소비자의 의사결정에 중요한 역할을 하고 있다. 또한 서비스 충성도가 높은 고객은 호의적 구전이나 직 · 간접적으로 추천을 통해 기업이나 기업이 생산하는 제품 또는 서비스에 대한 촉진을 지원한다.

30. 충성도 4단계 통합적 관점에 관하여 서술하시오.

해설 Oliver(1999)의 서비스 충성도의 이원화 관점으로 충성도 4단계 통합적 관점이 발표되며 보다 세분되기 시작하였다. 서비스 충성도 개념은 행동적, 태도적 충성도와 실제 충성도와 허위 충성도에 대한 부분을 복합적으로 고려하여, 고객의 충성도는 낮은 수준의 충성도에서 높은 수준의 충성도로 발전하는 단계를 고민하여야 한다는 것을 강조한다.

서비스 충성도는 고객의 믿음과 감성 그리고 의도에 대한 평가가 체계적으로 이루어져야 하며, 이를 바탕으로 고객의 충성도를 높은 전환 비용에도 불구하고, 특정 거래에 대한 긍정적 기대를 바탕으로 선호된 제품 또는 서비스를 지속해서 구매하고자 하는 높은 몰입의 정도로 정의한다.

31. 서비스 충성도의 구성요소에 관하여 서술하시오.

해설 서비스 충성도 모형은 태도를 형성하는 인지적 충성도(Cognitive loyalty), 감성적 충성도(Affective loyalty), 의도적 충성도(Conative loyalty), 행동적 충성도(Action loyalty) 4단계로 구성된다.

① 인지적 충성도 단계는 서비스 충성도는 제공된 정보에 따라 결정되며, 가격, 품질, 이미지 등이 여기에 속한다. 인지적 충성도는 고객 충성도 4단계 모형 중 가장 약한 부분이라 할 수 있으며, 그러한 이유는 브랜드 자체보다는 제공된 정보의 비용이나 혜택에 의해 고객의 평가가 달라진다. 그러므로 고객에게 더욱 많은 혜택을 제공하는 제품 또는 서비스로 전환되기 쉬운 단계이다.

② 감성적 충성도 단계는 일련의 인지적 과정은 감성적 의사결정 이전에 형성된다는 부분을 강조한다. 특정한 제품 또는 서비스에 대한 호의적인 태도는 제품 또는 서비스를 이용한 경험을 통해 만족한 정도에 따라 개발된다. 따라서 이전 단계인 인지적 충성도보다 강력하다.
감성적 충성도 단계는 즐거움을 수반하므로 특정 제품이나 서비스에 대하여 즐거움이 증가하면 고객은 이전의 기대를 수정하게 되고, 그에 대한 태도를 변화시킨다. 이럴 때 향상된 기대는 만족한 감성적 태도를 이끌어 감성적 충성도에 영향을 미친다.

③ 의도적 충성도 단계는 특정 제품 또는 서비스에 대하여 몰입하고 있으며, 긍정적인 감성에 의해 행위적 의도를 가지게 된다. 의도적 충성도 단계의 몰입은 특정 제품 또는 서비스의 재구매에 대한 의도를 의미하며, 이는 재구매에 대한 동기를 강화한다.
실질적으로 재구매에 대한 바람은 가지고 있으나, 구매 행동으로 실현되기에는 다소 부족한 상태라 할 수 있다. 감정적 충성도보다 몰입의 정도가 매우 강력하지만, 아직 취약한 부분도 함께 가지고 있다.

④ 행동적 충성도 단계는 고객이 재구매에 대한 깊은 의지를 가지며, 습관화되는 방식으로 행동할 수 있다. 즉, 태도와 의도가 행위로 전환될 때 이는 허위 충성도와 반대되는 실제 충성도를 이끈다. 따라서 이전 충성도 상태에서 동기화된 의도는 행동 단계로 전환되는 것을 나타내며, 행동을 실현하는 데 방해가 될 수 있는 다양한 장애들을 제거하려는 노력을 수반된다.

32. 서비스품질의 정의에 관하여 서술하시오.

해설 서비스품질(Service quality)은 주관적이며, 고객 지향적인 관점에서 접근하고, 제공되는 서비스에 대한 소비자의 전반적 인식으로 정의할 수 있다. Gronroos(1982)는 지각된 서비스품질이 기대한 서비스품질과 제공된 서비스품질 간의 차이에서 인식된다. PZB(1988)는 지각된 서비스품질의 개념은 서비스의 우수성이나 우월성과 연관되고, 이는 고객의 전반적인 판단 또는 태도로 정의한다.

서비스품질은 서비스 접점에서 고객과의 상호작용을 통하여 전달됨으로써 고객에 대한 종업원의 행동과 태도는 고객이 인식하는 서비스품질과 고객만족, 고객 충성도 등에 영향을 주어 궁극적으로 경영성과에 영향을 미친다. 따라서 고객과 대면하여 서비스를 제공하는 종업원이 양질의 서비스를 제공하기 위한 역량을 갖추고, 적절한 행동을 할 수 있도록 동기부여하는 조직 차원의 노력이 요구된다.

33. 고객 컴플레인의 중요성에 관하여 서술하시오.

해설 고객의 컴플레인을 이해함으로써 고객에 대한 정확한 사실을 얻을 수 있다.

첫째, 불만은 고객이 무엇을 원하는지 가르쳐 준다. 아무리 고객서비스를 잘하고 있어도 내가 알지 못하는 부족한 부분이 있기 마련이다. 따라서 고객의 소리에 귀 기울이는 노력이 필요하다.

둘째, 불만을 표현하지 않는다고 제공된 서비스가 고객이 만족하였다고 생각할 수 없다. 보편적으로 불만족한 고객의 91% 이상은 말없이 떠난다. 즉, 불평하지 않는 고객의 생각을 파악하여 개선하려는 노력이 필요할 것이다. 이렇게 고객의 불평을 적극적으로 개선하고, 처리하는 기업만이 얻을 수 있는 커다란 보상은 재구매와 구전효과이다.

34. John Goodman의 법칙에 관하여 서술하시오.

해설 모든 고객에게 100% 완벽히 만족을 주는 제품과 서비스란 없으며, 고객의 불만은 필연적으로 발생하기 마련이다. 미국 정부 자문기관으로 고객만족에 대한 유의미한 연구자료를 발표한 기관으로 TARP(Technical Assistance Research Program)사의 회장이었던 John Goodman은 서비스 경영뿐 아니라 모든 분야의 시장에서 고객 불만족의 결과가 기업에 어떠한 작용을 하는지 명확한 개념을 세웠다.

기업이 고객의 불만을 어떻게 관리하느냐에 따라 불만고객을 충성고객으로 만들 수 있고, 다른 불만고객을 양산할 수도 있다. 연구결과에 따르면 100달러 이상의 제품에 대해 불만이 있으면서 불만을 제기하지 않았던 고객이 같은 회사의 상품을 다시 구매할 확률은 불과 9%이다. 이에 비해 고충을 제기한 고객 가운데 문제가 해결될 경우, 재구매율은 82%의 결과를 보인다.

35. 고객 컴플레인 유형에 관하여 서술하시오.

해설 ① 직접 컴플레인 고객 유형
직접적인 컴플레인을 통해 기업이 서비스 개선의 기회를 주는 유형

② 수동적, 관망자적 고객 유형
기업에는 어떤 컴플레인도 하지 않고 기업의 상품과 서비스를 이용하지 않는 유형으로 불만을 속으로 쌓아두는 유형

③ 주변인 전달 고객 유형
기업에 항의하지 않지만, 주변인들에게 말로써 기업의 나쁜 이미지를 전파하여 주변인의 구매를 막는 유형

④ 행동파 고객 유형
기업에 컴플레인을 하여 만족한 결과를 얻지 못하면 법적 행동이나 대중매체를 통해 소비자들에게 공식적으로 알려 기업에 복수하는 유형으로, 불만족한 경우는 불평을 외부에 표출하게 되는데, 이렇게 불평하는 고객의 유형은 크게 3가지로 구분된다.
첫째, 해당 업체에 직접 항의를 한다. 즉, 업체에 직접 배상을 요구한다.
둘째, 친지나 가족, 개인적으로 관계가 있는 소비자에게 자신의 불만 사항을 이야기한다.

즉, 자신과 관련된 소비자에게 경고하거나 구매중지나 구매 보이콧 등 사적인 행동을 취하게 한다.
셋째, 자신과 전혀 관계없는 제삼자에게 불만을 토로한다. 예컨대, 공식기관(소비자원, 정부기관 등)이나 조직(민간단체 등)에 불평을 토로함으로써 자신의 불만을 해소하거나 배상을 요구한다.

36. 손익분기점(Break-even point)에 관하여 서술하시오.

해설 일정 기간의 매출액과 그 매출을 위해 소요된 모든 비용이 일치되는 점을 말하며, 투입된 비용을 완전히 회수할 수 있는 매출액이 얼마인가를 나타내는 것이다. 다시 말해 손익분기점은 사업을 하여 일으킨 매출에서 필요비용 등을 제외하고 남은 금액이 없을 시점, 즉 0이 되는 기점을 의미한다(총매출에서 각종 비용과 공제대상 등을 빼고 남는 것이 0일 때 이익도 없고 손해도 없는 지점을 손익분기점이라 한다).

손익분기점 산출 시 비용을 조업도와의 관련에 따라 고정비와 변동비로 구분하는 것이 중요하다. 손익분기점이 주는 의미는 매출액이 손익분기점 이하일 때 기업이 손실을 보게 되는 것이고 그 이상이면 이익을 보게 되며, 손익분기점이 낮을수록 수익성이 높아지고 판매가격의 인상과 고객 수의 증가 또는 비용의 절감으로 손익분기점을 낮출 수 있다.

37. 기회비용에 관하여 서술하시오.

해설 기회비용은 여러 선택 중에서 한 가지를 선택했을 때 포기한 대안 가운데 가장 좋은 한 가지의 가치를 뜻한다. 경영자가 자본을 기업에 투자함으로써 얻어지는 이윤은 기회비용인 이자보다도 많지 않으면 안 된다. 그렇지 않다면 기업소유자로서는 돈을 빌려주는 편이 나을 것이기 때문이다.

경제학에서는 회계비용(Accounting Cost)뿐만 아니라 기회비용을 고려하여 반영하여야 한다. 한정된 생산요소를 가지고 다양한 선택의 기회가 존재한다. 어떤 재화의 두 종류의 용도 중 하나를 포기할 경우 포기하지 않았다면 얻을 수 있는 이익의 평가액(기회비용)이라고 한다. 여러 선택방안 중에서 한 가지를 선택했을 때 포기한 대안 가운데 가장 좋은 한 가지의 가치라고 말할 수 있다.

38. 사업소득에 관하여 서술하시오.

해설 사업소득은 단순히 총매출에서 각종 비용을 공제하고 남은 금액이 아니라 자기 임금까지 공제 후 남은 금액이 사업소득이라 할 수 있다. 이는 사업을 하였기 때문에 얻을 수 있었던 소득이라는 의미이다. 애초에 사업을 하지 않고 직장 생활을 했더라면 벌어들일 수 있는 것은 급여 소득일 것이다. 이에 반해 자기자본에 대해서는 기회비용을 상실하지 않게 된다. 만약 은행 등에 예치했다면 시중금리에 해당하는 이자소득은 가능한 것이다. 이러한 보장된 기회를 버리고 사업을 시작할 때에는 무엇보다 먼저 고려해야 할 것은 수익성이다.

39. 점포의 체질분석에 관하여 서술하시오.

해설 점포의 체질분석, 즉 수익과 비용의 구조 또는 매출 총이익과 영업이익을 통하여 바람직한 영업 방향을 제시하는 방법이다.

① 이익체질형은 매출도 높고, 그에 따른 이익도 많은 경우이다. 물론 이러한 점포에는 직접 방문해 보면 그럴만한 이유가 분명히 있다. 이런 경우는 소위 돈 잘 버는 점포인 것이다.

② 내부관리형은 상대적으로 매출은 적지만, 내부적으로 비용의 효율적 배분 등을 통하여 매출 대비 이익을 극대화하는 점포이다. 이러한 점포의 특징은 대표가 관리능력이 탁월한 경우이다. 예를 들어, 은행에서 근무한 경력이 있는 경우 또는 기업의 관리부 또는 총무부에 근무한 경력이 있는 경우가 많다.

③ 방만경영형을 보면 매출은 많은데, 실제 이익은 현저히 적은 경우이다. 이런 점포의 특성은 대표의 자금관리능력 부재와 비용의 적정성을 평가해 보지 않는다는 것이다. 이러한 경우는 경영개선을 시급히 해야만 살아남을 수 있는 경우이다. 만약 스스로 해결하지 못한다면 외부의 전문 컨설턴트의 컨설팅 등을 통해 도움을 받는 것도 아주 유용한 방법이 될 것이다.

④ 만성적자형의 경우는 매출도 적고, 이익도 적은 경우이다. 이런 경우는 10중 8~9는 시급히 점포를 정리하는 것이 바람직할 것이다. 외부적인 요소로 인한 매출 부진의 경우, 이를 극복하기가 쉽지 않다. 다만 내부적인 요소로 인한 매출 부진이라면 이를 개선하여 점포를 활성화할 수 있다.

40. SWOT분석에 관하여 서술하시오.

해설 기업의 환경분석을 통해 강점(Strength)과 약점(Weakness), 기회(Opportunity)와 위협(Threat) 요인을 규정하고 이를 토대로 전략을 수립하는 기법이다. 앞글자를 따서 합성된 단어이며, 다음과 같은 의미를 지니다.

① 강점(S): 다른 기업과 차별되는 우위의 내적 역량을 의미한다.

② 약점(W): 기업의 경쟁업체에 비해 경쟁 열위로 지닌 내적 특성을 의미한다.

③ 기회(O): 사건, 시간 및 장소의 혼합이 기업에 중요한 편익을 주는 환경을 의미한다.

④ 위협(T): 기업에 중대한 손상을 주게 되는 환경과 사건을 의미한다.

즉, SWOT분석은 환경 요인에 대하여 내부능력 요인을 전개함으로써 전략적 대응을 모색하려는 최적의 기법이다.
기업이 당면한 환경 및 상황과 자신의 능력을 파악한 후 대응방안을 모색하기 위한 전략 기법이다. 목표와 비전을 함께 고려하여 조직의 강점과 약점, 기회와 위협 요인에 대해 지속적으로 분석과 재평가를 하고 반영할 수 있어야 한다.

41. SWOT분석을 통한 전략 수립에 관하여 서술하시오.

해설 1) SO 전략: 공격 전략
강점을 가지고 기회를 살리는 전략, 전략상 가장 유리한 전략이며, 기업이 가진 장점이 있고 외부 환경의 기회를 활용하여 목표를 원활히 달성할 방안이다.

2) ST 전략: 리스크 회피 전략
강점을 활용해 위협을 회피하거나 최소화하는 전략이며, 자신의 강점을 이용하여 시장의 좋지 않은 상태를 극복할 방안을 말한다.

3) WO 전략: 공격 전략 및 포기 전략
약점을 보완하여 기회를 살리는 전략, 자신이 가지고 있는 것은 불리한 약점을 보완할 것인지 아니면 포기할 것인지에 대하여 결정하는 것이라 할 수 있다. 만약 약점을 보완하는 데 어려움이 있고 그 한계가 있다면 보완하기보다 포기하는 것이 효율적이다.

4) WT 전략: 방어 전략

약점을 보완하여 위협을 회피 또는 최소화하는 전략과 약점을 강점으로 최대한 커버하여 위협을 회피하는 전략을 말한다. 위 내용을 중심으로 전략을 수립하고 각 요인 간의 관계와 중요도를 파악하고 구체적인 전략을 수립할 수 있다. 최종적인 전략선택에 고려되어야 할 부분은 전략적 중요도가 높고 긴급하게 추진해야 한다. 전략적 중요도가 높고 자원투입 정도가 낮은 전략을 선택하는 것이 바람직하다.

42. 마케팅의 개념에 관하여 서술하시오.

해설 미국마케팅학회(AMA)의 마케팅에 대한 정의는 생산자로부터 소비자 또는 사용자에게로 제품 및 서비스가 흐르도록 관리하는 제반 기업 활동의 수행이다. 마케팅은 개인이나 조직의 목표를 충족시켜 주는 교환을 창조하기 위해서 아이디어, 제품, 서비스의 창안, 가격절충, 촉진, 유통을 계획하고 실행하는 과정이다.

마케팅은 조직과 이해관계자들에게 이익이 되도록 고객가치를 창출하고 의사소통을 전달하며, 고객 관계를 관리하는 조직기능이자 프로세스의 집합이다. 즉, 마케팅은 제품의 판매를 활성화하는 기법으로 고객가치를 창조하고 이를 효과적으로 전달하여 고객을 확보, 유지 및 증대하는 활동을 의미한다.

고객가치(Customer value)란 고객이 지출한 비용보다 효익을 더 높은 것을 의미한다.
① 고객 중심적이다. 즉, 고객의 수요를 감지하고 대응하는 것이다.

② 고객을 찾는 대신에 고객을 가꾸고 돌보는 것이다.

③ 시장을 분석, 수요를 예측하여 시장성 있는 기술을 고안하는 기술기획 단계도 중요하다.

④ 판매 이후의 활동도 매우 중요한 요소이다.

43. 4P의 전략에 관하여 서술하시오.

해설 마케팅 믹스(Marketing mix)는 기업의 목표에 따라 표적 시장 또는 진입 시장에서 마케팅 활동을 집중시키기 위해 사용하는 모든 투입변수를 기업의 환경과 상황 그리고 마케팅 효과가 최대화되도록 조합하는 마케팅 전략이다. 판매 전략(Marketing mix)은 제품(Product),

가격(Price), 유통(Place), 촉진(Promotion)에서 4가지 P를 모아서 4P 전략이라 한다.

① 제품은 마케팅의 대상이 되는 제품 또는 서비스 자체의 특징을 의미한다, 제품의 품질, 서비스, 디자인, 보증기간 등이 포함된다.

② 가격은 제품 또는 서비스에 표시된 가격, 할인조건 등이다.

③ 유통은 제품의 유통경로와 거래처 등을 말한다.

④ 촉진은 판매촉진 행사와 광고 전략 등을 말한다.

4P 전략을 수립하는 이유는 시장에서 경쟁기업과의 경쟁에서 제품의 품질 및 가격이 뒤처지지 않고, 빠르게 공급하며 유통과정에서 최선의 유통망 확보로 원가를 절감하여 소비자를 대상으로 원활한 판매를 촉진하기 위한 것이다.

44. 시장세분화 전략에 관하여 서술하시오.

해설 시장세분화 전략(STP 전략)은 Segmentation Targeting, Positioning의 첫 알파벳을 따서 STP 전략이라고 한다.

① 세그멘테이션(Segmentation)은 시장세분화이며 우리가 제품이나 서비스를 판매할 시장을 어떠한 기준으로 나누는 것을 말한다. 마케팅에서 가장 기본이 되는 전략 중 하나이다.

② 타깃팅(Targeting)은 시장세분화에서 나눈 계층 중 어떠한 계층을 목표로 할 것이냐는 것이다. 이때 선정한 대상은 꼭 하나이어야 하는 것은 아니다.

③ 포지셔닝(Positioning)은 시장에서 또는 고객의 마음속에 브랜드 또는 제품, 서비스를 어느 위치에 자리 잡게 할 것인가를 의미한다.

45. 타깃 마케팅에 관하여 서술하시오.

해설 타깃 마케팅(Target marketing)은 고객의 여러 가지 욕구 또는 요구 때문에 고객을 세분화하여 그 그룹에 집중하는 마케팅의 방법을 타깃 마케팅이라고 한다. 매장 또는 제품의 생산자가 특정한 상품에 대하여 판매 전략(Marketing mix)을 수립하고자 할 때 고려하는 방법일 것이다.

① 한 가지의 상품으로 모든 고객을 만족시킬 수 없기에 그것을 필요로 하는 대상을 나누는 것을 의미한다.

② 고객의 기본적 정보를 가지고 성별, 나이, 직업, 가치관, 생활 양식 등에 의해 다양한 요구(Needs)를 파악한다.

③ 기업은 다양한 고객의 욕구를 바탕으로 소비자들을 작은 그룹으로 세분화(Segmentation)한다.

④ 마케팅 기업의 영업 활동에 효과적이고 효율적으로 할 수 있게 만들어 준다.

타깃 마케팅은 특정한 고객과 살롱의 마케팅 전략을 수립하는 데 중요한 요소이며, 고객을 대상으로 세분화(Segmentation)한 분석자료는 여러 전략을 수립하는 지표로 활용을 할 수 있다.

46. 시장세분화에 따른 마케팅 전략에 관하여 서술하시오.

해설 ① 차별적 마케팅 전략: 둘 이상의 세분화된 시장을 목표시장(표적 시장)으로 선정하여 특성에 맞도록 각기 다른 판매 전략을 적용하는 것을 의미한다.

② 비차별적 마케팅 전략: 세분화된 시장을 고려하지 않고 전체 시장에 하나의 판매 전략을 적용하는 것을 의미한다.

③ 집중적 마케팅 전략: 세분화된 시장 중에서 가장 적합한 하나의 시장을 선정하여 전문화된 판매 전략을 수행하는 것을 의미한다.

47. 브랜드 선택과 관여도에 관하여 서술하시오.

해설 고객이 좋아하는 브랜드를 반복 구매하는 경우 자동차와 같은 고관여인 제품에서는 브랜드 충성도라고 평가하고, 신라면 같은 저관여 제품에서는 습관, 관성이라고 표현한다.

1) 고관어의 경우

브랜드 간에 차이가 클 때도, 작을 때에도 복잡한 의사결정을 한다. 의사결정을 할 때는 물론 고민이 되지만 브랜드 간에 차이가 작을 때에는 A를 선택해서 B에 대한 부조화가 감소한다.

① "A 제품보다 더 좋을 건 없어"라고 생각하는 것과 같다.

② 부조화는 제품을 구매한 후 종종 후회하는 마음이 생기는 등 심리적 불균형을 느끼게 된다. 이러한 상태를 인지적 부조화라고 하며 고관여 상황에서 훨씬 많이 나타나게 된다.

2) 저관여의 경우

브랜드 간에 차이가 크면 소비자의 취향이 허용하는 범위 내에서 자신이 마음에 드는 대안들을 번갈아 구매하는 다양성 추구가 보인다고 한다. 반면에 브랜드 간에 차이가 작으면 쓰던 것을 쓴다는 관성적 구매를 한다.

FCB 그리드 모형(Foote, Cone & Belding grid model)을 가지고 관여도를 평가하여 마케팅 전략 수립을 할 수 있다. 이는 관여도를 저관여와 고관여로 구분하고, 구매동기를 이성적, 감성적 동기로 구분하여 모두 4가지 구매 유형으로 분류하여 마케팅 전략을 세우게 된다.

48. 마케팅조사의 개념에 관하여 서술하시오.

해설 마케팅조사는 기업이 당면한 특수한 마케팅 문제를 해결하는데 필요한 데이터와 정보를 체계적으로 수집하고, 분석하여 보고함으로써 의사결정을 지원하는 활동을 의미한다. 효과적인 마케팅조사를 하려면 마케팅 의사결정에 영향을 미치는 여러 요소에 대한 정보를 수집 · 분석하고, 그 결과를 마케팅 의사결정자에게 제공할 수 있는 마케팅조사 체계가 잘 갖추어져야 한다.

과거 마케팅조사는 주로 특정 마케팅 문제에 대한 해결책을 찾기 위해, 자료를 정확하고 체계적으로 수집, 분석, 해석하는 것에 초점을 맞춰 진행하였다. 그러나 최근 마케팅조사는 마케팅 문제가 무엇인지 예측하고, 새로운 사업 기회를 포착하는 데 활용하며, 새로운 아이템 혹은 아이디어로 비즈니스 기회를 모색하는 창업기업에 있어 마케팅조사는 마케팅 현실을 정확히 파악하여 올바른 의사결정을 내리는 근간이 되어 준다.

49. 마케팅조사설계에 관하여 서술하시오.

해설 마케팅조사설계는 조사 목적을 정의하고, 어떤 정보가 필요한지 파악한 후에 필요한 정보를 수집하기 위한 조사계획을 구체적으로 세우는 것을 의미한다.

1) 조사의 성격 규정

① 탐색적 조사는 마케팅 문제 및 현재 상황을 더욱 잘 이해하기 위해 조사 목적을 명확히 정의하거나 필요한 정보를 분명히 파악하기 위해 시행하는 일종의 예비조사(사전조사)적인 성격을 지닌다.

② 기술적 조사는 현재 일어나고 있는 마케팅 현상을 정확하게 이해하기 위하여 수행하는 조사를 의미하며, 어떤 특정 상품 또는 서비스에 대한 소비자의 사용 행동이나 태도 등을 설문조사하는 것을 의미한다.

③ 인과적 조사는 어떤 마케팅 현상의 원인이 무엇인가를 밝혀내기 위한 조사를 의미하며, 일반적인 설문조사로는 불가능하며, 실험이라는 엄격한 조사를 사용해야 한다.

50. 서비스 비즈니스 모델의 정의에 관하여 서술하시오.

해설 지속적인 매출과 이윤을 창출하기 위한 기업의 비즈니스 논리로 매출과 이익을 만드는 메커니즘과 이와 관련된 구성요소(Building block) 그리고 구체적인 매출 모델은 어떻게 매출을 만들 것인가를 정의한다.

Timmers(1998)는 다양한 사업 참여자와 그들의 역할을 포함하는 제품 또는 서비스, 정보흐름의 구조이며, 다양한 참여자들의 잠재적인 이익과 수익 원천을 설명해주는 청사진이다. 또한 고객가치 제안, 수익 공식화, 핵심자원, 핵심 프로세스 4가지 구성요소가 서로 맞물려 가치를 창출하고 전달하는 것이다.

51. 비즈니스 모델의 필요성에 관하여 서술하시오.

해설 기업은 고객의 가치를 창조할 수 있는 새로운 수익 모델의 지속적인 개발이 이루어질 때만이 지속적인 성장이 가능하다. 일반적으로 사업계획서는 미래 재무적 예측자료를 포함한 서류의 형태로 상세한 문서로 작성한다. 그러나 비즈니스 모델은 압축적이고 핵심적인 내용을 간략하게 표현한다.

기업이 수익을 창출하기 위한 구체적인 방법을 서술해야 하며, 누구든지 쉽게 기억할 수 있을 정도로 충분히 작은 개념으로 표현한다. 서류로 작성된다면 한 페이지면 족하며, 여러 말보다는 하나의 그림으로 표현되는 것이 적합하다.

1) 새로운 경쟁력의 원천: 고객이 원하는 가치를 정확히 파악하고 그에 상응하는 제품과 서비스를 제공할 수 있는 비즈니스 모델의 개발은 기업 경쟁력의 핵심 요소를 파악할 수 있다.

2) 고객 지향적인 제품과 서비스 개발: 자신이 보유한 기술을 구현하거나 문제해결 중심으로 개발하는 경향보다 고객과 시장이 원하는 시장 지향적인 제품 또는 서비스를 개발할 수 있다.

3) 커뮤니케이션 문제해결: 비즈니스 모델은 최고경영자, 중간관리자, 사원 등 모든 구성원이 같은 목표를 가지고 같은 방향으로 조직의 힘을 모을 수 있어 커뮤니케이션 문제를 해결하는 좋은 방안을 제시한다.

52. 비즈니스 모델 구성요소에 관하여 서술하시오.

해설 성공적인 비즈니스 모델을 수립하기 위해서는 많은 고객을 유인할 수 있어야 하며, 이를 수익과 연결할 수 있을 때 경쟁력 있는 비즈니스 모델이 수립된다. 또한 가치 창출을 위한 활동들이 선순환적인 구조를 형성하여 경쟁자들이 쉽게 모방할 수 없게 설계가 되어야지만 지속성을 확보할 수 있다.

1) 가치 제안: 목표고객과 주요 경쟁기업 그리고 자사의 제품 및 서비스의 장점을 포함하여 구체화하는 것이다.

2) 목표고객: 시장의 규모와 성장률, 충족되지 않는 고객의 요구, 경쟁제품 혹은 경쟁사의 부재 등을 분석하여 목표고객 계층을 설정하는 것이다.

3) 가치사슬: 기업이 제품과 서비스를 만들고 유통하면서 고객들에게 가치를 제공하는데 관련된 활동이다.

4) 전달 방법 설계: 자사가 구체화한 고객가치를 어떠한 방법으로 전달할 것인지를 설계하는 것이다.

5) 수익 흐름: 비즈니스를 통해 수입을 발생시켜 이윤을 창출하고, 창출된 이윤을 투자하여 높은 수익을 낼 수 있는 시스템을 구축하는 것이다.

53. 비즈니스 모델 캔버스에 관하여 서술하시오.

해설 비즈니스 모델 캔버스(Business Model Canvas; BMC)는 제품 또는 서비스를 구성하는 9가지 요소를 포함하고 있다. BMC는 제공가치를 중심으로 가치생산(내적), 고객가치(외적)인 두 가지 분야로 구성되어 있다.

고객가치에서는 기업의 외적인 부분으로 자사의 제품 또는 서비스를 어떤 고객을 대상으로 고객관계를 이루어 가치를 전달하는 경로와 이를 통해 얻는 수익구조를 설정한다. 즉, 고객에게 전달하는 가치를 설계한다.

가치생산 부분은 기업이 어떤 가치를 만드는가를 설계한다. 이 부분은 기업 내에 존재하며 고객에게는 보이지 않는 부분이다. 어떠한 활동을 통해 가치가 만들어지는지 기업의 흐름을 나타낸다.

54. 사업계획서의 의의에 관하여 서술하시오.

해설 사업계획서(Business plan)는 사업에 대한 타당성을 분석하는 설계도이며, 추진하고자 하는 사업을 타인에게 설득하는 중요한 도구이다.

1) 기획은 경영 활동의 핵심 기능
- 경영의 기본기능을 갖는다.
- 기획은 경영의 기본 기능 중에서도 업무성과에 가장 큰 영향을 미칠 수 있는 핵심 요소이다.
- 효과적인 기획은 목표를 설정하고 그 달성 수단을 결정하는 과정이다.

2) 사업계획서는 사업 활동의 지침에 역할
- 사업계획서는 단순한 연구계획서가 아닌 것을 기억해야 한다.
- 단순한 개발 계획이 아니라 무엇을 어떻게 개발, 생산, 판매해서 이익을 실현할 것인가를 다루어야 한다.
- 아이디어의 기술적 타당성과 시장에서 소비자에게 얼마나 받아들여질 수 있는가를 설명해야 한다.
- 사업계획서의 핵심 내용으로 사업 활동을 기획한 결과로 사업계획서 작성과정을 통해 명확한 사업 타당성 분석이 필요하다.

55. 사업계획서 작성의 목적에 관하여 서술하시오.

해설 ① 사업계획서는 미래의 사업성과를 추정하면서 목표를 설정하는 것으로 창업자 관점에서 자신의 사업 방향을 정하는 나침반이다.

② 사업계획서는 계획하고 있는 사업과 관련하여 사업목적인 최대의 수익을 창출하기 위해서 투자, 생산, 판매, 재무 등의 추진 계획을 정리하여 작성한 보고서이다.

③ 사업계획서는 사용하고자 하는 상황에 따라 형식이나 내용 면에서 차이가 있으므로 그 용도에 따라 작성하는 것이 중요하다.

④ 사업계획서는 남을 설득하는 것이 가장 큰 목적이다. 설득하려면 논리성을 가지는 것이 필요하다.

56. 시장조사에 관하여 서술하시오.

해설 시장조사는 기업이 당면하고 있는 구체적인 상황에 적합한 관련 자료를 체계적으로 설계, 수집, 분석하여 보고하는 것이다. 따라서 시장조사는 고객의 소리(Voice of Customer; VOC)를 반영하여 마케팅 전략의 수립과 결정에 의미 있는 정보를 제공하는 것이 목적이다.

시장조사는 상권분석, 경쟁업체분석, 소비자분석, 점포의 입지와 입지조건분석으로 구분하여 조사하며, 방법으로는 설문기법을 통하여 조사하거나, 대인 인터뷰, 전화 인터뷰, 우편 인터뷰, 전자 인터뷰 등을 통하여 진행하거나 전문 컨설팅 기관, 부동산 업체, 소상공인시장진흥공단의 상권분석 등을 활용하여 조사한다.

57. 점포의 입지와 점포요인분석에 관하여 서술하시오.

해설 점포 입지의 지정학적 특성과 점포 요인은 살롱의 창업 성공에 중요한 요소라 할 것이다. 입지는 경제 활동의 주체가 위치하는 장소인 정적, 공간적인 개념인데 비하여 입지선정은 장소를 선정하는 동적, 시간적, 공간적 개념이라고 정의할 수 있다.

1) Nelson의 점포 입지 8가지 원칙

① 현재 상권 잠재력의 타당성 → 향후 발전 가능성에 관한 잠재력 분석을 한다.

② 상권에의 접근 가능성 → STP 모델을 활용한 고객 접근성 분석을 한다.
③ 성장 가능성 → 호재 및 성장 요인의 분석과 예측을 한다.
④ 중간 저지성 → 기존 점포와 고객과의 사이에 새로운 점포가 입점하여 기존 점포로 접근하는 고객을 중간에서 차단시킨다.
⑤ 누적적 흡입력 → 시간이 지날수록 고객 유입이 누적되는가에 관한 타당성 검토를 분석한다.
⑥ 양립성 → 보완 관계에 있는 업종 간 두 점포가 인접하면 유리하다.
⑦ 경쟁 회피성 → 같은 상권 내 동종 업계 점포가 적으면 유리하다.
⑧ 입지의 경제성 → 보증금, 임대료, 기타 권리금 등이 적으면 투입 자금 부담이 적으나 상대적으로 열악한 상권일 수 있다.

58. 설문조사 기법인 서베이(Survey)의 장단점에 관하여 서술하시오.

해설 1) 장점(Advantage)
① 대규모 조사를 진행할 수 있다.
② 자료의 코딩, 분석이 용이하다.
③ 대규모 표본으로 조사결과를 일반화할 수 있다.
④ 직접 관찰할 수 없는 동기, 개념을 측정할 수 있다.
⑤ 계량적 방법으로 분석하여 객관적으로 해석할 수 있다.

2) 단점(Weakness)
① 응답률이 낮다.
② 설문지 개발이 쉽지 않다.
③ 조사에 오랜 시간이 소요된다.
④ 깊이 있고 복잡한 질문을 하기가 어렵다.
⑤ 부정확하고 성의 없는 응답을 할 가능성이 있다.

59. 기업가정신의 의미에 관하여 서술하시오.

해설 기업가정신(Entrepreneurship)을 새로운 조직의 창조와 혁신적 활동으로 기업 활동의 대부분에 직접적인 연관성이 있다. 기업의 목표는 경영자의 목표이며, 전략은 비전을 실현하기 위한 하나의 도구이다. 경영성과는 경영자의 성과를 측정하는 기준이 되기도 한다. 또한 불확실한 환경에서 지속적으로 변화하여 새로운 사업의 기회를 창출하고 그 과정에서 발생하는 다양한 위험을 감수하며, 새로운 가치를 창조하려는 정신 및 행동으로 정의한다.

60. Maslow의 동기이론에 관하여 서술하시오.

해설 인간의 행동은 각자의 필요와 욕구에 바탕을 둔 동기에 의해 유발되며, 이러한 인간의 동기에는 위계가 있어서 각 욕구는 하위 단계의 욕구들이 어느 정도 충족되었을 때 비로소 지배적인 욕구로 등장하게 되며 점차 상위 욕구로 나아간다.

인간의 욕구를 생리적 욕구, 안전 욕구, 사회적 욕구, 존경, 자아실현의 욕구 등 5단계로 구분하였으며 가장 고차원적인 상위 욕구를 자아실현의 욕구로 보았다.

① 1단계: 생리적 욕구(Physiological needs)로 의식주 생활에 관한 욕구, 즉 본능적인 욕구를 말한다.

② 2단계: 안전의 욕구(Safety needs)로 사람들이 신체적 그리고 정서적으로 안전을 추구하는 것을 말한다.

③ 3단계: 사회적 욕구(Belongingness and love needs)로 어떤 단체에 소속되어 소속감을 느끼고 주위 사람들에게 사랑받고 있음을 느끼고자 하는 욕구이다.

④ 4단계: 존경의 욕구(Esteem Needs)로 타인에게 인정받고자 하는 욕구이다.

⑤ 5단계: 자아실현의 욕구(Self-actualization needs)는 가장 높은 단계의 욕구로서 자기만족을 느끼는 단계이다.

61. 서비스 청사진의 특징에 관하여 서술하시오.

해설 ① 서비스 개선: 최초 서비스를 상세히 이해함으로써 문제점을 찾아내고 제거 및 개선을 할 수 있다.

② 새로운 서비스 디자인: 새로운 서비스의 청사진은 서비스 프로토타입(Prototype)을 만들고 서비스가 고객에게 출시 전 테스트하게 해준다.

③ 서비스 이해: 누구에게도 더는 이해되지 않는 기업문화가 배어 있는 많은 서비스가 있다. 청사진은 기존 프로세스에서 사일로와 불분명한 영역을 보여준다.

④ 서비스 관계자의 이해: 많은 이해관계자인 고객, 공급자, 컨설턴트, 직원 등이 있을 때 복잡한 상황을 관리하는 데 서비스 청사진은 유용할 수 있다.

⑤ High-Touch 서비스를 Low-Touch 서비스로 전환: 서비스를 위해 청중의 폭을 넓히거나 좁히는 것은 어떻게 하면 성공한 청사진이 될 수 있는지를 신중한 생각이 필요하다.

62. 전략의 개념에 관하여 서술하시오.

해설 전략(Strategy)은 처음 군사용어로 전쟁을 전반적으로 이끌어 가는 방법을 지칭하며, 전술보다 상위의 개념으로 어떤 목표에 도달하기 위한 최적의 방법을 뜻한다. 이는 조직이나 기업이 주어진 조건이나 환경에서 관리자들이 적절한 결과를 달성할 수 있도록 목적, 목표, 정책 그리고 각 프로그램이 서로 양립하지 않도록 조합하여 수행하는 행위를 의미한다. 전략은 조직의 목표와 목적을 보여주며, 목적달성을 위한 중요 정책과 계획을 세우고, 기업에서 추구하고자 하는 사업과 조직 형태를 정의하는 의사결정의 형태를 의미한다.

63. 사업 전략 모형에 관하여 서술하시오.

해설 Miles & Snow(1978)가 제시한 사업 전략 모형은 기업이 환경에 적응하고 내부기능을 관리하는 데 있어 최고경영자의 역할이 크다고 강조하며, 기업가적 문제, 기술적 문제, 관리적 문제를 인식하여 기업의 상황에 맞는 전략을 선택해야 한다. 기업가적 문제는 기업의 제품과 시장의 범위에서 나타나며, 기술적 문제는 생산과 유통의 기술에 집중하고, 관리적 문제는 조직의 구조와 정책과정에 있어 공식화, 합리화, 혁신을 포함하고 있다. 이에 따라 전략을 공격형(Prospector), 방어형(Defender), 분석형(Analyzer), 반응형(Reactor)으로 구분하였으며, 기업 환경을 어떻게 인식하느냐에 따라 기업 내부에서 발생한 문제를 해결하는 방법이 다르다.

① 공격형 전략을 취하는 기업들은 새로운 제품과 시장을 끊임없이 추구한다. 이들은 불확실한 경영환경에 대해 지속적인 감시를 시행하고 새로운 기회를 찾기 위해 다양한 기술개발을 추구한다. 즉, 다른 기업들보다 빠른 제품개발과 신규시장 진입에 많은 관심을 가지며, 연구개발과 마케팅 분야에 대한 중요성을 강조한다. 이를 위해 기업들은 변화와 불확실에 대비하고 효율보다 혁신에 관심을 가진 조직을 유지하기 위해 낮은 공식적 계층, 분

권화된 통제, 수직 · 수평적 의사소통이 중요하다.

② 방어형 전략은 제한된 분야에서 높은 전문성을 지니고 있지만 안정된 제품과 시장을 범위로 하여 경쟁에 소극적인 유형의 전략이다. 즉, 신규시장에 대한 진입이나 기회를 탐색하기보다는 한정된 제품 또는 서비스를 가지고 시장을 유지한다는 것이다. 이러한 기업들은 기업 목적을 원가절감, 품질향상, 능률향상, 서비스 강화 등에 두고 있으며, 수평적 분화, 집권화된 통제, 공식화 등의 조직구조 형태를 보인다.

③ 분석형 전략은 위험은 최소화하면서 이윤을 최대화하는 방어형 전략과 변화와 혁신을 강조하는 공격형 전략의 중간적인 형태를 가지고 있다. 따라서 분석형 전략은 제한된 영역에서의 사업수행을 가장 기본으로 두는 안정성과 환경 변화에 민감하게 반응하는 유연성을 모두 추구하는 이중적 모델이라고 볼 수 있다. 만약 기업이 분석형 전략을 완벽하게 실행할 수 있다면, 새로운 기회에 대한 신속한 대응과 현 상황에 대한 능률을 동시에 추구할 수 있다.

④ 반응형 전략은 비일관적이고 비안정적인 형태를 띠는 유형이다. 이 유형은 다른 것들에 비해 상대적으로 환경 변화에 대한 대응능력이 부족하고, 조직 구조적으로 상당히 불안정하다. 따라서 반응형 전략을 채택하는 기업들은 전략적으로 실패한 기업으로 인식되고 있다.

64. 본원적 경쟁 전략 모형에 관하여 서술하시오.

해설 Porter(1980)가 제시한 본원적 경쟁 전략 모형은 기업이 경쟁우위를 가지기 위한 본원적 전략(Generic strategy)을 제시하였다. 이러한 본원적 전략은 기업의 제품 특성과 시장의 범위에 따라 원가우위 전략(Cost leadership strategy), 차별화 전략(Differentiation strategy), 집중화 전략(Focus strategy)으로 구분할 수 있다.

① 원가우위 전략은 기업이 경쟁기업보다 적은 비용을 지출하게 되면 매우 유리한 경쟁조건을 갖게 되는 것이다. 이렇게 원가에서 우위를 점하고자 하는 전략을 원가우위 전략 또는 비용우위 전략이라 한다.

② 차별화 전략은 기업의 제품 또는 서비스가 경쟁기업의 제품 또는 서비스보다 독특하며, 다르게 인식할 수 있는 그 무엇을 고객에게 제공함으로써 경쟁우위를 점하려는 전략이다.

③ 집중화 전략은 기업의 장점을 최대한 살릴 수 있는 분야에 핵심역량을 집중적으로 관리 및 육성하여 특정 부분에서 뛰어난 전문성과 경제성을 발휘하게 하는 전략을 의미한다. 이는

기업들이 시장과 산업의 상황을 분석하여 적절한 전략을 선택한다는 가정에 의해 설명될 수 있다.

65. 6시그마 품질경영의 개념에 관하여 서술하시오.

해설 6시그마(Six sigma)의 개념적 의미는 100만 개의 제품 중 3~4개의 불량만을 허용하는 3~4PPM(Parts Per Million) 경영, 즉 품질혁신 운동을 말한다. 시그마(σ)는 보통 통계학에서 오차 범위를 나타내며, 경영학에서는 제품의 불량률을 나타내는 데 사용된다. 1시그마는 68%, 3시그마는 99.7%의 제품이 만족스럽다는 의미이며, 시그마의 수치가 오를수록 제품의 품질만족도는 상승한다. 6시그마를 통계적으로 보면 99.99966%가 양품(良品)이라는 의미이다. 예전의 100PPM 운동과 비교할 때 사실상의 완벽을 추구하는 품질관리 운동으로 볼 수 있다.

모토로라의 품질향상 노력의 결과로 탄생한 6시그마 경영은 불량을 통계적으로 측정, 분석하고, 그 원인을 제거함으로써 6시그마 수준의 품질을 확보하려는 전사적 차원의 활동을 의미한다. 기존 품질개선 활동이 제조과정에 한정되어 이루어진 것에 반해, 6시그마 경영은 R&D 마케팅, 관리 등 경영 프로세스 전반을 대상으로 한다. 고객 관점에서 데이터에 기반을 둔 경영 혁신 방법론으로 정의할 수 있다. 또한 6시그마는 복잡한 시장 환경에서 의사결정자가 문제해결에 필요한 아이디어를 떠오르게 하고 당면한 문제를 체계적으로 해결하도록 지원하는 방법론이다.

66. 6시그마의 특징에 관하여 서술하시오.

해설 ① 6시그마 경영은 프로젝트를 수행하면서 통계데이터에 근거한 철저한 분석, 성과계산 등을 철저하게 계량화함으로써 객관적 타당성을 확보하고 추진 목표까지도 명확하게 계량화하므로 목표관리와 작업의 개선이 쉽다.

② 6시그마 경영은 고객 관점에서 고객만족에 초점을 둠으로써 품질에 영향을 미치는 핵심요소(Critical to Quality; CTQ)를 발견하고 이를 제거하는 데 초점을 둔다.

③ 6시그마 경영은 개선 프로젝트의 비용 절감효과를 자세히 분석하여 재무부서가 그것을 공식적으로 인정해 준다. 기존의 품질경영 활동은 부서별로 발의한 과제가 대부분으로 투자

대비 효과분석이 미흡했지만, 6시그마의 진행 결과는 재무적 성과로 표시되므로 참여자들이 프로젝트의 가치를 인식하고 매진할 수 있다.

④ 6시그마 경영은 전문 인력이 프로젝트 개선을 전담하는 리더로서 혁신을 진행한다. 경영층과 전문 인력이 주도하는 활동인 관계로 종래의 Bottom-up 방식보다는 훨씬 전략적으로 진행이 된다.

⑤ 6시그마는 경영자나 관리자 등이 중심이 되는 Top-Down 방식으로 전개되고, 경영방침과 구체적 전략인 활동단위로 나누어 개선을 진행한다.

67. 서비스 공정성의 개념에 관하여 서술하시오.

해설 서비스 공정성(Service justice)은 일반적으로 서비스를 제공하는 주체로부터 적절한 대우를 받고 있는지에 대한 평가이다. 서비스를 제공하는 종업원으로부터 공정한 서비스를 받지 못하였을 때 서비스 기업은 제품 또는 서비스의 오류를 개선하려고 시도하는 과정으로 정의한다. 또한 고객이 지각하는 공정성은 서비스를 제공하는 주체인 서비스 기업 간 교환 상황에 대한 고객의 개인적 심리상태로 심리적 계약을 서비스를 제공하는 기업에 대해 수행하는 과정에 대한 평가이다.

68. 고객 경험관리의 개념에 관하여 서술하시오.

해설 고객 경험관리(Customer Experience Management; CEM)는 제품 또는 서비스에 대한 고객의 경험을 체계적으로 관리하는 프로세스를 의미한다. 즉, 기업이 고객의 제품을 탐색해서 구매 및 사용 단계에 이르기까지 모든 과정에 대한 분석 및 개선을 통해 긍정적인 고객 경험을 창출하는 것으로, 고객의 경험관리는 고객 참여와 만족도, 경험에 초점을 맞춘 마케팅 전략 및 관리시스템이다.

고객 경험관리는 기업이 고객에게 경쟁사와 다른 특별한 가치를 제공하고 고객과 기업이 만나는 접점마다 고객에게 통일된 가치를 경험하게 만드는 일련의 모든 과정을 의미한다. 즉, 고객 관계에 대한 접근 방식으로 고객을 비즈니스의 중심에 두고 혁신을 달성하는 것을 목표로 한다. 고객은 단순히 제품이나 서비스의 품질을 넘어 기업과 만나는 접점에서 최상의 경험을 얻고자 하기 때문이다.

69. 고객 경험관리의 필요성에 관하여 서술하시오.

해설 고객 경험관리에 대하여 Kotler는 그의 저서에서 고객은 기업을 제품과 서비스품질만으로 평가하지 않는다. 고객은 모든 채널에 걸쳐 존재하는 모든 접점을 포함한 고객 여정 전체를 가지고 평가한다. 따라서 혁신은 제품뿐 아니라 전체 경험에 초점을 맞춰야 한다. 기업은 제품의 차별화를 모색하고 커뮤니케이션을 강화하며, 다양한 채널을 견고하게 하는 등을 통한 고객서비스를 개선해야 한다.

고객 경험이라는 개념이 제품 혁신이라는 좁은 범위만이 아닌 넓은 범위에서도 살펴볼 필요가 있다. 고객 경험은 구매 경험이나 고객서비스와만 관련된 것이 아니다. 고객 경험은 제품을 구매하기 전부터 제품 구매 후까지도 이어진다. 브랜드와의 커뮤니케이션, 소매업에서의 경험, 영업사원과의 상호작용, 제품사용, 고객서비스, 다른 고객과의 대화 등 고객이 접할 수 있는 모든 접점을 아우른다. 기업은 고객이 의미 있고 기억에 남는 완벽한 경험을 할 수 있게 해주기 위해 모든 접점을 세심히 조직해야 한다. 또한 고객 경험을 제대로 구축하기 위해서는 기술이 필요하다.

70. 고객 관계관리(CRM)과 고객 경험관리(CEM)의 차이점에 관하여 서술하시오.

해설 고객 경험관리는 일부 기본기능에 있는 유사성 때문에 고객 관계관리와 혼동한다. 다소 겹치는 부분이 있지만, 고객 경험관리는 고객 관계관리의 후속 단계를 말한다. 고객 관계관리는 주로 비즈니스의 내부 프로세스 최적화를 처리하는 반면, 고객 경험관리는 새로운 기술과 프로세스, 전략, 고객 중심 설계를 통해 여러 가지 고객 중심의 접근 방식을 제공한다.

고객 관계관리는 고객의 거래 관계에만 중점을 두고 고객의 소비패턴을 기계적으로만 분석한 나머지 고객의 경험에 대한 관리는 소홀함으로써 총체적으로 고객을 이해하지 못하는 문제점이 있다. 그러나 고객 경험관리는 거래 관계 및 신속, 정확, 편리한 주문시스템 등 이성적 경험뿐만 아니라 브랜드 이미지, 매장 직원의 친절도 등을 통한 심리적 변화, 욕구 등을 반영한 감성적 경험까지 분석할 수 있다는 장점이 있다.

71. Lucia & Lepsinger(1999)의 역량 피라미드 모델에 관하여 설명하시오.

해설 역량 피라미드 모델은 역량평가에서 왜 행동지표를 관찰 및 측정하는지에 대한 해답을 제공하였다. 역량 모델이 인적자원관리 전 분야에 효율적으로 활용되기 위해서 관측 가능한 일관된 준거로 행동지표의 중요성을 강조하였다. 구체적인 업무환경에서 특정 역량이 어떠한 행동으로 발현되는지에 대한 사례를 제시하고, 조직 구성원들이 업무현장에서 보이는 행동의 수준을 평가하여 교육 훈련 수요 파악, 업무평가 등 인적자원관리에 활용할 것을 권장하고 있다. 또한 개인의 내적 특성은 쉽게 변화하지 않지만, 행동은 수정 가능하여 교육 훈련의 대상이 될 수 있다. 예컨대, 감정이입이라는 인간의 내적 특성은 쉽게 개발될 수는 없지만, 고객의 요구에 귀 기울이기 또는 고객의 관심사 다루기 등 감정적 행동은 훈련과 개발을 통해 배양할 수 있다.

72. McLagan(1989)의 역량 모형화에 관하여 설명하시오.

해설 역량 모형화는 조직의 목적을 달성하기 위해 특정 직무 혹은 직무군에 결정적인 영향을 주는 역량을 체계적으로 결정하고 정의하는 과정이다. 기대하는 결과를 얻거나 성과를 극대화하는 데 필요한 역량을 체계적으로 추출하고 결정하며, 쓰임에 따라 지식, 기술, 태도, 지적 전략을 포함하는 역량 모델을 정의하고 만드는 활동을 의미한다.

역량 모형화는 특정한 역할을 성공적으로 수행하는 데 매우 중요한 역량을 규명하는 과정이라고 할 수 있다. 역량 모형화의 결과물인 역량 모델은 특정 역할을 효과적으로 수행하고, 성과를 창출하는 데 이바지하는 가장 핵심적인 지식, 기술, 가치 및 행동을 기술하여 체계화해 놓은 것으로, 모집 및 선발, 성과관리, 교육 훈련 및 개발, 승진, 보상 및 승계계획(Succession planning) 등과 같은 모든 인적자원시스템의 기초자료를 제공한다.

73. 온라인 마케팅이 주는 장점에 관하여 설명하시오.

해설 ① 비용이 저렴하다. 즉, 오프라인 마케팅에 비해 온라인 마케팅이 더 저렴한 경향이 있다. 예산이 적은 새로운 브랜드는 특히 소셜미디어와 같은 일부 방법을 완전히 무료로 사용할 수 있으므로 표적고객에게 쉽게 도달할 수 있다.

② 성과측정 및 분석이 쉽다. 이는 구글 애널리틱스와 같은 분석 도구를 이용하면 온라인 광고 및 마케팅의 실적을 추적할 수 있다. 분석을 통해 대상을 정의하거나 퍼포먼스가 좋은 콘텐츠 종류를 알아낼 수 있고, 더 효율적인 결과를 얻는 방법으로 마케팅 전략을 수정할 수 있다.

③ 장기적인 노출이 가능하다. 이는 검색엔진 최적화(Search Engine Optimization; SEO) 및 일부 스폰서 광고를 포함하여 특정 유형의 온라인 마케팅은 오랜 기간 지속할 것이다. 초기 비용으로 많은 결과를 얻을 수 있으므로 가성비가 매우 좋다.

④ 많은 잠재 고객에게 도달할 수 있다. SEO와 소셜미디어 마케팅, 광고 등의 방법을 통해서 현저히 많은 수의 사람들에게 도달할 수 있다. 특히 소셜미디어에서 사람들이 참여할 수 있는 콘텐츠를 만들면 생각보다 더 많이 퍼질 수 있다.

⑤ 고객과의 관계를 구축할 수 있다. 목표고객이 온라인에서 광고를 계속해서 다시 보게 될 가능성이 크다. 브랜드 인지도가 높아질수록 그들은 브랜드를 빨리 인식하기 시작하며, 그들이 특정 브랜드를 더 많이 볼수록 더 많이 신뢰하게 될 것이다. 결과적으로 온라인 마케팅은 고객과 브랜드와의 관계를 강화한다.

74. 콘텐츠 마케팅에 관하여 설명하시오.

해설 콘텐츠 마케팅은 잠재고객을 유치하고 궁극적으로 수익성 있는 행동을 유도하기 위해 관련성이 높고 가치 있는 일관된 콘텐츠를 만들고 배포하는 마케팅 전략이다. 콘텐츠 마케팅은 인터넷이 보급되기 전부터 존재하던 개념이다. 이는 재미있는 동영상이나 사진 등이 소비자의 시각을 훨씬 더 잘 사로잡기 때문이다.

콘텐츠 마케팅의 사례로 대표적인 기업이 레드불이다. 레드불을 구매하는 고객 모두가 극한 스포츠(Extreme Sports)를 직접 즐기진 않는다. 그러나 많은 소비자가 이러한 스포츠를 관람한다는 심리를 잘 이해하고 있으므로 가능한 마케팅이다. 레드불은 모든 미디어인 동영상, 소셜미디어, 블로그, 이미지, 잡지, TV 등을 통해 고객의 관심사를 콘텐츠로 제작해 제공한다.

콘텐츠 마케팅을 오랜 시간 꾸준하게 진행할 경우 많은 양의 콘텐츠가 쌓이게 되므로 이는 곧 브랜드의 자산이 된다. 또한 고품질의 콘텐츠는 목표고객에게 쉽게 노출되고, 공유되어 비즈니스에 매우 긍정적인 영향을 미친다. 예컨대, 소비자의 흥미를 유발하고 관심을 끌게 하는 콘텐츠는 사용자에게 더 많은 검색을 촉진하고, 온라인상에서 상위에 노출될 수 있는 상황을 만든다. 따라서 온라인 마케팅의 가장 기본적인 활동이라 할 수 있다.

75. 검색엔진 최적화 마케팅에 관하여 설명하시오.

해설 SEO(Search Engine Optimization)는 검색엔진 최적화라고 불리는 디지털 마케팅의 종류 중 하나이다. 인터넷이 생긴 이후 가장 먼저 생긴 온라인 마케팅 전략이라고도 할 수 있다. 구글(Google)이나 네이버와 같은 검색엔진의 상단에 자사의 웹사이트를 상위에 노출함으로써 잠재고객에게 자연스럽게 홍보하는 방법이다.

키워드 광고나 구글 디스플레이 네트워크(Google Display Network; GDN), 유튜브 광고 등 흔히 말하는 검색엔진 마케팅(Search Engine Marketing; SEM)이나, 페이퍼 클릭(Pay-Per-Click; PPC)의 경우 검색엔진에 광고 비용을 지불하여 광고비를 소진하면서 인위적으로 노출시키는 방식이지만, SEO의 경우 검색엔진 고유의 알고리즘을 활용하여 노출하는 것이므로 근본적인 접근방식 및 효과가 다르다고 할 수 있다.

온라인 광고 네트워크 Chitika의 연구결과, 검색 트래픽(Traffic)의 92%가 첫 번째 페이지에 집중되어 있고, 두 번째 페이지의 경우 트래픽이 95% 감소했다. 이는 자연스럽게 검색 클릭의 53%가 첫 번째 링크로 연결된다. 특히나 한국의 경우 2020년부터 구글이 네이버의 점유율을 급격하게 따라잡고 있어 경쟁이 포화하기 전에 빠르게 선점하는 것이 기업 성공의 중요한 요소로 떠오르고 있다.

다만 SEO는 다른 마케팅 전략보다 결과를 보기까지 시간이 오래 소요되는 작업이며 장기적인 마케팅 전략이다. 홈페이지분석부터 키워드분석, 경쟁사분석 등 내부 최적화 및 외부 최적화 전반에 걸쳐 다방면으로 관리해야 하며, 시시각각 변하는 구글 알고리즘에 맞춰 각각의 비즈니스마다 전략을 유동적으로 바꿔야 하기 때문이다. SEO는 온라인 마케팅의 종류 중 이메일 마케팅과 더불어 투자 대비 효과(ROI)가 가장 높은 전략 중 하나이다.

76. 소셜네트워크 서비스 마케팅에 관하여 설명하시오.

해설 소셜네트워크 서비스(Social Networking Service; SNS) 마케팅은 광고 마케팅과 콘텐츠 마케팅 두 가지로 나눌 수 있다. 광고 마케팅의 경우 성별, 나이, 사는 곳, 직업 등과 사용자 성향에 기반하여 표적화를 할 수 있는 것이 특징이다.

콘텐츠 마케팅의 경우 특성상 기술적인 마케팅 전략보다는 콘텐츠의 질이 전략의 성패를 좌우한다. 텍스트, 이미지, 비디오 등의 콘텐츠를 통해 자사의 마케팅 목표를 달성하는 방법으로 사용한다. 주요 채널로는 페이스북, 인스타그램, 트위터 등이 있으며, 각각의 SNS 채널마다 주요 사용 연령층 및 비즈니스 모델 및 업종에 따라 적절하게 사용할 수 있다.

스마트폰과 결합하면서 모바일 접속이 가능해졌고, 통화, 회의, 쇼핑 등 다양한 기능이 SNS에 부가되었다. 특히 SNS는 일반 검색을 통해 찾는 정보보다 친구의 추천으로 공유하는 정보가 신뢰성이 높고 또 간결하게 전달되는 특징이 있는데, 바로 이 점이 기업들이 SNS를 마케팅에 활용하게 되는 이유라 할 수 있다.

기업들이 SNS에 관심을 두고 이를 이용한 마케팅 활동을 활발히 펼치는 이유는 무엇보다 고객에게 친근감을 조성할 수 있고, 기업이나 제품, 브랜드에 관한 고객들의 이야기가 급속히 확산하는 도구이기 때문이다

77. 바이럴 마케팅에 관하여 설명하시오.

해설 바이럴 마케팅(Viral marketing)은 온라인상에서 누리꾼이 이메일이나 다른 전파 가능한 매체를 통해 자발적으로 어떤 기업이나 기업의 제품을 홍보하기 위해 널리 퍼뜨리는 마케팅 기법으로, 컴퓨터 바이러스처럼 확산한다고 해서 이러한 이름이 붙었다.

바이럴 마케팅은 2000년 말부터 확산하면서 새로운 인터넷 광고 기법으로 주목받기 시작하였다. 기업이 직접 홍보를 하지 않고 소비자의 이메일을 통해 입에서 입으로 전해지는 광고라는 점에서 기존 광고와 다르다. 입소문 마케팅과 일맥상통하지만, 전파하는 방식이 다르다. 입소문 마케팅은 정보 제공자를 중심으로 메시지가 퍼져 나가지만 바이럴 마케팅은 정보 수용자를 중심으로 퍼져 나간다.

기업은 유행이나 풍조 등 현실의 흐름을 따라가면서 누리꾼 입맛에 맞는 엽기적인 내용이나 재미있고 신선한 내용의 웹애니메이션을 제작, 인터넷 사이트에 무료로 게재하고 그 사이에 기업의 이름이나 제품을 넣어 간접적으로 광고하는 방식이다.

누리꾼은 애니메이션 내용이 재미있으면 이메일을 통해 다른 누리꾼에게 전달하고, 이러한 과정이 반복되다 보면 어느새 누리꾼 사이에 화제가 됨으로써 자연스레 마케팅이 이루어지는 것이다. 일부 바이럴 마케팅 광고는 제품정보를 알려 준 사람에게 보상을 주는 접근법을 쓰기도 한다.

바이럴 마케팅은 웹애니메이션 기술을 바탕으로 이루어지며, 파일 크기가 작아 거의 실시간으로 재생할 수 있음은 물론, 관련 프로그램만 이용하면 누구나 쉽게 제작할 수 있고, 기존

텔레비전이나 영화 등 필름을 이용한 광고보다 훨씬 저렴한 비용이 들기 때문에 빠른 속도로 확산하고 있다.

78. 인플루언서 마케팅에 관하여 설명하시오.

해설 인플루언서(Influencer)는 사회에 미치는 영향력이 큰 사람을 의미하며, 특히 웹상에서의 인물을 의미한다. 이러한 인물이 전달하는 정보를 기업이 활용하여 홍보하는 것을 인플루언서 마케팅이라고 한다. 인터넷이 발전하면서 소셜미디어의 영향력이 크게 확대되었다. 현재는 소셜미디어를 통해 일반인들이 생산한 콘텐츠가 기업에서 게시하는 TV 광고와 유사하거나 또는 그 이상의 영향력을 가지게 되었다.

인플루언서는 SNS를 통해 공유하는 특정 제품 또는 특정 브랜드에 대한 의견이나 평가는 콘텐츠를 소비하는 이용자들의 인식과 구매 결정에 커다란 영향을 미친다. 이는 연예인처럼 외모나 퍼포먼스로 인기를 얻지도 않음에도 불구하고, 자신들이 자체적으로 생산해내는 콘텐츠를 통해 큰 파급력을 가진다는 특징이 있다.

인플루언서 마케팅은 사람들의 이러한 심리를 이용한 마케팅 기법이라고 볼 수 있으며, 이는 각 연령층에서 효과가 나타나지만, 특히 각종 SNS에 쉽게 노출되어 있는 10~30대에게 가장 효과적인 마케팅 전략이라고 볼 수 있다.

인플루언서 마케팅의 예로는 인스타그램 사용자에게 제품 및 서비스 협찬하기(Seeding), 유명 유튜버를 통한 광고, 스타를 광고모델로 기용하기, 블로거 후기 남기기 등이 있다.

79. 어필리에이트 마케팅에 관하여 설명하시오.

해설 어필리에이트 마케팅(Affiliate marketing; 제휴 마케팅)은 매우 다양한 의미로 해석될 수 있으나, 인터넷 마케팅에서는 매체사의 실적에 따라 광고비를 지급하는 마케팅 방식을 말한다. 매체사에 배너를 게재했다고 바로 광고비를 내지 않고, 배너광고를 통해서 고객이 회원가입을 하거나 실제 물품을 구매하는 등의 실적을 나타냈을 때 수수료를 내는 성과보수형 광고 방식이다. 이 방식은 광고주는 광고비를 미리 지급하지 않고 게재한 광고의 실적이 발생했을 때만 소정의 수수료를 지급하게 되므로, 광고비 지급에 대한 초기 부담이 적게 광고를 집행할 수 있다는 장점이 있다.

어필리에이트 마케팅은 사용자가 다른 잠재고객에게 제품이나 서비스를 추천하고 그에 따른 수수료, 포인트, 제품 등을 받는 마케팅 방법이다. 고객 개개인이 기업의 영업사원이 되는 것과 같다. 이러한 마케팅의 대표적 사례로 쿠팡 파트너스가 있다. 파트너스에 회원가입 후에 쿠팡의 링크를 여기저기 공유하고, 누군가 내가 공유한 링크를 통해 제품을 구매하면 수수료가 지급되는 방식이다. 이러한 제휴 마케팅은 구매가 이루어져야 정산하는 전제가 있어 기업으로서는 효율적인 마케팅 기법이라 할 수 있다.

80. 진로선택이론(Career choice theory)의 개념에 관하여 설명하시오.

해설 진로(Career)는 사람의 일생을 통하여 생활, 학습, 일의 분야와 관련한 자신의 경로 또는 성장(Course or Progress)으로 정의한다. 좁은 의미의 진로선택은 특정 훈련 또는 공식적 교육을 해야 하는 산업군 또는 분야의 직업들을 뜻한다. 넓은 의미의 진로선택은 개인이 장차 생활하고 학습하고자 하는 전공 영역, 일하면서 살고자 하는 직업 분야의 선택이 될 것이다. 진로선택은 개인에게 가장 중요한 문제이고, 그만큼 고민과 스트레스의 원인이 되기도 한다. 또 진로선택은 비록 청소년기에 본격적으로 시작되나 반드시 특정 시기에 한정되지 않고, 많은 경우 생애 전체에 걸친 선택의 문제이다.

진로의 선택(Career choice)은 자신의 생활, 지식, 기술의 학습, 자신이 일할 분야를 고르는 것으로, 미래 직업, 일(Works) 분야의 선택이며, 무엇을 하면서 생활을 할 것인가의 결정이다. 이러한 진로선택은 궁극적으로 직업 생활, 인간관계, 개인의 사회 · 경제적 지위, 정신 및 신체적 건강 등 생활의 거의 모든 측면으로 나아가 삶의 질과 인생을 결정한다고 해도 과언이 아니다. 따라서 자신의 능력, 잠재력이나 적성, 취미 등에 비추어 자신이 어떤 분야에서 가장 잘할 수 있고, 무엇을 좋아하는지 등을 고려한 진로의 선택이 중요하다. 능력이나 적성에 기초한 진로선택은 그만큼 능력을 발휘할 수 있어 직업 만족과 성취를 제공한다.

81. 특성요인이론에 관하여 설명하시오.

해설 특성요인이론(Trait and Factor theory)은 직업선택과정을 설명하기 위한 이론으로 Parsons(1909)에 의해 제시되었으며, Williamson(1939)에 의해 정교화되었다. 특성요인이론은 개인의 흥미, 능력 또는 직업에서 요구되는 특성과 관련된 개인의 특성에 초점을 맞추고 있는데, 이러한 개인의 특성은 청소년기 후기 이후에도 좀처럼 변하지 않은 흥미, 능력,

성격과 같은 안정적인 특징을 가지고 있다고 가정한다. 따라서 개인이 가지고 있는 특성을 심리검사 등과 같은 객관적인 수단으로 밝히고, 각 직업에서 요구되는 요인을 분석하여 각 개인이 자신의 특성에 적합한 직업을 선택하도록 해야 한다.

Parsons(1909)는 직업선택과 관련된 세 가지 주요 요인을 다음과 같이 제시하고 있다.
① 자기 자신(흥미, 능력, 적성 등)에 대해 명확한 이해가 필요로 한다.
② 직업에 대한 지식(자격요건, 근무환경, 장단점, 보수, 취업기회 등)을 필요로 한다.
③ 개인의 특성에 관한 자료와 직업에 관한 자료를 중심으로 직업 선택이 필요로 한다.

82. Holland의 인성(성격)이론에 대하여 설명하시오.

해설 Holland(1985)의 인성(성격)이론은 개인의 행동을 그 사람의 인성과 환경 간의 상호작용에 의한 것으로 자신이 가지고 있는 인성적 특성의 표출을 허용하는 직무환경을 택할 것으로 사람과 환경 간의 일치점을 강조한다. 사람들은 자신과 유사한 직업적 흥미와 성격을 가진 사람들이 일하고 있는 직업 분야를 선택하려는 성향이 있어서 자신의 소질과 흥미, 환경 여건 등을 고려하여 직업을 선택하게 된다.

Holland는 직업적 성격 유형을 실제형(Realistic; R), 탐구형(Investigative; I), 예술형(Artistic; A), 사회형(Social; S), 기업형(Enterprising; E), 관습형(Conventional; C) 등 여섯 가지로 가정하였다. RIASEC 모형은 여섯 가지 성격 유형의 구조적 배열을 R-I-A-S-E-C의 육각형으로 나타내었다.

Holland의 육각형 모형은 진로나 직업과 같은 환경을 특징 지우는 데 이용되고, 개인 및 조직의 특성을 평가하는 데 적합한 도구로 추천되고 있으며, 실제로 교육상담, 진로 및 직업상담 분야에 매우 유용한 도구로 적용되고 있다.

Holland 이론의 핵심적 가정은 사람들이 자신의 직업적 성격 유형과 유사한 환경을 찾고, 행동은 성격 유형과 환경 간의 상호작용 때문에 결정된다는 것이다. 개인의 직업적 성격 유형과 직업 환경에 RIASEC 분류 체계를 이용하여 직업적 성격 유형과 직업 환경 간의 연계를 구체화하였다. 즉, 사람들은 자기와 유사한 직업적 성격을 가진 사람들이 일하고 있는 직업 분야에 종사하려는 성향이 강하며, 이에 따라 사람들은 자신의 소질과 흥미, 환경 여건 등을 고려하여 직업을 선택하게 된다는 것이다.

참 / 고 / 문 / 헌

1) Rathmell, J. M.(1966), What is meant by services?. Journal of marketing, 30(4):32-36.
2) Kotler, P.(1991), Marketing management: Analysis, Planning, Implementation, and Control, 7th ed, Engelwood Cliffs, NJ: Prencite Hall, 315-319l.
3) 곽진만·양영석·김명숙(2017), 창업가 기업가정신 요인, 경영 관리적 요인, 자본적 요인이 창업성과에 미치는 영향 연구: 미용서비스업 분야 소상공인지원정책의 개선방향 중심으로. 벤처창업연구, 12(3), 119-133.
4) 곽진만·양영석·김명숙(2017), 창업가 기업가정신 요인, 경영 관리적 요인, 자본적 요인이 창업성과에 미치는 영향 연구: 미용서비스업 분야 소상공인지원정책의 개선방향 중심으로. 벤처창업연구, 12(3), 119-133.
5) 최소영(1996), 서비스 애호도에 영향을 미치는 요인에 관한 실증적 연구. 이화여자대학교 대학원 석사학위논문.
6) 최소영(1996), 서비스 애호도에 영향을 미치는 요인에 관한 실증적 연구. 이화여자대학교 대학원 석사학위논문.
7) 최소영(1996), 서비스 애호도에 영향을 미치는 요인에 관한 실증적 연구. 이화여자대학교 대학원 석사학위논문.
8) 최소영(1996), 서비스 애호도에 영향을 미치는 요인에 관한 실증적 연구. 이화여자대학교 대학원 석사학위논문.
9) 곽진만·양영석·김명숙(2017), 창업가 기업가정신 요인, 경영 관리적 요인, 자본적 요인이 창업성과에 미치는 영향 연구: 미용서비스업 분야 소상공인지원정책의 개선방향 중심으로. 벤처창업연구, 12(3), 119-133.
10) De Jong, J. P., Bruins, A., Dolfsma, W., & Meijaard, J.(2003), Innovation in service firms explored: what, how and why, Research Report B200205, EIM, Zoetermeer.
11) 김도경(2004), 서비스 기업의 혁신. Science & Technology Policy, 14(6):78-87.
12) 박상욱·박다현(2007), 서비스 기업의 운영전략에 관한 연구. Journal of Information and Operations Management, 17(2):43-62.
13) 보건복지부(2015), 이·미용업 제도개선과제 발굴을 위한 정밀 실태조사. 연구보고서.
14) Schmenner, R. W.(1986), How can service businesses survive and prosper?. Sloan Management Review, 27(3):21.
15) Davis, T.(1999), Different service firms, different core competencies. Business Horizons, 42(5):23-23.
16) 보건복지부(2015), 이·미용업 제도개선과제 발굴을 위한 정밀 실태조사. 연구보고서.

17) 보건복지부(2015), 이·미용업 제도개선과제 발굴을 위한 정밀 실태조사. 연구보고서.
18) 보건복지부(2015), 이·미용업 제도개선과제 발굴을 위한 정밀 실태조사. 연구보고서.
19) 보건복지부(2015), 이·미용업 제도개선과제 발굴을 위한 정밀 실태조사. 연구보고서.
20) 보건복지부(2015), 이·미용업 제도개선과제 발굴을 위한 정밀 실태조사. 연구보고서.
21) 보건복지부(2015), 이·미용업 제도개선과제 발굴을 위한 정밀 실태조사. 연구보고서.
22) 보건복지부(2015), 이·미용업 제도개선과제 발굴을 위한 정밀 실태조사. 연구보고서.
23) 보건복지부(2015), 이·미용업 제도개선과제 발굴을 위한 정밀 실태조사. 연구보고서.
24) 보건복지부(2015), 이·미용업 제도개선과제 발굴을 위한 정밀 실태조사. 연구보고서.
25) 송연숙(2008), 미용서비스업의 내부마케팅, 내부고개 만족, 서비스품질, 재방문의도의 관계. 배재대학교 대학원 박사학위논문.
26) 송연숙(2008), 미용서비스업의 내부마케팅, 내부고개 만족, 서비스품질, 재방문의도의 관계. 배재대학교 대학원 박사학위논문.
27) 윤대혁 정형일(2006), 인적관리론. 상영사.
28) 조판래(1990), 미용업 종사원(미용사)의 직무만족에 관한 연구, 아주대학교 대학원 석사학위논문.
29) 고경아(2004), 미용인의 이직률 개선을 통한 뷰티 산업의 발전방안연구. 중앙대학교 대학원 석사학위논문.
30) 조판래(1990), 미용업 종사원(미용사)의 직무만족에 관한 연구, 아주대학교 대학원 석사학위논문.
31) 송연숙(2008), 미용서비스업의 내부마케팅, 내부고개 만족, 서비스품질, 재방문의도의 관계. 배재대학교 대학원 박사학위논문.
32) 곽진만·양영석·김명숙(2017), 창업가 기업가정신 요인, 경영 관리적 요인, 자본적 요인이 창업성과에 미치는 영향 연구: 미용서비스업 분야 소상공인지원정책의 개선방향 중심으로. 벤처창업연구, 12(3), 119-133.
33) 피터 드러커(2003), 이재규 역, 자기경영 노트. 한국경제신문사.
34) 네이버 지식백과.
35) 네이버 지식백과.
36) 공병호(2001), 자기경영 노트. 21세기북스.
37) Heskett, J. L., Jones, T. O., Loveman, G. W., Sasser, W. E., & Schlesinger, L. A.(1994), Putting the service-profit chain to work. Harvard business review, 72(2):164-174.
38) Heskett, J. L., Jones, T. O., Loveman, G. W., Sasser, W. E., & Schlesinger, L. A.(1994), Putting the service-profit chain to work. Harvard business review, 72(2):164-174.
39) Schneider, B., & Bowen, D. E.(1985), Employee and customer perceptions of service in banks: Replication and extension. Journal of applied Psychology, 70(3):423.
40) Datta, D. K., Guthrie, J. P., & Wright, P. M.(2005), Human resource management and labor productivity: does industry matter. Academy of Management Journal, 48(1):135-145.

41) Kehoe, R., & Wright, P.(2013), The impact of high performance human resource practices on employes atitudes and behaviors. Journal of Management, 39(2):36-391.
42) 강창동·최승윤·안성식(2012), 고객접점서비스가 서비스품질인식, 접점만족, 관계의 질과 관계행동요인에 미치는 영향연구. 관광연구, 25(6):1-29.
43) 박종철(2008), 호텔기업의 인적자원관리가 신뢰 및 조직성과에 미치는 영향. 배재대학교 관광경영대학원 박사학위논문.
44) Pfeffer, J.(1994), Competitive advantage through people. California Management Review, 36(2):9.
45) 최영준(2013), 국내 특급호텔의 채용에 관한 연구. 관광연구, 27(6):163-175.
46) 백정숙(1999), 인적자원관리 제도와 조직성과의 관계에 관한 연구: 심리적 계약의 조절효과를 중심으로. 서울여자대학교 대학원 박사학위논문.
47) 이재섭·이수광(2003), 서비스산업의 인적자원관리. 대왕사.
48) Deci, E. L.(1972), Intrinsic motivation, extrinsic reinforcement, and inequity. Journal of Personality and Social Psychology, 22(1):113.
49) 백정숙(1999), 인적자원관리 제도와 조직성과의 관계에 관한 연구: 심리적 계약의 조절효과를 중심으로. 서울여자대학교 대학원 박사학위논문.
50) 김헌수(2013), 전략적 인적자원관리와 기업의 재무적 성과에 관한 실증적 연구: CEO의 변혁적 리더십의 조절효과를 중심으로. 인하대학교 대학원 박사학위논문.
51) 이교종(2006), 여행사의 인적자원관리시스템이 기업성과에 미치는 영향에 관한 연구: 제도 내재화와 조직 냉소주의 매개효과 중심으로. 경기대학교 대학원 박사학위논문
52) Collins, C. J. & Smith, K. G.(2006), Knowledge exchange and combination; The role of human resource practices in the performance of high-technology firms. Academy of Management Journal, 49(3):544-560.
53) 정재훈·김준성(2002), 전략적 인적자원관리(SHRM)의 이론과 실천: 한국기업의 SHRM 방향설정을 위한 탐색적 연구. 조직과 인사관리연구, 26:193-230.
54) 정재훈·김준성(2002), 전략적 인적자원관리(SHRM)의 이론과 실천: 한국기업의 SHRM 방향설정을 위한 탐색적 연구. 조직과 인사관리연구, 26:193-230.
55) Boswell, W. R.(2000), Aligning Employees with the Organization's Strategic Objectives out of Line of Sight, out of Mind, Doctoral Dissertation, Cornell University.
56) Wright, P. M., & McMahan, G. C.(1992), Theoretical perspectives for strategic human resource management. Journal of Management, 18(2):295-320.
57) Tichy, N. M., Fombrun, C. J., & Devanna, M. A.(1982), Strategic Human Resource Management. Sloan Management Reviw, 23:47-61.
58) Colbert, B. A., & Kurucz, E. C.(2011), A complexity perspective on strategic human resource

management. The Sage handbook of complexity and management, 456.
59) Colbert, B. A., & Kurucz, E. C.(2011), A complexity perspective on strategic human resource management. The Sage handbook of complexity and management, 456.
60) Chadwick, C., & Cappelli, P.(1999), Alternatives to generic strategy typologies in strategic human resource management. Research in Personnel and Human Resources Management, Supplement, 4:11-29.
61) 손재근(2005), 호텔 인적자원관리와 조직성과 연구. 경기대학교 대학원 박사학위논문.
62) 배종석(1999), 경쟁우위와 인적자원관리: 전략적 인적자원관리연구의 비판적 고찰과 연구방향 모색. 인사조직연구, 7(2):1-45.
63) Chadwick, C., & Cappelli, P.(1999) Alternatives to generic strategy typologies in strategic human resource management. Research in Personnel and Human Resources Management, Supplement, 4:11-29.
64) Chand, M.(2010), The impact of HRM practices on service quality, customer satisfaction & performance in the Indian hotel industry, International Journal of Human Resource Management, 21(4):551-566.
65) Huselid, M. A.(1995), The impact of human resource management practices on turnover, productivity, and corporate financial performance. Academy of Management Journal, 38(3):635-672.
66) 박재성(2012), 전략적 인적자원관리 시스템이 고객지향성에 미치는 영향연구: 상사의 서번트리더십의 조절효과를 중심으로. 경기대학교 대학원 박사학위논문.
67) Wright, P. M., & McMahan, G. C.(1992), Theoretical perspectives for strategic human resource management. Journal of Management, 18(2):295-320.
68) Pfeffer, J.(1994), Competitive advantage through people. California Management Review, 36(2):9.
69) Crosby, P. B,(1979), Quality is free: The art of making quality certain. New York: McGraw-Hill.
70) Underwood, L. P.(1991), On the shoulders of giants: The evolution of management training and development(Doctoral dissertation, The University of Texas at Austin).
71) Barney, J.(1991), Firm resources and sustained competitive advantage. Journal of Management, 17(1):99-120.
72) Pfeffer, J.(1994) Competitive advantage through people. California Management Review, 36(2):9.
73) Zou, S., Fang, E., & Zhao, S.(2003), The effect of export marketing capabilities on export performance: an investigation of Chinese exporters. Journal of International marketing, 11(4):32-55.
74) Barney, J. B., & Arikan, A. M.(2001), The resource-based view: Origins and implications. The

Blackwell handbook of strategic management, 124-188.
75) Barney, J.(1991), Firm resources and sustained competitive advantage. Journal of Management, 17(1):99-120.
76) Barney, J. B., & Wright, P. M.(1997), On becoming a strategic partner: The role of human resources in gaining competitive advantage(CAHRS Working Paper 97-09). Ithaca, NY: Cornell University, School of Industrial and Labor Relations. Center for Advanced Human Resource Studies, 9994-10015.
77) Grant, R. M.(1991), The resource-based theory of competitive advantage: implications for strategy formulation. California Management Review, 33(3):114-135.
78) Hall, R.(1993), A framework linking intangible resources and capabiliites to sustainable competitive advantage. Strategic Management Journal, 14(8):607-618.
79) Collis, D. J., & Montgomery, C. A.(1995), Competing on Resources: Strategy in the 1990s. Knowledge and Strategy, 73(4):25-40.
80) Lado, A. A., & Wilson, M. C.(1994), Human resource systems and sustained competitive advantage: A competency-based perspective. Academy of Management Review, 19(4):699-727.
81) Wright, P. M., Gardner, T. M., & Moynihan, L. M.(2003), The impact of HR practices on the performance of business units. Human Resource Management Journal, 13(3):21-36.
82) 박우성(2002), 역량중심의 인적자원관리. 한국노동연구원.
83) 신병대(2019), 역량 기반의 인사관리시스템 연구. 인사혁신처.
84) 박우성(2002), 역량중심의 인적자원관리. 한국노동연구원.
85) McClelland, D. C.(1973), Testing for competence rather than for intelligence. American Psychologist, 28:1~14.
86) Spencer, L. M. & Spencer, S. M.(1993), Competence at work: models for superior performance. New York John Wiley.
87) 박우성(2002), 역량중심의 인적자원관리. 한국노동연구원.
88) 박우성(2002), 역량중심의 인적자원관리. 한국노동연구원.
89) 행정안전부(2008), 과학적인 인사관리를 위한 역량평가.
90) Lucia, A. D., Lepsinger, R.(1999), The Art and Science of Competency Models: Pinpointing critical success factors in Organizations. San Franciscon: Josscy-Bass.
91) McLagan, P. A.(1989), Models for HRD practice. American Society for Training and Development,Alexandra, VA: ASTD Press.
92) 국가공무원인재개발원(2017), 5급 속진임용과 역량평가.
93) 국가공무원인재개발원(2017), 5급 속진임용과 역량평가.

94) 국가공무원인재개발원(2017), 5급 속진임용과 역량평가.
95) 국가공무원인재개발원(2017), 5급 속진임용과 역량평가.
96) 국가공무원인재개발원(2017), 5급 속진임용과 역량평가.
97) Guest, E. D.(1997), Human resource management and performance: A review and research agenda. International Journal of Human Resource Management, 8(3):263-276.
98) Wright, P. M. & L. H. Nishii.(2007), Strategic HRM and organizational behavior: Integrating multiple levels of analysis, In D. Guest(Ed.), Innovations in HR. Oxford: Blackwell Publishing.
99) 이교종(2006), 여행사의 인적자원관리시스템이 기업성과에 미치는 영향에 관한 연구: 제도 내재화와 조직 냉소주의 매개효과 중심으로. 경기대학교 대학원 박사학위논문.
100) Dyer, L., & Reeves, T.(1995), Human resource strategies and firm performance: what do we know and where do we need to go? International Journal of Human Resource Management, 6(3):656-670.
101) 남정민·전병준.(2012), 다수준 접근을 통한 고몰입 인적자원관리가 구성원의 직무만족 및 이직의도에 미치는 영향에 대한 연구: 심리적 임파워먼트의 매개효과 규명. 노동정책연구, 12(1):57-85.
102) Locke, E. A.(1976), The Nature and Causes of Job Satisfaction. In M. D. Dunnette(Ed.), Handbook of industrial and organizational psychology: Chicago, Il: Rand McNully, 1293-1349.
103) Nathanson, C. A., & Becker, M. H.(1973), Job satisfaction and job performance: An empirical test of some theoretical propositions. Organizational Behavior and Human Performance, 9(2):267-279.
104) Locke, E. A.(1976), The Nature and Causes of Job Satisfaction. In M. D. Dunnette(Ed.), Handbook of industrial and organizational psychology: Chicago, Il: Rand McNully, 1293-1349.
105) 곽진만·문재승(2021), 서비스 조직의 인적자원관리 활동과 재무적 성과 간의 관계. 인적자원개발연구, 24(2):63-89.
106) Milton, R. Charles.(1981), Human behavior in organizations: Three levels of behavior. Prentice Hall.
107) Spector, P. E.(1985), Job Satisfaction: Application, Assessment, Cause and Consequences. Thousand Oaks, CA: Sage Publications.
108) Tait, M., Padgett, M. Y., & Baldwin, T. T.(1989), Job and life satisfaction: a reevaluation of the strength of the relationship and gender effects as a function of the date of the study. Journal of Applied Psychology, 74:502 507.
109) Hoffman, K. D., & Ingram, T. N.(1992), Service provider job satisfaction and customer oriented performance. Journal of Services Marketing, 6(2):68-78.
110) Hajjat, M. M.(2002), Customer Orientation: Construction and Validation of the Custom Scale.

Marketing Intelligence and Planning, 20(7):428-441.

111) Saxe, R., & Weitz, B. A.(1982), The SOCO scale: A measure of the customer orientation of salespeople. Journal of Marketing Research, 19(3):343-351.

112) Williams, M. R. & Attaway, J. S.(1996), Exploring Sales person's Customer Orientation as a Mediator of Organization Culture's Influence on Buyer-Seller Relationships. European Journal of Marketing, 28(10):32-48.

113) 박봉규(1997), 호텔종업원의 고객지향과 그 결정요인에 관한 연구. 관광레저연구, 10(1):7-29.

114) 전홍섭·박남수(2014), 호텔 종사원의 심리적 주인의식이 고객지향성에 미치는 영향-직무만족의 매개효과를 중심으로. Tourism Research, 39(3):91-113.

115) 전홍섭·박남수(2014), 호텔 종사원의 심리적 주인의식이 고객지향성에 미치는 영향-직무만족의 매개효과를 중심으로. Tourism Research, 39(3):91-113.

116) Narver, J. C. & Slater, S. F.(1990), The Effect of a Market Orientation on Business Profit Ability. Journal of Marketing, 54(Oct.):20-35.

117) 박선영(2011), 미용 서비스 종사자(헤어)의 성격유형별 서비스 지향성과 고객 지향성의 관계. 서경대학교 대학원 박사학위논문.

118) 이병열(2010), 한국 여행사의 내부마케팅이 직무만족과 조직시민행동 및 고객지향성에 미치는 영향에 관한 연구. 상지대학교 대학원 박사학위논문.

119) Schein, E. H.(1988), Organizational socialization and the profession of management. MIT Sloan Management Review, 30(1):53.

120) Hofer, C. W.(1983), ROVA: A new measure for assessing organizational performance. In R. Lamb(Ed.), Advances in Strategic Management, 2:43-55.

121) Stuart, R., & Abetti, P. A.(1987) Start-up ventures: Towards the prediction of initial success. Journal of Business Venturing, 2(3):215-230.

122) 정주원(2011), 호텔 식음료 종사원의 원가인식이 재무성과에 미치는 영향-조직시민행동을 매개역할로. 경기대학교 일반대학원 박사학위논문.

123) 임태종·이상완·김순기(2012), 성과측정시스템의 이용방식이 혁신유형과 조직성과에 미치는 영향. 회계저널, 21(3):70-76.

124) Cherrington, D. J.(1989), Organizational Behavior: The Management of Individual and Organizational Performance. Boston, Allyn and Bacon.

125) Turner, A. N.(1982), Consulting is more than giving advice. Harvard Business Review, 60(5):120-129.

126) Oliver, R. L.(1980), Measurement and evaluation of satisfaction processes in retail settings. Journal of Retailing, 57(3):25-48.

127) Hunt, H. K.(1977), CS/D-Overview and future research direction, in conceptualization and measurement of consumer satisfaction and dissatisfaction, H. Keith Hunt, ed., Cambridge, MA: Marketing Science Institute, 455-488.
128) 이유재(2000), 고객만족경영의 개념과 실천에 관한 연구. 경영저널, 1(1):153-172.
129) Hulka, B. S., S. J. Zyzanski, J. C. Cassel & S. J. Thompson.(1970), Scale for the measurement of attitudes toward physicians and primary medical care. Medical Care. 8(5):429-436.
130) 이유재(2016), 서비스품질, 고객만족, 고객충성도, 로열티프로그램 연구에 대한 종합적 고찰과 향후 연구방향. 경영학연구, 45(6):1763-1787.
131) 조현연·손호철·윤계형(2014), 고객만족도가 장기적 재무성과에 미치는 영향. 국제회계연구, 56:208-227.
132) Anderson, E. W. & Sullivan, M.(1993), The Antecedents and Consequences of Customer Satisfaction for Firms. Marketing Science, 12(2):125-143.
133) Oliver, R. L.(1997), Satisfaction: A Behavioral Perspective on the Consumer. boston, MA: Irwin, McGraw-hill.
134) Zeithaml, V. A., L. B. Leonard & A. Parasuraman.(1996), The behavioral consequences of service quality. Journal of Marketing, 60(2):31-46.
135) Liat, C. B., Mansori, S., & Huei, C. T.(2014), The associations between service quality, corporate image, customer satisfaction, and loyalty: Evidence from the Malaysian hotel industry. Journal of hospitality marketing & management, 23(3):314-326.
136) Dick, Alan S. & Kunal, Basu.(1994), Customer Loyalty: Toward an Integrated Conceptual Framework. Journal of the Academy of Marketing Science, 22:99-113.
137) Oliver, R. L.(1999), Whence consumer loyalty. Journal of marketing, 63(4_suppl1), 33-44.
138) 하홍열(2012), 중국 자동차시장에서 충성도 4단계 모형의 실증분석. 고객만족경영연구, 14(1):1-20.
139) Evanschitzky, H. & Wunderlich, M.(2006), An examination of moderator effects in the four-stage loyalty model. Journal of Service Research, 8(4):330-345.
140) Sivakumar, K. & Raj, P.(1997), Quality tier competition: how price change influences brand choice and category choice. Journal of Marketing, 61(3):71-85.
141) Sivadas, E. & Baker-Prewitt, J. L.(2000), An examination of the relationship between service quality, customer satisfaction, and store loyalty. International Journal of Retail & Distribution Management, 28(2):73-82.
142) Evanschitzky, H. & Wunderlich, M.(2006), An examination of moderator effects in the four-stage loyalty model. Journal of Service Research, 8(4):330-345.
143) 하홍열(2012), 중국 자동차시장에서 충성도 4단계 모형의 실증분석. 고객만족경영연구, 14(1):1-20.

144) Oliver, R. L.(1999), Whence consumer loyalty. Journal of marketing, 63(4):33-44.
145) Evanschitzky, H. & Wunderlich, M.(2006), An examination of moderator effects in the four-stage loyalty model. Journal of Service Research, 8(4):330-345.
146) Day, G. S.(1969), A two-dimensional concept of brand loyalty. Journal of Advertising, 9(3):29-35.
147) Oliver, R. L.(1999), Whence consumer loyalty. Journal of marketing, 63(4):33-44.
148) 이유재·이준엽(2001), 서비스품질의 측정과 기대효과에 대한 재고찰: KS-SQI 모형의 개발과 적용. 마케팅연구, 16(1), 1-26.
149) Gronroos, C.(1982), Strategic Management and Marketing in the Service Sector, Helsingfors: Swedish School of Economics and Business Administration.
150) Parasuraman, Berry. & Zeithaml.(1988), SERVQUAL A Multiple-Item Scale for Measuring Consumer Perception of Service Quality. Journal of Retailing, 64(Spring).
151) Schneider, B., & Bowen, D. E.(1985), Employee and customer perceptions of service in banks: Replication and extension. Journal of applied Psychology, 70(3):423.
152) Garvin, G. A.(1984), What Does "Product Quality" Really Mean. 26(1):25-43
153) Parasuraman, Berry & Zeithaml(1988), SERVQUAL A Multiple-Item Scale for Measuring Consumer Perception of Service Quality, Journal of Retailing, Vol, 64, Spring.
154) Cronin, J. J. & Taylor, A. S.(1992), Measuring service quality: A reexamination and extension. Journal of Marketing, 56:55-68.
155) Gr nroos, C.(1984), A service quality model and its marketing implications. European Journal of Marketing, 18(4):36-44.
156) Llosa, S. Chandon. J, & Orsingher, C.(1998). An Empirical Study of SERVQUAL's Dimensionality. The Service Industries Journal, 18(2):16-44.
157) Rust, R. T. & Oliver, R. L.(1994). Service quality: Insights and managerial implications from the frontier. In R. T. Rust, & R. L., Oliver(Eds.), Thousand Oaks, CA: Sage Publications:1-19.
158) Brady, Michael K. & J. Joseph Cronin Jr.(2001), Some New Thoughts on Conceptualizing Perceived Service Quality: A Hierarchical Approach," Journal of Marketing, 65:34-49.
159) Gr nroos, C.(1984), A service quality model and its marketing implications. European Journal of Marketing, 18(4):36-44.
160) Brady, Michael K. & J. Joseph Cronin Jr.(2001), Some New Thoughts on Conceptualizing Perceived Service Quality: A Hierarchical Approach, Journal of Marketing, 65:34-49.
161) Gr nroos, C.(1984), A service quality model and its marketing implications. European Journal of Marketing, 18(4):36-44.
162) 이유재·라선아(2011), 서비스 품질 측정모형의 우수성 비교: SERVQUAL 모형, Gr nroos 모형, 3차원

품질모형을 중심으로. 서비스마케팅저널, 4(2):91-126.

163) 이유재·이청림(2014), 서비스품질 연구에 관한 종합적 고찰: 최근 10년(2004~2013)의 연구를 중심으로. 마케팅관리연구, 19(2):1-43.

164) Dube-Rioux, Laurette. & Schmitt, Bernd H.(1989), Consumer Reactions to Waiting: When Delays Affect the Perception of Service Quality. France. Advances in Consumer Research, 16(1):59-63.

165) 윤성욱·김수배(2006), 고객지향성과 서비스제공 전, 중, 후 대기유형이 의료 서비스품질평가에 미치는 상대적 영향. 소비자학연구, 17(4):171-192.

166) 김미정(2008), 미용서비스산업에서 지각된 대기시간이 서비스평가 및 재구매의도에 미치는 영향에 관한 연구: 부산지역 20대를 중심으로. 세종대학교 대학원 박사학위논문.

167) Baker, J.(1986), The Role of the Environment in Marketing Services: the Consumer Perspective. The Services Challenge: Integrating for Competitive Advantage, 1(1):79-84.

168) Hui, M. K. & Tse, D. K.(1996), What to tell consumers In Waits of different Leng ; An integrative model of service evaluation. Journal of Marketing, 60(2):81-90.

169) Reimer, A., & Kuehn, R.(2005), The impact of servicescape on quality perception. European Journal of Marketing, 39(7-8):785-808.

170) Pruyn, A. & A, Smidts.(1998), Effects of waiting on the satisfaction with the service: Beyond objective time measures. International Journal of Research in Marketing. 15(4):321-334

171) 윤성욱·김수배(2006), 고객지향성과 서비스제공 전, 중, 후 대기유형이 의료 서비스품질평가에 미치는 상대적 영향. 소비자학연구, 17(4):171-192.

172) Tom, G., & Lucey, S.(1997), A field study investigating the effect of waiting time on customer satisfaction. The Journal of Psychology, 131(6):655-660.

173) Thurau, T. H.(2004), Customer Orientation of Service Employees; Its Impact on Customer Satisfaction, Commitment and Retention. International Journal of Service Industry Management, 15(5):460-478.

174) Taylor, S.(1994), Waiting for service: The relationship between delays and evaluations of service. Journal of Marketing, 58(2): 56-69.

175) 윤성욱·김수배(2006), 고객지향성과 서비스제공 전, 중, 후 대기유형이 의료 서비스품질평가에 미치는 상대적 영향. 소비자학연구, 17(4):171-192.

176) Dube-Rioux, L., Schmitt, B. H., & Leclerc, F.(1989), Consumers' reactions to waiting: When delays affect the perception of service quality. Advances in Consumer Research, 16(1):59-63.

177) Baker, J., & Cameron, M.(1996), The effects of the service environment on affect and consumer perception of waiting time: An integrative review and research propositions. Journal of the Academy of Marketing Science, 24(4):338-349.

178) 곽진만·문재승(2020), 미용 서비스품질 측정지표 개발 및 타당성 검증: 고차원 확인적 요인분석. 인적자원개발연구, 23(1):131-158.
179) Petty, R. E., & Cacioppo, J. T.(1986), The elaboration likelihood model of persuasion. In Communication and persuasion (pp. 1-24). Springer, New York.
180) 김재휘(2009), 광고심리학. 커뮤니케이션북스.
181) DIGITAL 2020: GLOBAL DIGITAL OVERVIEW.
182) DIGITAL 2020: GLOBAL DIGITAL OVERVIEW.
183) Timmers, P.(1998), Business models for electronic markets. Electronic markets, 8(2):3-8.
184) Johnson, M. W., Christensen, C. M., & Kagermann, H.(2008), Reinventing your business model. Harvard business review, 86(12):57-68.
185) Alex Osterwalder & Yves Pigneur(2021), Business Model Generation. 타임비즈.
186) Alex Osterwalder & Yves Pigneur(2021), Business Model Generation. 타임비즈.
187) Alex Osterwalder & Yves Pigneur(2021), Business Model Generation. 타임비즈.
188) Alex Osterwalder & Yves Pigneur(2021), Business Model Generation. 타임비즈.
189) Alex Osterwalder & Yves Pigneur(2021), Business Model Generation. 타임비즈.
190) Alex Osterwalder & Yves Pigneur(2021), Business Model Generation. 타임비즈.
191) Alex Osterwalder & Yves Pigneur(2021), Business Model Generation. 타임비즈.
192) Alex Osterwalder & Yves Pigneur(2021), Business Model Generation. 타임비즈.
193) Alex Osterwalder & Yves Pigneur(2021), Business Model Generation. 타임비즈.
194) Alex Osterwalder & Yves Pigneur(2021), Business Model Generation. 타임비즈.
195) Mintzberg, H.(1988), The Simple Structure. The Strategy Process: Concepts, Contexts and Cases, Englewood Cliffs, NJ: Prentice Hall.
196) Schumpeter, J. A.(1942), Capitalism, Socialism, and Democracy, New York: Harper & Row.
197) 곽진만(2021), 조직 구성원의 HRM 활동 인식이 직무만족과 고객지향성, 고객만족, 재무적 성과에 미치는 영향: 미용서비스산업 중심으로. 대전대학교 대학원 박사학위논문.
198) 김도경(2004), 서비스 기업의 혁신. Science & Technology Policy, 14(6):78-87.
199) 김도경(2004), 서비스 기업의 혁신. Science & Technology Policy, 14(6):78-87.
200) 이명서(2016), 중소기업청, 청소년 비즈쿨 사업. 현장특수교육 스페셜테마, 23(:2).
201) Miller, D.(1983), The corelates of entrepreneurship in thre types of firms, Management Science, 29:70-791.
202) 곽기영(2013), 글로벌 기업가정신과 공급사슬 내 사회적자본이 중소기업의 수출성과에 미치는 영향. 숭실대학교 대학원 박사학위논문.
203) 김광명·박주식(2016), 중소기업의 기업가정신과 시장지향성이 재무적·비재무적 성과에 미치는 영향.

한국콘텐츠학회논문지, 16(10):326-337.
204) Lumpkin, G. T., & Des, G. G.(1996), Clarifying the entrepreneurial orientation construct and linking its performance. Academy of Management Review, 2(1):135-172.
205) 김광명·박주식(2016), 중소기업의 기업가정신과 시장지향성이 재무적·비재무적 성과에 미치는 영향. 한국콘텐츠학회논문지, 16(10):326-337.
206) Lumpkin, G. T., & Des, G. G.(1996), Clarifying the entrepreneurial orientation construct and linking its performance. Academy of Management Review, 2(1):135-172.
207) 김광명·박주식(2016), 중소기업의 기업가정신과 시장지향성이 재무적·비재무적 성과에 미치는 영향. 한국콘텐츠학회논문지, 16(10):326-337.
208) 김광명·박주식(2016), 중소기업의 기업가정신과 시장지향성이 재무적·비재무적 성과에 미치는 영향. 한국콘텐츠학회논문지, 16(10):326-337.
209) 조창연·전웅수·김강(2019), 기업가정신과 경영성과 간 관계에서 조직시민행동과 성과측정시스템의 다중매개효과. 관리회계연구, 19(3):83-120.
210) 양난미(2006), 사회인지 진로 모형에 기초한 대학생의 진로선택 모형. 상담학연구, 7(3):835-847.
211) 임선아(2012), 적성에 맞는 진로선택과 부모의 진로선택 지지, 진로선택 역경극복 의지가 학업성취동기에 미치는 영향. 미래청소년학회지, 9(4):221-238.
212) 임선아(2012), 적성에 맞는 진로선택과 부모의 진로선택 지지, 진로선택 역경극복 의지가 학업성취동기에 미치는 영향. 미래청소년학회지, 9(4):221-238.
213) Parsons, F.(1909), Choosing a vocation. Reprinted in 1989, Garrett Park, MD: G arrett Park Press.
214) Holland, J. L.(1985), Vocational Choices: A Theory of Vacational Holland, Personalities and Work Environment.
215) Holland, J. L.(1985), Vocational Choices: A Theory of Vacational Holland, Personalities and Work Environment.
216) Holland, J. L.(1985), Vocational Choices: A Theory of Vacational Holland, Personalities and Work Environment.
217) Holland, J. L.(1985), Vocational Choices: A Theory of Vacational Holland, Personalities and Work Environment.
218) 최은아·이상식·이돈희(2016), 서비스 청사진을 이용한 면세점에서의 서비스접점 개선 연구. 한국산업정보학회논문지, 21(4):95-110.
219) Tseng, M. M., Qinhai, M., & Su, C. J.(1999), Mapping customers' service experience for operations improvement. Business Process Management Journal, 5(1):50-64.
220) Kingman-Brundage, J.(1989), The ABCs of service system blueprinting. Designing a winning service strategy, 30-43.

221) Shostack, G. L.(1987), Service positioning through structural change. Journal of marketing, 51(1):34-43.
222) 박근완·박광태(2008), 서비스 청사진을 이용한 병원서비스 개선방안에 관한 연구. 한국 IT 서비스학회지, 7(2):223-242.
223) Miles, R. E., Snow, C. C., Meyer, A. D., & Coleman Jr, H. J.(1978), Organizational strategy, structure, and process. Academy of management review, 3(3):546-562.
224) Porter, M. E.(1980), Competitive Strategy: Techniques for Analyzing Industries and Competitors. New York: Free Press.
225) 윤덕균(2007), 초우량 기업들의 경영 혁신 200년. 민영사.
226) 손기형(2008), 6 시그마 개념 및 추진방법론. 한국의료질향상학회지, 14(2):9-21.
227) 김계수(1999), 품질정보/프로세스 품질경영 성과개선을 위한 6 시그마 프로그램에 관한 연구. 품질경영학회지, 27(4):266-279.
228) 손기형(2008), 6 시그마 개념 및 추진방법론. 한국의료질향상학회지, 14(2):9-21.
229) 노재범·이팔훈·이승현(2005), 서비스 이노베이션 엔진, 6 시그마. 삼성경제연구소.
230) 노재범·이팔훈·이승현(2005), 서비스 이노베이션 엔진, 6 시그마. 삼성경제연구소.
231) Furby, L.(1986). Psychology and justice Justice(pp. 153-203). Springer.
232) Kelley, S. W., & Davis, M. A.(1994), Antecedents to customer expectations for service recovery. Journal of the academy of Marketing Science, 22(1), 52-61.
233) 윤만희·윤경산·주철수(2002), 회원제 할인매장 고객의 서비스공정성 인식이 고객만족과 관계품질에 미치는 영향. 경영연구, 17:93-113.
234) Bowen, D. E., Gilliland, S. W., & Folger, R.(1999), HRM and service fairness: How being fair with employees spills over to customers. Organizational Dynamics, 27(3):7-23.
235) Adams, J. S.(1965), Inequity in social exchange. in L. Berkowits(eds.). Advances in ex-perimental social psychology.(2. 267-299.). New York: Academic.
236) Schweikhart, S. B., Strasser, S., & Kennedy, M. R.(1993), Service recovery in health services organizations. Hospitality and Healthcare Administration, 38(1):3-9.
237) Hart, C. W. L., Heskett, J. L., & Sasser Jr, W. E.(1990), Service Breakthroughs: Changing the Rules of the Game. The Free Press: New York.
238) Parasuraman, A., Zeithaml, V. A., & Berry, L. L.(1994), Reassessment of expectations as a comparison standard in measuring service quality: implications for further research. Journal of marketing, 58(1):111-124.
239) Adams, J. S.(1965), Inequity in social exchange. in L. Berkowits(eds.). Advances in ex-perimental social psychology.(2. 267-299.). New York: Academic.

240) Thibaut, J. & Walker, L.(1975), Procedural Justice: A Psychological Analysis, Hilldale, NJ: Lawrence Erlbaum Associates.
241) Bies, R. J. & Moag, J. S.(1986), Interactional Justice: Communication Criteria of Fairness. In Lewick, R. J. & Sheppard, B. H. & Bazerman, M. H.(eds.), Research in Negotiations in Organizations, Greenwich, CT: JAI Press.
242) Lind. E. A. & Tyler. T. R.(1988), The social psychology of procedural justice. New York: Plenum.
243) 김희철·김두경·강영순(2005), 분배 및 절차공정성의 차별적 효과와 상호작용 공정성의 조절효과. 조직과 인사관리연구, 29:67-94.
244) Blodgett, J. G., Hill, D. J., & Tax, S. S.(1997), The effects of distributive, procedural, and interactional justice on postcomplaint behavior. Journal of retailing, 73(2):185-210.
245) Rousseau, Denise M.(1995), Psychological Contracts in Organizations: Understanding Written and Unwritten Agreement, CA: Sage Publication.
246) 윤만희·윤경산·주철수(2002), 회원제 할인매장 고객의 서비스공정성 인식이 고객만족과 관계품질에 미치는 영향. 경영연구, 17:93-113.
247) 장은진·김종우(2010), 서비스공정성과 고객교환관계가 고객몰입에 미치는 영향. 대한경영학회 학술발표대회 발표논문집, 321-335.
248) Lind. E. A. & Tyler. T. R.(1988), The social psychology of procedural justice. New York: Plenum.
249) Folger, R., & Konovsky, M. A.(1989), Effects of procedural and distributive justice on reactions to pay raise decisions. Academy of Management journal, 32(1):115-130.
250) McFarlin, D. B., & Sweeney, P. D.(1992), Distributive and procedural justice as predictors of satisfaction with personal and organizational outcomes. Academy of management Journal, 35(3):626-637.
251) Kieserling, A.(2019), Blau(1964): exchange and power in social life. In Schl sselwerke der Netzwerkforschung(pp. 51-54). Springer VS, Wiesbaden.
252) Lind. E. A. & Tyler. T. R.(1988), The social psychology of procedural justice. New York: Plenum.
253) 한인수(2017), 은행의 서비스 공정성, 사회적 책임 및 상품 가치가 신뢰와 장기지향성에 미치는 영향. 세종대학교 대학원 박사학위논문.
254) 이정자(2014), 카지노리조트호텔 고객의 지각된 서비스 공정성, 만족, 신뢰 및 충성도 간의 관계연구. 호텔경영학연구, 23(1):265-280.
255) Bies, R. J. & Moag, J. S.(1986), Interactional Justice: Communication Criteria of Fairness. In Lewick, R. J. & Sheppard, B. H. & Bazerman, M. H.(eds.), Research in Negotiations in Organizations, Greenwich, CT: JAI Press.
256) Folger, R.(1987), Reformulating the preconditions of resentment: A referent cognitions model.

257) 김희철·김두경·강영순(2005), 분배 및 절차공정성의 차별적 효과와 상호작용 공정성의 조절효과. 조직과 인사관리연구, 29:67-94.
258) Cropanzano, R., & Folger, R.(1989), Referent cognitions and task decision autonomy: Beyond equity theory. Journal of applied psychology, 74(2):293.
259) 김희철·김두경·강영순(2005), 분배 및 절차공정성의 차별적 효과와 상호작용 공정성의 조절효과. 조직과 인사관리연구, 29:67-94.
260) 필립 코틀러·허마원 카타자야·이완 세티아완(2021), 필립 코틀러 마켓 5.0 : 휴머니티를 향한 기업의 도전과 변화가 시작된다. 더퀘스트.
261) 필립 코틀러·허마원 카타자야·이완 세티아완(2021), 필립 코틀러 마켓 5.0 : 휴머니티를 향한 기업의 도전과 변화가 시작된다. 더퀘스트.
262) 필립 코틀러·허마원 카타자야·이완 세티아완(2021), 필립 코틀러 마켓 5.0 : 휴머니티를 향한 기업의 도전과 변화가 시작된다. 더퀘스트.
263) Bernd H. Schmitt(2004), 정해동 역, CRM을 넘어 CEM으로. 한언.
264) Bernd H. Schmitt(2004), 정해동 역, CRM을 넘어 CEM으로. 한언.
265) Bernd H. Schmitt(2004), 정해동 역, CRM을 넘어 CEM으로. 한언.
266) Bernd H. Schmitt(2004), 정해동 역, CRM을 넘어 CEM으로. 한언.
267) 박정현(2006), 고객경험관리(CEM)에 주목하라. LG 경제연구원.
268) 박정현(2006), 고객경험관리(CEM)에 주목하라. LG 경제연구원.
269) 박정현(2006), 고객경험관리(CEM)에 주목하라. LG 경제연구원.
270) 박정현(2006), 고객경험관리(CEM)에 주목하라. LG 경제연구원.
271) 박정현(2006), 고객경험관리(CEM)에 주목하라. LG 경제연구원.
272) 박정현(2006), 고객경험관리(CEM)에 주목하라. LG 경제연구원.
273) 박정현(2006), 고객경험관리(CEM)에 주목하라. LG 경제연구원.
274) A HARVARD BUSINESS REVIEW ANALYTIC SERVICES REPORT.
275) A HARVARD BUSINESS REVIEW ANALYTIC SERVICES REPORT.
276) 박정현(2006), 고객경험관리(CEM)에 주목하라. LG 경제연구원.
277) 박정현(2006), 고객경험관리(CEM)에 주목하라. LG 경제연구원.